JN066004

スマート・イナフ・シティ

テクノロジーは都市の未来を取り戻すために

著 ベン・グリーン
Ben Green
訳 中村健太郎
酒井康史

人文書院

父と母へ

THE SMART ENOUGH CITY:
Putting Technology in Its Place to Reclaim Our Urban Future
by Ben Green

Japanese translation published by arrangement with The MIT Press
through The English Agency (Japan) Ltd.

もくじ

序文　5
謝辞　10
1　スマート・シティ――水平線上の新時代　13
2　住みやすい都市――テクノロジーの限界と危険性　34
3　民主的な都市――テクノロジーの影響に関する社会的意思決定　66
4　公正な都市――機械学習の社会的、政治的基盤　99
5　責任ある都市――テクノロジーによる非民主主義的な社会契約を回避する　136

6　革新的な都市――都市行政における技術的変化と非技術的変化の関係　173
7　スマート・イナフ・シティ――過去からの教訓と未来にむけたフレームワーク　210
訳者あとがき　240
注　271
文献　292

序文

「スマート・シティ」時代の到来！　それは要するに、そのことにどんな意味があるのか、私たちにはよくわからないということだ。少なくとも、今のところは。

——ボストン・スマート・シティ・プレイブック（二〇一六年）

二〇一四年から二〇一八年までボストン市のＣＩＯ（最高情報責任者）を務めていた私は、「スマート・シティ」を売り込もうとする企業の営業に何度も付き合わされてきた。中でも印象的だったのは、フォーチュン５００に名を連ねる二社が共同で持ち込んできたものだ。市の街灯の上に設置するコネクティッド・デバイスの提案で、カメラ・センサー・計算機能をボストン市内の何万もの場所から提供するというものだった。

ほかの多くのスマート・シティ製品の売り文句と同様、それは「プラットフォーム」なのだと説明された。様々な種類のデータを収集し、適切な分析モデルを用いることで、車の流れから公共の安全、都市サービスの効率性まで、あらゆるものを改善することができるという。

同僚の一人が集まった営業マンたちに尋ねた。並べられたメリットのうち、すでに実現しているものがひとつでもあるのかと。すると部門長の一人が熱心な様子でこう答えてくれた。「私どもがプラットフォームとデータをご提供し、そこからどのようにして価値を得るのかは全て皆さんに考えていただく。それこそがこの製品のエキサイティングなところなのです。」極め付けは価格だった。尋ねてみたところ、年間のサービス費用だけで、市の除雪やゴミ収集にかかる費用とほぼ同額であることがわかった。慌てて市長のオフィスに駆けこむような〔素晴らしい〕提案ではなかったことは確かだ。

この経験は、スマート・シティの世界によくあるギャップを浮き彫りにしている。企業が可能性（と利益）について考えているのに対し、自治体職員が考えているのは厳しい財政的なトレードオフと、テクノロジーが実際の公的価値に結びつくまでの複雑な道のりだ。さらにこれは、都市が直面している課題に対する根本的な見方の相違を示すものでもある。技術者にとって、都市はより多くのデータと計算能力だけが役に立つ、単純な最適化問題のあつまりにすぎない。車の流れを改善しようとすることや、サービスをより効率的に提供しようとすることに対して、いったい誰が異議を唱えられるだろうか？

しかし、現場の最前線にいる人々にとって、「より良い」「より効率的な」といった言葉は氷山の一角にすぎない。その背後には、都市とそこに住む人々の間の利害や価値観の対立が横たわっているのだ。車の流れの改善のような単純なコンセプトでさえ、すぐに優先順位や見方の違いに関する厄介な問題に陥ってしまう。「交差点に近づいたバスには、たとえ他のドライバーに速度を落とさせてでも、自動的に青信号を出すべきか？」「ウーバーの乗車場所のために路上駐車を一掃することは、小売企業にとって公平なのか？」「歩行者や自転車の安全性を脅かす可能性があったとしても、予測型の信号機制御システムを利用して、交通スピードを向上させるべきか？」これらは技術的な問題ではない。いくらセンサーからのデータを集めても、正しい答えを導くことはできないのだ。

自ら設立したテクノロジー企業を一〇年間経営した後で、私はボストン市庁舎に入庁した。そこですぐに、「試しにやってみよう」というたぐいの言葉は、単なる軽はずみに終わってしまうことがほとんどなのだと悟った。一見ちょっとした技術革新で解決できそうな問題の中心にこそ、複雑な政治的・構造的問題が横たわっている――何年にもわたって課題に取り組んできた人々が、よく私に教えてくれたことだ。還元的で解決主義的なアプローチのために、価値観やトレードオフにかかわる深い問題を見落としてしまう傾向は、技術者の多くが陥る盲点のひとつである。

本書は、都市のガバナンスという極めて人間中心的な世界に、技術的な解決策を適用することの可能性と課題を深く掘り下げてゆく。〔著者の〕ベン・グリーンは、新しいテクノロジーが都市にもたらそうとしている驚くべき可能性を、その実現に伴う混乱と複雑さとともに明らかにしている。多くのスマート・シティ構想の根底にある技術中心の考え方を否定することで、意地悪な問題（wicked problems）に対する一見シンプルな解決策が持つ罠を回避する方法を、我々に示しているのだ。

彼はまた、行政におけるテクノロジー実践者の新たな役割を提案している。ボストン市在籍時の彼自身が、まさにそのモデルであった。技術革新部門（Department of Inovation and Technology）の私のチームでデータサイエンティストとして働いていた一年間、彼はイノベーションの役割と、それが都市住民に与える影響の厄介な複雑さについて検討するパートナーを務めてくれた。公衆Ｗｉ－Ｆｉから歩道の補修に至るまで、市が刺激的な新技術の適用に、コミュニティの価値観や優先順位を慎重に反映してゆく活動を支援してくれた。また市の部門との実際の仕事の中で、表面的な最適化やトレードオフのない改善といった〔企業の〕安請け合いを、はるかに超える成果をもたらしてくれた。

彼が、データサイエンスの優れたスキルを持つ人材として、ボストン市の救急医療サービス（EMS: Emergency Medical Services）を支援してほしいという依頼を受けた時のことだ。ＥＭＳは救急車の応答時間の増大という問題を抱えていた。そこで彼がとったアプローチは、いわば事件捜査のそれだった。彼は利用トレンド、通報の種類、救急車の地理的条件に関するデータの分析を行った。そして何より、救急医療のリーダーや現場の救急隊員との関係を築いていったのだ。救急車に同乗して初めて、搬送中の患者に目を向け、応答時間に影響を与える要因の背景を探ることができる。現場にいる人々と共にデータをモデリングすることが、インパクトのある知見の発見へとつながったのである。

彼は救急車のキャパシティがどこでどのように需要に追いついていないのかを明らかにし、思慮深い分析を通してEMSの改善点を見つけ出した。救急車の稼働時間の大半は、ホームレスや薬物中毒、あるいはその両方に悩む人々に関わる、医療目的以外の緊急通報にあてられていたのだ。救急医療隊員は事実上、福祉サービスの提供者である。それ自体は非常に重要な機能だが、設備が満載された救急車に乗った救急救命士が最適なわけではない。

彼の人に焦点を当てた協力的なアプローチにより、薬物乱用の当事者やアウトリーチ・ワーカーと協力して、危機的状況にある人々を福祉サービスにつなげる救急医療コミュニティ支援チームが設立された。この特別な訓練とリソース提供を受けた救急隊員たちによって、より良いケアとサポートを提供できるようになり、救急車ユニットは特殊なスキルと装備が必要な通報に専念できるようになったのである。

本書は、破壊的テクノロジーという単純な魔法で都市を再編成するという、夢みがちな都市イノベーターたちの神話を打ち砕く。それは、都市をスマートにすることをビジネスにしている人々への警告であり、道しるべでもある。技術者は、優れた技能と慎重なプログラム設計を統合し、同時に都市生活の複雑さと矛盾を共感を持って受け入れることによってのみ、都市に大きなプラスの影響を与えることができる。長年の都市課題に対する新たな解決策、それが発明される可能性に対して楽観的な我々のような人間にとって、本書は新たな意見と思慮深い前進の道をもたらすものになるだろう。

ジャシャ・フランクリン＝ホッジ
元ボストン市最高情報責任者
ブルーステイト・デジタル社 共同創業者

謝辞

本書を作り上げたのは、私以外の多くの人々の力である。

スーザン・クロフォードのリーダーシップと指導がなければ、この本は実現しなかっただろう。機械学習から都市政策にまでおよぶ私の寄せ集めの興味を初めて認めてくれた彼女は、私に多大な権限と責任を与えてくれた。彼女の個人的、経済的な支援はすばらしい贈り物だった。

またテクノロジーや都市政策に関わるさまざまな問題に目を向けさせ、私の批評眼を養ってくれた恩師たちがいた。ヨハイ・ベンクラー、ジュリア・フリーランド、レイド・ガーニ、ミシェル・マンガン、ラディカ・ナグパル、アンドリュー・パパクリトス、トッド・ライズ、ジム・トラバース、そしてミッチ・ワイスに感謝を申し上げたい。

ハーバード大学のバークマン・センター（Berkman Klein Center for Internet & Society）は、友情と知的インスピレーションのすばらしい拠点である。この得難いコミュニティの一員になれたことに感謝している。特に、デヴィッド・クルーズ、ゲイブ・カニンガム、アリエル・エクブロー、ポール・コミナーズ、アンドリュー・リンザー、ジョン・マーリー、マリア・スミス、ベッカ・タバスキー、デイヴ・タルボット、ワイデ・ワーナーは、のちにこの本へと結実するプロジェクトやアイデアを手伝ってくれた。

ボストン市のイノベーション&テクノロジー部門で働いた経験は、非常に有益なものであった。本書の背景となった部分も少なくない。ここで一年間を過ごすというまたとない機会を与えてくれたジェフ・リーブマンにお礼申し上げたい。パトリシア・ボイル＝マッケンナ、ジャシャ・フランクリン＝ホッジ、アンドリュー・セローの三人は、サービス精神と革新的なムードに溢れた偉大なリーダーだった。アレックス・チェン、ステファニー・コスタ＝リーボ、イライジャ・デ・ラ・カンパ、クリス・ドウェリー、ジョセフ・フィン、ピーター・ガノン、ジム・フーリー、ナイジェル・ジェイコブ、ラマンディープ・ジョセン、ケイラ・ラーキン、ハワード・リム、サム・ロビソン、キム・ルーカス、ローラ・メレ、クリス・オスグッド、ケイラ・パテル、ジャン＝ルイ・ロシェ、ルイス・サノ・エスピノサ、アンネ・シュウィーガー、スティーブ・ステファノ、レネ・ウォルシュ、スティーブ・ウォルター、そしてインターン・アイランドの皆。多くの人々が素晴らしい指導者、同僚、友人となってくれた。

一夏の執筆合宿を過ごすにあたり、スタンフォード大学のインターネットと社会センター（Center for Internet and Society）は素晴らしい場所だった。センターの皆、特に私を快く迎え入れてくれたアル・ギダリにお礼を申し上げたい。

優れた編集長であるデヴィッド・ウェインバーガーは、私が描いたアイデアのラフスケッチを、十分に練られたアウトラインへと変える手助けをしてくれた。主張に磨きをかけ、それを効果的に伝えるよう後押ししてくれた。このプロジェクトは、彼の心ある支援がなければ決してうまくいかなかっただろう。

ＭＩＴプレスのチームは、共に仕事を行う楽しみを与えてくれた。若く実績のない書き手にチャンスを与えてくれたギータ・マナクタラと、その揺るぎないサポートに深く感謝している。三人の匿名の査読者たちは、その建設的な意見を通じて、本書の貢献と限界に関する新たな視点をもたらしてくれた。

また二人の素晴らしい編集者による丁寧なコメントと改訂により、本書は大きく改善された。クロエ・フォックスは、私が意味のある物語を紡ぎ出す手助けをしてくれただけでなく、このプロジェクトの構成方法について多くのことを教えてくれた。シアラン・フィンレイソンは、私の主張を磨く上で的確なコメントを提供してくれた。彼らのおかげで、私の初期の原稿を立派な本のかたちに仕上げることができた。

本書の草稿を読むために時間を割いてくれた友人たち、ヴァルーン・バシヤカーラ、エヴァン・グリーン、ベン・レンパート、ロバート・マンドゥカ、ドリュー・オリンガーにも助けられた。ザック・ヴェールヴァインは、このプロジェクトの知的基盤となった多くの書籍やアイデアを紹介してくれた。

私の両親であるジェニー・アルトシューラーとバリー・グリーンはいつも、私にとって最大の教師であり支援者だ。休暇中であろうと、車で学校に通っているときであろうと、彼らが教育の価値を示す機会を逃すことはなかった。私の学際的なアプローチは、彼らの生涯にわたる学習を手本にしている。

最後に、素晴らしいパートナーであるサロメ・ヴィルヨーンへの感謝を。知的な枠組みから個々の文章の構成、そして完成にいたるまで、この本のあらゆるところに彼女の指紋が残っている。彼女に読んでもらった原稿は数え切れないほどだが、夜や週末の長時間の作業にも、驚くほど忍耐強く協力してくれた。本書は彼女の愛の証しである。

1 スマート・シティ　水平線上の新時代

「さよなら信号機。」[1]二〇一六年、ボストン・グローブ紙に掲載された記事には、あらゆる都市のドライバーが夢みるような見出しが添えられていた。もちろん、ボストン市がすべての信号機を突如撤去したわけではない。しかし、そうした変化はすぐそこまできている。マサチューセッツ工科大学（ＭＩＴ）の研究者らが考案した「インテリジェント交差点」[2]では、自動運転車が止まることなくシームレスに合流し、交差点を通り抜けられるという。[3]この新しいテクノロジーが実現すれば、交通渋滞の中をただ座ったまま過ごす時間は過去の遺物になるだろう。こうした未来的な街並みのシミュレーションは、都市が抱えていた問題を先進技術で解決するという、新しい時代の幕開けを予感させる。

しかし、ＭＩＴが考案した数学モデルとシミュレーションには、欠落した要素があった。人間だ。彼らの街並みには、自動車の流れのほかには、どんな生活の痕跡も見当たらない。このＭＩＴのモデルの中心は、ボストン市のダウンタウンで最も人通りの多い交差点であり、アメリカ国内で最も歩きやすい場所のひとつである。このことが、〔モデルからの〕人間の排除をさらに見過ごせないものにしている。[4]だれも渋滞を望んだりはしない。しかし、渋滞を解消するために路上から人を排除する必要があるのなら、我々はどんな都市を作ろうとしているというのだろうか。

技術の進歩が都市にもたらす、並外れた利益。それに思いを馳せたのは、ＭＩＴの研究者たちが最初ではないし、まして最後でもない。どの提案も立派に聞こえる。しかし、こうした未来的なモデルや、ユートピア的な約束の裏側をすこし注意深く見てやるだけで、ずっと不吉な物語が浮かび上がってくるのだ。

「予測警備（predictive policing）」の場合を考えてみよう。過去の犯罪パターンを機械学習アルゴリズムで分析し、次にいつ、どこで犯罪が発生するかを予測する技術だ。この情報があれば、警察官が効率的に犯罪を防ぎ、地域社会をより安全にすることができると多くの人々が信じている。こうしたアルゴリズムは、警察官の限られたリソースを最大化するための、客観的で科学的な方法のように思える。過去一〇年間の間に、全米の警察署がそうしたソフトウェアを採用してきた。ある警察署長は「犯罪との戦いの中で、我々がよりスマートになれる」という理由で、これを評価している。[5]

しかし、これらのアルゴリズムには暗い側面もある。予測の根拠となっている情報に、人種的なバイアスがかかっているのだ。データには、すべての犯罪がどこで起きたのかという客観的事実ではなく、警官がどこで犯罪を発見し、起訴したのかが記録されている。そこに反映されているのは、コミュニティごとに変化する警察の対応だ。こうしたデータを用いることで、予測警備ソフトウェアはマイノリティ居住区での犯罪を過大評価し、白人居住区での犯罪を過小評価してしまう。これらの予測にもとづいて行動すれば、警察行為に内在する既存のバイアスはさらに悪化してゆく。誰も犯罪を望んではいない。しかし、もしそれを防止することが差別的な慣習を永続化させることを意味するなら、我々はどんな都市を作ろうとしているというのだろうか。

別の事例について考えてみよう。二〇一六年、ニューヨーク市は数千台の公衆電話をデジタル・キオスクに置き換えた。[6] 世界最大かつ最速の無料公衆Ｗｉ－Ｆｉネットワークを構築するためだ。LinkNYCという名称でブランディングされたこれらのキオスクは、ほかにも無料国内通話機能、ＵＳＢ充電ポート、インタラクティブな電子地図などを備えている。しかもこのキオスクに対して、市の費用負担は一切発生しない。LinkNYCの導入は、あらゆる都市で高速インターネットへのアクセスを民主化することの必要性を浮き彫りにするものだった。

しかし、この新しいテクノロジーには注意すべき点がある。このキオスクは、ニューヨーク市が運営する公共サービスではないのだ。代わりに、これを所有・管理しているのはサイドウォーク・ラボ（Sidewalk Labs）である。グーグルの親会社である、アルファベット社の子会社だ。このキオスクの資金源は、驚くようなものではない。サイドウォーク・ラボは、サービスを利用するすべての人のデータを収集することで、ターゲティング広告を作成することができる。つまり、公共のＷｉ－Ｆｉネットワークに接続するために、民間企業へあなたの位置や行動に関するデータを提供するという代償を支払わなければならないのだ。誰もがより良い公共サービスを望んでいる。しかしそのために、民間企業の監視端末を都心部一帯に配置することになるとしたら、我々はどんな都市を作ろうとしているというのだろうか。

こうした事例はいずれも、新しいテクノロジーによって可能になる、水平線上の新たなタイプの都市を指し示している。「スマート・シティ」だ。本書は、なぜテクノロジーを都市に応用すると悪い結果になることが多いのか、そしてテクノロジーがより公正で公平な都市の未来を作るために、我々は何をしなければならないのかについて書かれている。

これまで想像もできなかったようなことが、新しいテクノロジーの開発によって日常的にできるようになった。都市は画期的な進歩を遂げようとしている。我々には、これらの技術――そして、それが生み出す「スマート・シティ」――がもたらす、絶大な恩恵が約束されている。身近なものにはセンサーが埋め込まれ、周囲の状況を測定できるようになるだろう。機械学習アルゴリズムは、これらのデータを使って出来事を事前に予測し、自治体サービスを効率的で便利なものへと最適化してゆく。アプリ、アルゴリズム、人工知能を介して、新しいテクノロジーが渋滞を緩和し、民主主義を回復し、犯罪を防ぎ、無料の公共サービスを生み出す。スマート・シティは、我々の夢の都市になるだろう。[7]

大手テクノロジー企業からオバマ大統領のホワイトハウス、全米都市連盟に至るまで、スマート・シティは広く支持されている。将来の自治体ガバナンスに関する合意目標になりつつあるのだ。二〇一六年に米国五四都市を対象に行われた調査では、八〇〇近くのスマート・シティ関連プロジェクトが共同実施、または計画されていることが明らかになった。[8]

テクノロジー企業であるシスコのＣＥＯ兼副社長は、我々がどこへ向かっているのかについて、次のように説明している。「スマート・シティとは定義上、三つ以上の機能分野で情報通信技術を統合した都市を指します。もっと簡単に言えば、スマート・シティとは、従来のインフラ（道路や建築など）とテクノロジーを組み合わせて、市民の生活を豊かにする都市のことです。」[9]

データやテクノロジーを従来のモノやプロセスに適用して、効率や利便性を向上させるというありきたりな説明文句が、都市やそれ以外の場所で何かを「スマート」にすることの意味を定義づけるようになった。したがって、本書では専門用語としてこの言葉を使用する。

しかしながら、スマート・シティの約束は幻想である。その欺瞞は、テクノロジーの力と重要性が過度に強調された定義そのものに由来している。シスコが、都市の進歩の根拠をテクノロジーの応用だけに置いていることに注目してほしい。これと同じ視野狭窄が、「インテリジェント交差点」、予測警備、LinkNYC の危険性を生み出した（これらの例は本書で後ほど紹介する）。後述するように、スマート・シティの問題は、単にテクノロジーが約束したとおりの利益を生み出せないということだけではない。スマート・シティを導入するためのテクノロジーが、解決できたはずの問題を歪めたり、悪化させたりすることが多いということでもある。

スマート・シティはユートピア的なものとして提示されているが、実際には、都市を技術的な問題として劇的かつ近視眼的に再定義することを意味している。このような視点から都市生活の基盤や自治体のガバナンスを再構築すれば、表面的にはスマートであっても、その下では不正や不公平が蔓延する都市を生んでしまう。スマート・シティは、自動運転車がダウンタウンを支配し、歩行者が追い払われ、市民の政治参加はアプリを通した行政サービスへの改善要求に限定される場所、警察がアルゴリズムを使って人種差別的な行為を正当化・永続化させ、政府や企業が公共空間を監視して行動をコントロールする場所になる恐れがある。

テクノロジーは社会変革を促す効果的なツールになり得るが、社会の進歩に対するテクノロジー主導のアプローチは最初から、生み出すことのできる利益が限られていたり、意図しない負の結果をもたらす運命にある。哲学者のジョン・デューイは、「問題がどう理解されるかによって、どの提案が受け入れられ、どの提案が却下されるかが決まる」と記した。[10] 社会学者のブルーノ・ラトゥールはこれに、「道具が変われば、付随する社会理論全体も変わることになる」と付け加えている。[11] デューイとラトゥールの理路は、スマート・シティの夢がどこで道を踏み外しているのかを浮き彫りにしている。あらゆる問題をテクノロジーの問題として捉えてしまえば、技術的な解決策を検討することを通じて、その他の解決策が排除されることになる。最終的には都市の可能性やあるべき姿についての狭量な概念に行き着いてしまうだろう。

私はこのような物の見方を「テクノロジー・ゴーグル」（あるいは単に「テック・ゴーグル」）と呼んでいる。テック・ゴーグルはふたつの信仰に根付いている。第一に、テクノロジーは社会問題に対して中立かつ最適な解決策をもたらすというもの。そして第二に、テクノロジーこそが社会変革の主要なメカニズムである、というものだ。テック・ゴーグルは、社会的・政治的な力学がもたらすあらゆる障害を覆い隠し、都市生活のすべての問題をテクノロジーの問題として認識させ、テクノロジーが解決できる問題だけに取り組ませようとしむける。テック・ゴーグルを装着した人々は、市民参加、都市デザイン、刑事司法などのトピックに関連する都市課題を、テクノロジーによって改善可能な非効率性の結果であると捉えてしまう。そして、あらゆる問題の解決策は、効率性と利便性の名の下に「スマート」にする――インターネットに繋がっており、データ駆動型で、アルゴリズムが通知を飛ばす――ことだと考えてしまう。テクノロジーを変化させることができる、あるいは変化させるべき主要な変数だと見なすことで、政策改革や政治の方針転換といった他の目標が見落とされてしまうのだ。

テック・ゴーグルの根本的な問題点は、そもそも複雑な社会問題に対するあざやかな解決策などというものは、たとえ可能性があったとしても、ほとんど存在しないということにある。都市デザイナーのホルスト・リッテルとメルヴィン・ウェバーは、都市の社会問題を「意地悪な問題（wicked problems）」と表現している。あまりにも複雑で価値中立的な答えが存在しないために、「『最適解』を語ることに意味がない」からだ。[12] テクノロジーがこの種の問題を解決できると主張すること——技術批評家のエフゲニー・モロゾフが「解決主義」[13]と呼ぶ態度——は、よく言えば見当違い、悪く言えば二枚舌である。

テック・ゴーグルは、悪気のないまま役に立たないガジェットを作り出すだけの代物ではない。社会を作り替える可能性をもった、危険なイデオロギーをも生み出してしまう。私が「テック・ゴーグル・サイクル」と呼ぶプロセスを通じ、テック・ゴーグルはテクノロジーの論理で人々のふるまい、優先順位、政策を歪めてゆく。このサイクルは三つの段階で作動する。まず、テック・ゴーグルは、すべての問題はテクノロジーで解決できるし、また解決すべきだという認識を作り出す。このような観点から、人々、企業、政府は、社会をより効率的で「スマート」にするための新しいテクノロジーを開発し、採用してゆく。自治体や都市の住民がこれらのテクノロジーを採用するにつれ、彼らのふるまい、信念、政策観は、これらの人工物に埋め込まれた見当違いの仮定や優先順位によって形作られてゆく。これがテック・ゴーグルの視点をさらに強化し、そのイメージのもとで生み出されたテクノロジーをさらに補強することになる。このプロセスを通じて、テクノロジーによらないオルタナティブな目標やビジョンは、認識することも行動に移すことも困難になってゆく。テック・ゴーグルが、我々の集合的な想像力により深く定着してゆくのだ。

これらのテクノロジーと、それがもたらす社会の変化に組み込まれているのは、政治である。テクノロジーは中立的な道具などではない。政治理論家のラングドン・ウィナーが『鯨と原子炉（*The Whale and the Reactor*）』で述べているように、テクノロジーは「特定の形をもった力と権威を生み出す傾向をもつ」。ウィナーはこう続けている。

何世代も持ちこたえる公的秩序の枠組みを確立する立法行為または政治的な土台作りと、技術革新は似ている。この理由から、ハイウェイの建設、テレビネットワークの創設、あるいは新しい機械の見かけは重要でない性質に手を加えるようなことにも、政治のルール、役割、関係に対するのと同じように慎重な注意を人は傾けねばならない。本来の政治における制度と実践においてばかりでなく、鉄、コンクリート、電線と半導体、ボルトとナットなどからなる目に見える構造体においても、人々にとってややわかりにくい形で、人々を分断させたり統合させたりする争点がひそんでいるのである。[14]

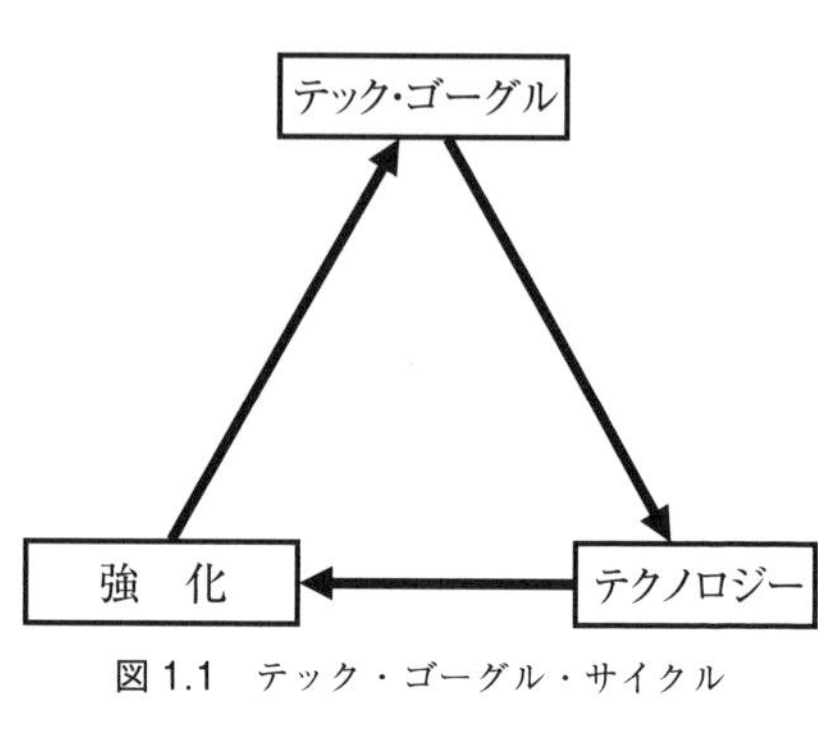

図 1.1　テック・ゴーグル・サイクル

都市がより新しく効率的なテクノロジーを採用したとしても、価値観や政治に向き合う必要性から逃れることは出来ない。誰が政治的影響力を持つのか、どのように地域を取り締まるのか、誰がプライバシーを失うのか。スマート・シティのテクノロジーをどのように開発・導入するのかによって、大きな政治的影響が生じることになるだろう。しかし、テック・ゴーグルの信奉者たちは、複雑で、規範的で、永遠に続く苦悩に満ちた政治的意思決定を、客観的で技術的な解決策に還元可能なものとして認識してしまう。スマート・シティのイデオローグたちは、都市の問題をテクノロジーの問題として捉えることで、こうした問題が持つ規範的・政治的側面を見失っているのである。その結果、彼らは（効率性などの）技術的な基準に沿って解決策を評価する。より広い範囲に及ぶ影響を見落としているのだ。

二〇一三年の著書『スマート・シティに抗う（*Against the Smart City*）』の中で、スマート・シティに対する最も初期の、そして最も厳しい批判の一つを提示したアダム・グリーンフィールドは、次のように述べている。このような考え方は「事実上、個人や集団の特定のニーズに対して、普遍的で超越的に正しい解決策がひとつだけ存在し、この解決策は、適切なインプットを与えられた技術システムを操作することでアルゴリズム的に導き出すことができ、そして公共政策の中へ、歪むことなくコード化できるという主張にほかならない。」[15]

この論理は、スマート・シティを価値中立的で普遍的に有益であり、あたかもそれが唯一の合理的な方法であるかのように思わせる。シスコ社のアーバン・イノベーション・チームは、「議論はもはや、なぜスマート・シティ構想が都市にとって良いのか、何をすべきなのか（どの選択肢を選択すべきか）ではなく、スマート・シティのインフラやサービスをどのように実装すればよいのか、という段階へと移っている」と説明する。[16] IBM社のサミュエル・パルミサーノ社長兼CEOは、二〇一一年にリオデジャネイロで開催されたスマート・シティフォーラムで同様の見解を示した。「考えてみてください。交通システムにイデオロギーはあるのか？　電力網のイデオロギーは？　都市の食料や水供給のイデオロギーは？（…）もしスマート・シティのリーダーたちがイデオロギーを共有しているとすれば、それは次のようなものです。『我々は、物事を成し遂げるよりスマートな方法の存在を信じている』。」[17] こうしたレトリックは、社会が目指すべき都市のあり方に関する合意は既に得られているのだと暗に主張するものである。あるいは、スマート・シティの可能性の素晴らしさゆえに、そのような合意が存在するはずだとただ仮定しているだけかもしれない。技術者にとって、効率性の向上によるメリットが非常に明白であるがゆえに、スマート・シティは社会的・政治的な議論を超越してしまう――あるいは、それらを陳腐化してしまうのだ。

実のところ、交通や水道といった都市システムは明らかにイデオロギーを纏っている。都市部と白人が住む郊外を結ぶ高速道路のために破壊された、前世紀の黒人コミュニティの住人たちに聞いてみればいい。[18] あるいは二〇一四年に州当局が財政緊縮のために決定した市の水源変更によって、鉛による汚染にさらされた（ミシガン州フリントの多くの黒人と、貧困層の住民たちに）。[19] ウィナーが書き記したことでよく知られているように、ロバート・モーゼスは、貧しいマイノリティのニューヨーカーたち（ほとんどが自家用車ではなくバスで移動していた）が、彼の自慢のビーチにたどり着くのを防ぐため、ロングアイランドの陸橋を異常に低く設計していた。[20]

しかし、定量的・技術的な手法がからむと、客観性という願望は、よくある落とし穴に陥ることになる。「数字によってなされる決定は、（…）少なくとも公正で客観的であるかのように見えてしまいます。」歴史家のセオドア・ポーターはこう述べる。「定量化とは、決定しているように見せずに決定する方法なのです。」[21]

社会問題に対して客観的・技術的な解決策を見出そうという誘惑の言葉は、スマート・シティのような強力なテクノロジーを扱う場合に、特に危険なものとなる。そうした解決策が存在すると信じることは、テクノロジーが社会的・政治的に与える影響を過小評価し、同じ問題に対する別のアプローチを無視することにつながる。中立性を前提とすることは、技術の進歩の名のもとに正当な政治的議論を阻害することで、現状維持を助長し、制度的な改革を妨げてしまう傾向がある。

本書は、スマート・シティの背後にある政治性を明らかにし、テクノロジーが都市の統治と生活に与える無数の影響に光を当てることを目的としている。スマート・シティのレトリックは、テクノロジーは必然的な道筋を辿り、特定の形にしかならず、社会や政治の進歩の主要な原動力であるという、広く共有された価値観に裏づけられている。「技術決定論」と呼ばれるものだ。テック・ゴーグルは、より新しく、より速く、より洗練されたテクノロジーを採用することが、都市を改善する唯一の道だと主張する。技術者たちは、テクノロジーがどのように設計されるべきか、どのような社会的成果を下支えすべきかを問う代わりに、スマート・シティを唯一の実現可能で魅力的な都市の未来として提示するのだ。

しかしながら、実際にはテクノロジーが辿る必然的な道筋など存在しない。設計に価値観を埋め込むこと、成果達成を目的とした開発を行うこと通じて、我々自身がテクノロジーを形作るのだ。テクノロジーによる社会構築を許すことは、そのテクノロジーを設計し、導入する人々に、目立ちにくいが強力な力を与えることにつながる。それらの道具に埋め込まれた価値観について、またそれを誰が選択するのかについて、我々は批判的に構えなくてはならない。例えば多くのテクノロジーは、効率性を高めることによって社会問題を解決するよう設計される。しかしそうしたアプローチをとることが、テクノロジーを価値中立的にするわけではない。効率性とは規範的な目標である。特定の原則や成果を優先し、他を犠牲にすることで、社会全体の地位や資源の分配方法を変えてしまうのが普通だ。効率性を高めるために、どの原則が最も優先されるべきかを決定すること——言い換えれば、シスコがすでに解決済みだとして退けた、「何を効率化すべきかを決定する」という問題そのもの——は、競合する規範的ビジョンを調停するという、本質的に政治的な作業を必要とする。哲学者のマーシャル・バーマンが言うように、「成功か失敗かというカテゴリー分けに遭遇したら、(…)我々はこう問う必要がある。どのような基準で？　誰の基準で？　何のために？　誰の利益のために？」[22]

前述の交通最適化の例で言えば、効率的な自動運転車の流れは、交通の妨げになる歩行者やサイクリストを、都市の道路から疎外することを意味するかもしれない。同様に、市民参加の効率性を重視すれば、市の行政は単なる顧客サービス組織に過ぎないものとなる。比較的表面的な市民のニーズが、より実質的なニーズよりも優先されることで、不平等が拡大する可能性がある。これらのプロジェクトやその他のスマート・シティプロジェクトを探ってゆくと、効率性が客観的で社会的に最適であるかのように見えても、実際には予想外の不公平な影響をもたらす場合があることを、繰り返し目の当たりにすることになる。

我々はまた、テクノロジーを使ってどのような慣習や優先事項を支援するのかを選択することを通じて、社会的・政治的な価値観をテクノロジーに投影している。テクノロジーが社会的・政治的な制度の中に組み込まれるとき、その影響はそれをとりまく価値観や慣習によって形作られる。例えば、予測警備アルゴリズムが正確で偏りのない犯罪発生の予測を可能にしたとしても、そのことが予測の活用方法まで決めるわけではない。犯罪の発生が予測される場所に警察を派遣するという選択は、アルゴリズムの技術的な特性にかかわらず、現在の刑事司法制度が持つ差別的な慣習や政策を強化してしまう。しかしそうした選択、すなわち犯罪予測の悪影響は避けられないわけではない。いくつかの都市では、同様のアルゴリズムを使って、投獄される危険性のある人物を特定し、彼らが刑務所に入らずに済むよう積極的に福祉サービスを提供することで、社会正義を推進しようとしている。言い換えれば、テクノロジーがどれだけ進歩しても、それをどのように使うのかという規範的かつ政治的な課題から逃れることはできないということだ。

さらにテクノロジーの設計や政治的構造は、その名目上の機能とはほとんど無関係に、社会的な影響を生じさせることがある。LinkNYCの問題は、それが掲げるテクノロジーのあり方――無料の公衆Wi-Fiはすべての都市が提供すべきサービスである――ではなく、そのサービスを実現する方法にある。LinkNYCは、一般市民に関するデータを収集し収益化することによって、その費用を賄っているのだ。同様に地方自治体は、アルゴリズムに基づいて重要な意思決定（たとえば刑事被告人への判決や、学校への生徒の割り当てなど）を行うことが多くなってきている。こうしたアルゴリズムは人生を大きく変えるような決定を下す可能性を持っている。にもかかわらず、アルゴリズムがどのように開発され、どのように機能しているのかについて、市は一般市民にほとんど、あるいは全く情報を提供しないのが普通である。アルゴリズムによってある種の意思決定の精度が向上する場合であっても、それらは説明責任を果たせないブラックボックス都市の形成へとつながってしまう。しかし、こうした技術の可能性は、我々に政治的な意思がありさえすれば、はるかに民主的なアーキテクチャによって実現することができるのだ。

最後に、数多く存在する非技術的な要因がテクノロジーの効果を制限し、テック・ゴーグル越しに見たときには確実だと思われていた成果を妨げてしまうことを考慮しなければならない。例えば、コミュニケーションに関するテクノロジーの進歩は、政治への参加と対話の明るい新時代を支えることになると多くの人が信じている。しかし、こうした夢物語は実現していない。民主的な意思決定や市民参加を阻む根本的な限界は、情報や対話の非効率性ではなく、権力や政治、国民のモチベーションのほうにあるからだ。同様に、たとえ潜在的な価値を持った技術であっても、適切な活用や管理がなされなければ、たいした影響を与えることもなく終わってしまうだろう。スマート・シティ推進派が語る物語に反して、テクノロジーそれ自体はほとんど価値を生み出さない。それは熟慮を重ねた上で、自治体のガバナンス構造の中へと組み込まれる必要があるのだ。

本書では、テクノロジーの伝道者たちがその影響を正確に予測できずに失敗した例が数多く紹介されている。その原因は、彼らが社会的、政治的課題の決定要因の多くを見過ごしたことにある。テクノロジーは確かに社会的・政治的条件を変化させるが、同時にそうした条件に依存するものでもある。テクノロジーが及ぼす影響の大部分は、それが導入される文脈や作法によって形作られる。

技術決定論は、テクノロジーが作用しうるあらゆる結果を見えなくすることで、都市におけるテクノロジーに関する議論を歪めてしまう。テクノロジーに権限を与えてしまえば、我々は自分たちが創りたい世界のビジョンを描けなくなるだろう。逆に技術発展の道筋がひとつであると仮定するなら、新しい技術を採用する人は革新的とされ、採用しない人はラダイト主義者の烙印を押されるような、無意味な二者択一の議論に陥ってしまう。

スマート・シティの魅力の大部分はこのように、新しいテクノロジーを頑なに拒み、時代遅れで非効率的な慣習にしがみつく「ダム・シティ（まぬけな都市）」という藁人形を対置することから生み出されている。スマート・シティの信奉者たちは、社会的影響を分析したり、代替案を検討したりすることなく、ダム・シティに必要な改善策としてスマート・シティを提示しようとする。スマート・シティは誤った二分法の上に成り立っており、テクノロジーと社会変革のより広い可能性に目を向けられなくなっているのだ。我々は、無意味で同語反復的な問い――スマート・シティは、ダム・シティよりも優れているのか？――に捉われており、スマート・シティは民主主義、正義、公平性を上手に育む都市の未来を本当に代表しているのかという、より根源的な問題を議論できずにいる。

＊＊＊

私は、その答えは否であると信じている。我々の本質的な課題は、テック・ゴーグルの論理に逆らい、自分たちの主体性を認識して、「スマート・イナフ・シティ（十分スマートな都市）」という代替的なビジョンを追求することにある。それは、テック・ゴーグルの影響を受けない都市である。テクノロジーが都市住民のニーズに応える強力なツールとして受け入れられ、他の形態のイノベーションや社会変革と結びつけられているが、それが自己目的化したり、万能薬とみなされたりすることはない都市だ。スマート・イナフ・シティを受け入れる人々は、都市を最適化すべきものとして見るのではなく、政策目標を最優先し、人々や制度の複雑さを認識しながら、彼らのニーズをよりよく満たすにはどうすればよいのかを包括的に検討する。

我々は、スマート・シティを問い直してゆくと同時に、テクノロジーを活用して住民のために持続的な利益をもたらしているスマート・イナフ・シティの刺激的な事例も見てゆくことになる。これらの取り組みの先頭に立つリーダーたちは、最先端のアプリやアルゴリズムを開発したわけではない。「スマート」になろうとしたり、効率性や接続性を盲目的に追い求めるのではなく、社会政策上の目標を達成するためには、都市が「スマート・イナフ」になる必要があることに気付いたのだ。

我々が調査するスマート・イナフ・シティには、いくつかの共通した特徴がある。第一に、テクノロジーが最も効果的に活用されるのは、テクノロジーが他の形態のイノベーションと組み合わされて導入されたときであるということである。スマート・シティでは、テクノロジーは既存のプロセスやプログラムをより効率的にするために導入されるが、それらのプロセスやプログラムが都市住民のニーズをどの程度満たしているかについての批判的な評価は、ほとんど、あるいは全くなされない。都市を改良することは、テクノロジーを改良することと同義なのだ。これに対して、スマート・イナフ・シティでは、社会問題は単なる技術的な限界を超えた事象に根ざしていることを認識し、それらの問題を改善するために様々なアプローチ（テクノロジーを含むが、これに限定されない）を採用する。

これから登場するスマート・イナフ・シティにまつわる話を読めば、主だった成果が生み出されるのは、既存の慣習を思慮深く改革する新しいプログラムや政策からだということがわかるだろう。テクノロジーは、こうした新たなアプローチを補強する重要なツールとして機能するが、それなしではほとんど効果をもたらさない。例えば本書では、シアトル市が社会福祉事業者との契約を再構築し、目標をより明確に定義することで、ホームレス支援事業をどのように改善したのかを検討する。シアトル市は資源の分配に役立つデータを取得しただけではない。最も重要なイノベーションは、地元の組織との新たな取り組み方を開発したことにある。データと契約方式の改革を組み合わせることで、どちらか一方だけでは達成できないような大きな効果が得られたのだ。

スマート・イナフ・シティのもう一つの本質的な特徴は、制度や運営の改革を通してテクノロジーの採用を支援することによって、テクノロジーの価値が引き出されることにある。スマート・シティのためのビジョンは、テクノロジーは真空状態で動作するものであり、成功の鍵は最高のツールや最大限の情報を持っていることにあると仮定しがちである。しかしそれとは対照的に、スマート・イナフ・シティは、行政におけるテクノロジーの活用にはテクノロジー以外の障壁が多いことをよく理解している。自治体の構造や慣習に十分に組み込まれていなければ、テクノロジーはほとんど無意味だと認識しているのだ。カンザス州ジョンソン郡は、精神疾患に苦しむ人々が刑務所に入らずにすむために不可欠なデータ共有プロセスをどのように構築したのか。ニューヨーク市とサンフランシスコ市は、職員がデータを利用するための品質基準と研修をどのように構築したのか。シカゴ市とシアトル市は、個人のプライバシーを侵害することなく新しいテクノロジーが責任を持って利用されるようなガバナンス体制をどのように構築したのか。本書ではこれらについて紹介する。これらの取り組みにつく、テック・ゴーグルに刺激された〔記事の〕見出しは、テクノロジーの力を誇示しようとするかもしれない。しかし実際には、そうしたテクノロジーの成果は、官僚的な（そして明らかに最先端とは言えない）イノベーションと支援に強く依存しているのだ。

「スマート・イナフ（十分に賢い）」という概念は、ゴールポストをずらして、目標を低く設定し、単に「グッド・イナフ（十分に良い）」であることに甘んじているだけだと感じる人もいるかもしれない。しかし実際には、スマート・イナフ・シティの原則は、スマート・シティの原則よりもはるかに野心的で、実現困難なものだ。都市の社会的・政治的な難問に対処することに比べれば、犯罪の予測やＷｉ－Ｆｉの配備といった、純粋に技術的な問題を解決することは些細なことに過ぎない。我々が追求し続けなければならないもっとも偉大な目標は、技術的な視点と非技術的な視点を思慮深く融合させ、民主的で平等な都市を推進することなのである。

＊＊＊

本書に書かれているのは、都市の未来を賭けた戦いである。デジタル技術が、過去に鉄道や電気、自動車が担ってきた役割を果たすことで、スマート・シティは次の大きな都市の変革を象徴するものになるかもしれない。しかし、これからおきるのは、技術第一の変革ではない。これから見てゆくように、多くのスマート・シティ技術は、それらが約束した利益の実現からは程遠いところにある。その代わりに我々は、スマート・シティを問い直さなければならない。なぜなら、二一世紀の都市に関する最も基本的な社会的・政治的問題のいくつかに対して、テクノロジーの導入を通じて答えを出すことになるからである。都市デザインは誰のニーズを優先させるべきなのか？　政府とその構成員との間に望ましい関係とは何か？　社会はどのように犯罪に対処すべきか？　政府や企業との関係において、個人はどの程度の自律性を持つべきなのか？　スマート・シティが都市生活に革命を起こすとすれば、それは技術的なユートピアを作ることによってではなく、都市の政治と権力の風景を変えることによってであると言える。

このことを念頭に、我々は、スマート・シティがもたらすリスクを明らかにするため、市役所、ハイテク企業、警察、街中を訪ねてゆく。そこで、なぜ代替的なアプローチが必要なのか、なぜそれが可能なのかを見出すことになるだろう。また、スマート・イナフ・シティの原則に沿って、住民の幸福度を向上させる政策やプログラムを支援している自治体を検証してゆく。本書は都市におけるテクノロジーの応用の成功例と失敗例を並置することで、テクノロジーを用いて都市の問題を改善するための戦略と、テクノロジーの非効率的で誤った使い方を避けるための戦略を明らかにする。

スマート・シティは世界中の多くの分野に関与しているが、私の主な関心は、米国の地方自治体がどのように新技術を導入し、管理しているのかということにある。これを重視する理由は二つある。第一に、私自身の能力の限界である。私は以前、ニューヘイブン市とボストン市の市政府で働いた経験があり（メンフィス市、サンフランシスコ市、シアトル市などの他の自治体と緊密に協力していた）、テクノロジーの導入、管理、使い方に関するアドバイスを行ってきた。時折、海外の教訓や並行する動きを参照することもあるが（実際、最初の事例はトロント市のものである）、私の経験は米国の都市の特殊な法的・政策的環境に限定されている。

第二に、地方政府が新技術の生み出す社会的成果を決定する上で従来にない大きな役割を担うようになりつつあることから、地方自治体がどのように技術を利用し、制御しているかについての詳細な分析が急務になっていることである。都市政府は、新技術をどのように導入するかについて、最も影響力のある意思決定の多くに関する責任を負うことになる。これはほとんどの自治体にとってまだ馴染みのない領域である。しかし都市テクノロジーの概念がまだ発展途上にある今こそ、正しい判断を下すことが不可欠なのである。今日の決断が、次の世紀の社会的・政治的状況を左右することになる。また、都市人口の増加が進む中で、都市に対する願望と計画を慎重に評価することが、これまで以上に重要になりつつある。

ただし、本書が対象とする読者は、都市政府の役人たちだけでなく、都市に住むすべての人々に及んでいる。新しいテクノロジーの恩恵を受け、またその弊害を被ることになるのは彼らである。テクノロジーによる公平な都市の進歩を進めるために、地方政府に説明責任を負わせなければならないのも彼らだ。本書が提供する教訓が、私の焦点を制約する枠を超えて、世界中の活動家、技術者、政府の役に立つことを願っている。

本書の構造は、アーバニズムの未来のビジョンに必要とされる変革を反映している。この第一章のテーマであるスマート・シティは、今日における支配的な将来像となっている。これを我々の出発点に据えたのはそのためだ。続く各章では、スマート・シティとは相反するが、テクノロジーの力を借りることで実現可能な、住みやすい都市、民主的な都市、公正な都市、責任ある都市、革新的な都市といった、都市の代替的なビジョンに出会うことになる。これに沿って、各章ではテクノロジーが社会にどのような影響を与えるのか、また、新しいテクノロジーを追求する時に、なぜ都市が政策、制度、人々に焦点を当てる必要があるのかについて、段階的に掘り下げてゆく。これらの事例は、なぜ都市が「スマート」ではなく「スマート・イナフ」であるように努力しなければならないのかを示すものである。それによってテクノロジーは、それ自体を目的とするものではなく、都市を改善するための手段として位置付け直される。最後に、多くの教訓を「スマート・イナフ・シティ」という新しく大胆なビジョンに凝縮して締めくくる。

　本書の根本的な問いかけは、イノベーションに賛成か反対か、テクノロジーに賛成か反対かではなく、都市住民に最大の利益をもたらすイノベーションと進歩を、いかにして促進すれば良いのかという点にある。特定の技術の導入に反対することと、新技術の開発や採用一般に反対しないことの両立は可能である。進歩には、新しい技術を採用すること以上の意味があるからだ。進歩とは、より包括的で民主的な都市を実現するために、政策や慣習を適応させることでもあるはずだ。思慮深く設計されたテクノロジーは、そのような進歩を促進するための信じられないほど強力なツールとなり得る。しかし不注意に、あるいは不適切に設計されたテクノロジーは、進歩を阻害し、さらには道を踏み外させてしまう。

　そうした観点から言えば、私のスマート・シティへの挑戦は、基本的にはテクノロジーを擁護するものである。私は、テクノロジーが自治体のガバナンスや都市生活を改善する力を強く信じている。実際、このような楽観主義ゆえに——私は、達成可能でより望ましい都市の未来から程遠い結果に陥る危険性がどのくらいあるのかを目の当たりにしている——こうして切迫した文章を書いているのである。

　テクノロジーの力でポジティブな成果を得るためには、スマートになりたいという甘い夢を捨てて、包括的な社会的・政治的ビジョンの中にテクノロジーを組み込む必要がある。我々はテック・ゴーグルを外し、スマート・シティは不要だと宣言しなければならない。事実、スマート・シティは、我々が本当に必要とする都市、すなわち住みやすく、民主的で、公正で、責任感があり、革新的な都市から、我々の目をそらしてしまう。テクノロジーは、これらの都市を夢から現実へと変える手助けをしてくれるだろう。ただしそれは、これまでほとんどの人がスマート・シティに対して投げかけてこなかった問いに気づいてからの話だ。スマートになる目的は何か？

2 住みやすい都市

テクノロジーの限界と危険性

二〇一四年、初めてグーグルの自動運転車の写真を見たスティーブ・バックリーが抱いたのは、将来に対する不安であった[1]。

バックリーは生涯を通じて、「国中を簡単に移動できることに夢中」である。一三歳の時には、すでに四九の州を訪れている。旅行好きが高じたバックリーは、ペンシルベニア州とメリーランド州で高速道路の設計を担当した後、フィラデルフィア市の交通局次長を経て、現在はトロント市交通局の所長を務めている。彼はその間、自動運転車（AV）の開発を注視してきた。しかし「いつも懐疑的だった」と言う。技術的な課題は「乗り越えられない」と考えていたのである。

しかし、グーグルの自動運転車の写真を見たときに彼は気付いた。自動運転車は、トロント市をはじめとする他の都市にも普及し、都市生活を一変させるだろうと。「これは単なる交通機関の問題ではない。それはすぐ明らかになりました。」こうバックリーは述べる。「例えば、夜中にグーグルが一万台の自動運転車を路上に投入したとしたら、一体どうなるでしょうか？　我々はどうするでしょうか？」

革新的な交通技術がもたらす破壊的な可能性――バックリーはもちろん、その門外漢というわけではない。二〇一四年に彼がトロント市で検討していたのは、地域の規制を押し切って営業を開始したばかりのオンデマンド型交通サービス、「ウーバー」への対応であった。他の多くの都市と同じく、トロント市はウーバーを評価、管理、規制するための計画さえ準備できずにいた。加えてウーバーは、テクノロジーを利用して交通手段を提供するという今までにない方法をとっていた。そのためトロント市は、どのような規制をかけられるのか、またかけるべきなのかがわからなかったのだ。ウーバーが急速に事業を拡大する一方、トロント市は追いつくのにさえ苦労していたのである。

トロント市交通局でのバックリーの同僚に、ライアン・ラニョンがいる。ウーバーがもたらした革命を目の当たりにした彼は、「自動運転車はさらに大きな規模で破壊的な影響をおよぼす可能性がある」と気付いた。自動運転車が普及するなら「二度と後手に回ることはできません。」ラニョンは言う。「必ず先手を打っておく必要があります。」[2]

バックリーとラニョンは二〇一六年に自動運転車検討会（Automated Vehicles Working Group）を結成した。自動運転車の潜在的な影響力について、局長クラスの人材や、市の職員の学びを支援する取組みを始めたのだ。シンプルな問い——自動車の自動化は、トロント市にとって何を意味するのか？——から出発した彼らは、自動運転は都市を改善する無限の可能性を秘めているという楽観主義へとたどり着いた。

まず自動運転は、自動車の安全性を劇的に向上させる可能性がある。二〇一五年、米国では、約二五〇万人が負傷し、三万五〇〇〇人以上が自動車事故で死亡している。自動車事故の九四％は人為的なミスによるものだ。二〇一五年の交通事故死者数のうち、約三分の一が飲酒運転に関連しており、一〇％は脇見運転によるものだった。[3] 酔っぱらったり、気が散ったり、疲れたりすることのない自動運転車は、運転行為そのものから重大な危険性を取り除くことができる。イーノ交通センターの分析によると、米国の自動車の九〇％が自律走行になれば、年間四二〇万件の交通事故が減り、二万一七〇〇件の交通事故死亡者を減らすことができるという。これは毎日六〇人の命を救うことに相当する。[4]
また、自動運転車は、移動速度を急激に向上させる可能性がある。自動運転車は人間と比較して、認識力、接続性、反応性が高い。そのため高速移動の際に、広い車間距離を必要とせずにすむ可能性がある。イーノ交通センターは、自動運転車の普及率が九〇％に到達すれば、道路の交通容量は二倍に増加し、渋滞は六〇％まで減少すると予測している。[5] 大手自動車部品メーカーの最高技術責任者は、「もしすべての自動車が互いに情報交換できるなら、車の流れは驚くほどスムーズになり、渋滞もなくなるだろう」と主張している。[6] 自動運転車は、劇的に渋滞を解消しようとしている。都市デザイナーのキンダー・バウムガードナーは、自動運転車を「千里眼」と呼んだほどだ。[7]
自動運転車の高い認識力、そして都市インフラとのコミュニケーション能力の向上があれば、あの不名誉なシンボル、赤信号さえ取り除けるかもしれない。MITセンサブル・シティ・ラボの研究者は次のように述べる。「信号機のない都市を想像してみて下さい。そこでは調和した車両の列が次から次へと合流し、流れるように交差点を通過してゆくのです。この未来的な将来像は現実になりつつあります。」[8] MITの研究者たちは、「天然のボトルネック」たる従来型の交差点を、「オーケストラの指揮者」のごとく機能するスマート交差点に置き換えることで、道路の交通容量は倍増し、交通遅延を大幅に減らせるはずだと主張している。[9]
自動運転車は、都市デザインの変革をも可能にするかもしれない。「移動速度が向上すれば、必要とされる車線が減り、高速道路の車線もさらに少なくすむだろう」とバウムガードナーは予測している。[10]
また自動運転車が都市部の駐車場ニーズを激減させるという話題にも注目が集まっている。自動車が自走するようになれば、市街地の縁石や駐車場に一日中車を置いておく必要はなくなるだろう。自動運転車はその代わりに、オフィスの前で乗客を降ろしてから別の乗客を迎えに行ったり、人通りの少ない場所へ自分で駐車しにいくことができる。アウディのアーバン・フューチャー・イニシアチブのマネージャーによれば、「駐車場は都市の屋内、あるいは外部へと移動し、屋外の土地や空間は都市開発や公共空へと解放される」という。[11]

自動運転車は、人々の運転の負担を軽減し、交通手段や、運転能力がない多くの人々に移動手段を提供することができる。運転免許証が、高齢者、障がい者、子供たちの移動を阻む障壁になることはなくなってゆくのかもしれない。例えば二〇一七年のある報告書によれば、自動運転車によって二〇〇万人の障がい者が仕事に就き、四三〇万人が診察を受けられるようになるだろうと結論づけられている。[12] 運転する必要がなくなることで、自動車に乗っていた時間を別の目的に利用できる可能性もある。朝の通勤は、メールを読んだり、ニュースを読んだり、テレビを見る時間になるかもしれない。

期待されているこれらの効果を見るかぎり、自動運転車による都市の改善については、みな驚くほど楽観的なようだ。二〇一三年、モルガン・スタンレーは、二〇三〇年までにユビキタス自動運転車の世界が実現し、「ユートピア社会」が訪れるだろうと報告している。[13]

しかし驚くべきことに、我々がそうした口約束を聞かされたのは、これが初めてではないのである。一九三〇年代に構想されたモーター・エイジは、「事故、渋滞、遅延のない自動車の千年紀」とされていた。[14] 一九三九年にニューヨーク市で開催された万国博覧会では、ゼネラルモーターズ社がスポンサーとなった「ワンダーランド」、『フューチュラマ（Futurama）』が注目を集めた。それは「より効率的」な「近代的交通システム」が「渋滞の解消」と「より良い生活様式」を可能にすると予言するものだった。[15]

都市交通に関して言えば、我々は新しい技術が解決策をもたらすのを一世紀も待たされている。『フューチュラマ』のイメージを通して作り替えられた前世紀の都市は、渋滞する高速道路や、歩行者と公共交通機関の弱体化をもたらした。同様に現代の都市は、何よりも自動運転車の流れの最適化を実現するためのランドスケープになりはててしまうのかもしれない。

トロント市における自動運転車の潜在的な影響を検討するにあたり、バックリーとラニョンは、課題と想定シナリオの果てしない往復作業に取り組んだ。実際のところどの都市も、未来の自動車が自分たちに与える影響を明らかにするという困難な仕事に直面している。しかし、都市にとって最も重要なのは、テクノロジーの未来を予測し、ただ最善を願うことではない——技術を駆使して自らの未来を切り開くことだ。

＊＊＊

フューチュラマの罠に陥った歴史を繰り返さないために、我々は過去から学ばなければならない。モーター・エイジが望まれ、追い求められるようになっていったプロセスには、社会問題を解決する上で、テクノロジーに過度の信頼を置いてしまうことの危険性があらわれている。また同時に、自動運転車にどう備えるのかという、いま我々が下さなければならない決断の重大さが浮き彫りになっている。

二〇世紀初頭の道路は一般に、路面電車が走り、人々が歩き、子供たちが遊ぶ公共空間であると考えられていた。しかし一九二〇年代に入ると、アメリカの都市には大量の自動車が雪崩れ込み、混沌と対立がもたらされることとなった。痛ましい事故の数々に市民は恐怖した。親たちは子供が安全かどうか、不安でいっぱいだった。ダウンタウンのビジネスオーナーは、渋滞による利益の減少を恐れていた。道路に秩序をもたらそうとする警察の初期の試みは実りのないものだった。歩行者、子供、路面電車と自動車が平和的に共存する方法は、存在しないかのように思えた。

歴史家のピーター・ノートンは『渋滞との戦い（*Fighting Traffic*）』の中で、自動車は都市の道路空間が保っていたバランスへの「侵入者」であったと書いている。ノートンは「古くからの道路空間の用途とは相容れない」新技術である自動車が、「道路空間とはどのような場所かにまつわる当時の通念を破壊した」と説明する。[16] こうして生じた不安定化により、自動車や道路に対する社会的な通念が流動化する「解釈の柔軟性（interpretive frexibility）」の時代がもたらされた。[17] 自動車の利用者、家族、警察、ビジネスマン、自動車メーカーのすべてが、自動車はどのように使用されるべきか、誰が道路空間に対する正当な権利を有するのかを明らかにしようと競い合った。

この当事者たちを中立的に仲介するべく、自治体は技術者に解決策を求めた。道路の管理のような話題は論争を呼びやすい。にもかかわらず、交通工学者は課題解決のための「中立的な専門家」として信頼されていた。[18]「科学的に考える」[19] からこそ、技術者は客観的で、社会的に最適な解決策を見つけ出せると考えられていたのだ。

水道や電気などの負担の大きい公共事業を都市が効率的に管理できるよう、技術者たちは過去数十年にわたり、技術的な専門知識を提供していた。交通だけが別物だと考える理由はない。ノートンは次のように書いている。「技術者にとって、都市の街路は（…）上下水道やガス管のように、公共の利益のために専門家によって管理されるべき公共サービスでした。」[20] 技術者たちはほかの公共事業を管理してきた経験から、（交通量調査などの）新たな手法を生み出してゆく。彼らは車の流れを上下水道の流れになぞらえて考えることで、[21]「交通を科学的に制御すれば、（…）交通渋滞を一気に半減させられる」と確信していた。[22]

ここに、テック・ゴーグルの最初の事例、来たるべきその前触れを見出すことができる。他の公共事業での取り組みと同じように、交通工学者たちは「効率化がすべての人の利益になるという論理を貫いた」とノートンは記している。「彼らは、交通量の最適化こそが自分たちの使命だと考えていました。」[23]そして技術者たちは、道路ごとの交通量を最大化するように設計された方程式で、信号機の間隔を変えていったのである。

しかし、都市生活のある側面を最適化するには、その効率を阻害する他の側面を制限する必要がある。車の流れの改善には代償が必要だった。ドライバーたちは、信号機の間隔を変更し、自動車の流れを速くしたことの恩恵を受けたのかもしれない。しかし歩行者たちは、それによって道路が人を寄せ付けなくなったことに気付いた。一九二六年のシカゴ・トリビューン紙の記事によれば、街中を移動することは「心臓が飛び出すようなスリル、回避、ジャンプの連続」[24]になってしまった。

交通工学者たちは自動車の速度に焦点を当て、歩行者のニーズや行動を無視する――方程式から完全に除外する――ことで、交通量を増加させた。しかしその過程で「道路を、歩行者のいない自動車専用のものとして再定義することになったのだ」とノートンは説明する。その結果、道路は「ドライバーのための場所として、社会的に再構築されたのです」[25]。自動車の登場がもたらした道路にまつわる解釈の柔軟性は、「閉鎖(Closure)」と呼ばれるプロセスを通じて、道路は自動車のためのものであり、邪魔な歩行者は厄介な「路上歩行者」であるという社会的コンセンサスを生み出した。

自動車産業は、こうした社会通念の変化によって、自動車を優先して都市を再設計すべきだと身勝手に主張できるようになった。渋滞は、自動車の空間的な非効率性ではなく、道路のスペース不足のせい

図 2.1　1939 年にニューヨーク市で開催された万国博覧会のため、ノーマン・ベル・ゲッデスが制作した「フューチュラマ」の展示。ゼネラル・モーターズがスポンサーとなった「フューチュラマ」は、自動車の衝突事故や交通渋滞がなくなる 1960 年の都市のビジョンを描いている。
（出典：Norman Bel Geddes, Magic Motorways (New York: Random House, 1940), p. 240. Copyright © The Edith Lutyens and Norman Bel Geddes Foundation, Inc.）

だとされた。同様に自動車の危険性は、歩行者や古い道路の問題だと認識されるようになった。自動車メーカーや石油会社といった、自動車や高速道路の発展に金銭的な利害関係を持つ人々——彼らが広告キャンペーンや『フューチュラマ』のような模型を通じて、都市を自動車のために作り変えるというユートピア的なモーター・エイジのあり方を、大衆に支持させたのだ。[26] これらのグループは、その新たな力で大規模な政府投資を推し進めた。特に一九五六年に認可された州間高速道路システムは、当時における史上最大の国内公共事業計画であった。[27] 自動車ではなく人間のための都市デザインがあらためて注目され、自動車優位の計画の多くが覆されるようになったのは、ここ数十年の出来事にすぎない。

自動車移動の効率化への集中には、ふたつの重大な問題がある。いま自動運転車への対応計画に取り掛かるにつれ、それらが明らかになってきた。交通のモデル化がもたらす問題のひとつめは、すでに述べたように、そのモデルが何を測定しているのか、そして何を無視しているのかに関わっている。技術者たちは自動車の交通量を測定するために多大な労力を費やす一方、歩行者や自転車、公共交通機関の処理能力や安全性にはあまり注意を払わない。「交通工学者が信号機を最適化したと言っているときは、大抵の場合、自動車の運転者にとっての最適を意味しています」と、ある交通工学者は説明する。[28] 別の交通工学者は、「[交通工学者が使用する]標準的なソフトウェアである『シンクロ』は、自動車移動における遅延の最小化を前提としており、歩行者にもたらされる遅延は計算さえしていません」と指摘する。[29]

ほとんどの交通工学者たちは、自動車移動だけで定義された効率性を追求している。そのため、道路が歩行者や交通機関の利用者のニーズを満たしているかどうかを測定することはない。さらに、方程式から除外されたものは、無視されるどころか軽んじられてしまう傾向にある。モデル上で歩行者施設を撤去すれば、交通量は増加する。しかし歩行者や自転車に降りかかるコストは明らかにならない。そのため、こうした行為が量的・科学的に明らかな社会的メリットを有しているかのように見えてしまうのだ。その結果、技術者たちは、人々やコミュニティへの影響が十分に考慮されていないような解決策を立案してしまうのである。

　街路を自動車のものにしてしまうことが明らかな計画であれば、〔市民の〕強い抵抗を受けたはずだ。しかし都市の道路の効率改善のための数学的モデルの使用が、客観性という装いによって根本的な変化を覆い隠してしまったのである。交通の効率性の向上によって、あるグループが他のグループを犠牲に利益を得ることになるという認識が持たれることはほとんどなかった。

　交通のモデル化がもたらすふたつ目の問題は、もうひとつの歴史の教訓から説明すべきだろう。一九三六年、ニューヨーク市はグランド・セントラル、インターボロー、ローレルトンの三つのパークウェイ〔米国式の高速道路の一形態〕を鳴り物入りで開通させた。長年にわたって渋滞が続くニューヨーク市で、「マスタービルダー」ロバート・モーゼスが夢見たこれらの野心的な新プロジェクトは、この地域の交通問題を「何世代にもわたって」解決することを約束するものだった。しかし、モーゼスの壮大な伝記『パワー・ブローカー（*The Power Broker*）』の中でロバート・カロは、〔渋滞の緩和は〕何世代どころかわずか三週間しか持たなかったと報告している。[30] それでも、モーゼスは建設を続けた。一九三六年にはトライボロー橋が開通し、一九三八年にはワンタッグ州立公園道路拡張工事が、一九三九年にはブロンクス・ホワイトストーン橋が開通した。そのたびに、交通渋滞の解消が約束された。しかしそのたびに、交通渋滞は深刻なままであった。

　都市計画家たちは不可解なパターンに気付き始めた。「新しいパークウェイが建設されるたび、すぐ交通渋滞が発生しました。しかし古いパークウェイへの負担はそれほど軽減されなかったのです。」[31] 自動車はどこからともなく現れてくるかのようだった。トライボロー橋が開通したあとの交通渋滞はあまりにひどく、ヘラルド・トリビューン誌は「国境でも跨ぐかのような渋滞」を見たと大げさに表現したほどだ。記事によれば、「ブロンクスの住民は揃って、この新たな橋とグランド・セントラル・パークウェイを通って海に向かおうとした。そして、そのほとんど全員が渋滞に捕まったのである。ブロンクス以外から来た、数えきれないほどの運転手たちも一緒だった。」[32] ニューヨークの都市計画家や技術者たちは「理解するふりすらしていませんでした」とカロは振り返る。「世界で最も巨大で近代的な交通整理・運搬機械であるこの橋の建設は（…）解決するはずだった交通問題に敗北したのです。」[33]

モーゼスのニューヨーク市は、多くの人々が旅行に出かけることを望んでいたために、新しい道路がすぐ埋まることになってしまった極端な例かもしれない。しかしこれは、「誘発需要」と呼ばれる一般的な現象なのだ。一九六二年、経済学者のアンソニー・ダウンズが初めて誘発需要を定義した。彼は「都市部の通勤高速道路の場合、ピーク時の交通渋滞は、最大交通容量を満たすまで上昇する」と結論づけた。[34] 彼は「ある道路が地域内のより大きな交通ネットワークの一部である場合、その道路の交通容量を拡大しても、ピーク時の渋滞を長期間にわたって解消することはできない」[35] 理由に関して、いくつかの要因を挙げている。最も明白な要因は、それまで別のルートを通っていたドライバーが、拡張された高速道路を通るようになることだ（ダウンズはこれを「空間収束」と呼ぶ）。一方、以前は混雑時間帯を避けるように予定を立てていたドライバーは、道路の交通容量が増えたことを利用して、ピーク時に走行するようになる（「時間収束」）。また、公共交通機関の利用をやめて、自動車の運転を始める人も現れる（「モーダルの収縮」）。[36] 誘発需要のその他の要因には、人々が渋滞のせいで断念していたはずの旅行に出かけることや、（交通容量の増大が促した）スプロール開発による通勤需要の増加などが挙げられる。

近年の分析では、ダウンズの研究を裏付ける結果が出ている。経済学者のジル・デュラントンとマシュー・ターナーは、一九八三年から二〇〇三年までの都市部の交通パターンを調査した二〇一一年の研究で、道路の交通容量の増加に比例して運転者数も増加したことを明らかにした。「我々の研究結果は、自動車による移動は道路によって引き起こされるという仮説を強く支持するものである」と、彼らは結論づけている。[37]

公共事業に携わってきた経験から、前世紀の交通工学者たちは、都市の交通ニーズは比較的一定であり、道路の交通容量を増やせば誰もがより早く目的地に到着できると考えていた。しかし実際のところ、第一に多くの人々を道路から遠ざけていたのは渋滞だったのだ。道路の交通容量を増やせば、渋滞のせいで諦めていた旅行に出かける人々が増加する。技術者たちは、道路の新設や拡張による人々の行動の変化を見落としていた。そのためにこうした二次的効果を数理モデルに組み込むことができず、結果として、道路の交通容量を増やすメリットを過大評価してしまったのである。より速く移動できる人は増えるかもしれない。しかし、渋滞が解消されるわけではないのだ。

＊＊＊

自動運転車を「ユートピア社会」への道筋だと言い切るテクノロジー愛好家たちは、過去に犯した過ちを繰り返している。彼らは、都市の多様なニーズや交通事情の複雑さを無視して、テクノロジーを中心とした狭い範囲の解決策を考えている。実のところ、どこにでも自動運転車があるようなユートピア社会は支離滅裂で、望ましいものにはならない。

自動運転や交通に関する現実的な予測は、まず誘発需要を考えることから始めなければならない。自動運転車を街中に導入し、走行速度や車両密度を上げるのは、道路の物理的な交通容量を増大させることとほとんど同じことを意味する。道路の交通容量が増えれば交通需要も増加する。人々はその恩恵を得ようとより多く運転するようになるだろう。こうした誘発交通量の増大は、特に通勤時間帯のピークで渋滞を引き起こし、高速移動のメリットを大きく損ねることになる。

　またこの誘発需要現象は、米国ではすでに典型的なものとなってしまった都市開発のスプロール化が、自動運転車によってさらに拡大しかねないことを示唆するものでもある。この一〇〇年の間に平均移動速度は著しく上昇した。一方で、平均移動時間は直感に反して驚くほど変化していない。その理由は、移動距離が増加していることにある。研究によれば、人々は上昇した移動速度によって通勤時間を短縮するのではなく、都市の中心部から離れた場所へ引っ越していることがわかっている。[38] 自動運転車が更なる高速移動を可能にした場合、通勤時間の短縮ではなく、コミュニティの分散化が加速すると考えておくべきなのだ。

　さらに、これまで自動車で移動するのに使われていた時間が仕事や余暇に使われるようになれば、人々はさらに長い移動時間を受け入れるようになり、移動距離がさらに伸びてゆく可能性がある。こうした自動運転車によるスプロール化は、ダウンタウンへの投資を抑制するだけでなく、環境にも壊滅的な影響をあたえることになる。遠くに住む人ほど多く運転するため、排出される温室効果ガスは増加してゆく。

　同様の理屈で、駐車場インフラを歩行者用の広場や自動車専用道路、集合住宅などに再利用することも困難となる。自動運転車は乗客を降ろした後、自分で他の乗客を迎えに行ったり、周辺に駐車したりすることで、ダウンタウンの貴重な不動産をほかの用途へと開放するという。しかし、車両が空になるからといって、道路を使っていないわけではない。都心部以外の場所に駐車場が整備されれば、自動運転車はその施設との間を行き来する必要がある。乗客のいない自動運転車が都心を頻繁に出入りするようになれば、路上の車両の数は劇的に増加する可能性がある。都市は、駐車場を探し回る人々によって混雑するのではなく、ダウンタウンに出入りする空車によって混雑するようになるかもしれない。また混雑があまりにもひどくなるなら、これまで通りダウンタウンの駐車場に自動車を置いておく方が安くて便利だと考える人が多くなるかもしれない。こうした選択は、既存の駐車場インフラをより生産的な用途で再構築しようとする試みの大きな障害となる。

何より自動運転車という夢物語は、歩きやすさやコミュニティの活力よりも、交通の効率性を優先させるという過ちを繰り返している。移動速度の向上と赤信号の廃止によって、移動時間が大幅に短縮されるという主張について考えてみよう。もしあなたが自動車に乗っているなら、素晴らしいことだ。しかしそのほかの人々にとっては、どのような都市が作られることになるだろうか？　信号機のない都市を検証したＭＩＴのシミュレーションでは、自動車が交差点をシームレスに移動すれば、従来の道路での移動に比べて驚くほど効率的になることが示されている[39]。しかし、そこにはひとつ、重要な要素が欠けている。人間だ。このシミュレーションには、歩く人、自転車に乗る人、バスに乗る人がひとりも含まれていない。しかしその交差点は全米で最も歩きやすい場所の一つで[40]、歩行者と公共交通の通り道がいくつか交わる、ボストンで最も交通量の多い地点なのだ。こうした場所すら高速のインターチェンジのようになってしまうなら、自動車に乗る人々がどこへ行こうとそんなに急いでいるのか、私には想像もつかない。

人々が道路を横断できるような都市にしたいと願うなら――あたりまえの願いだが――自動運転車が

A

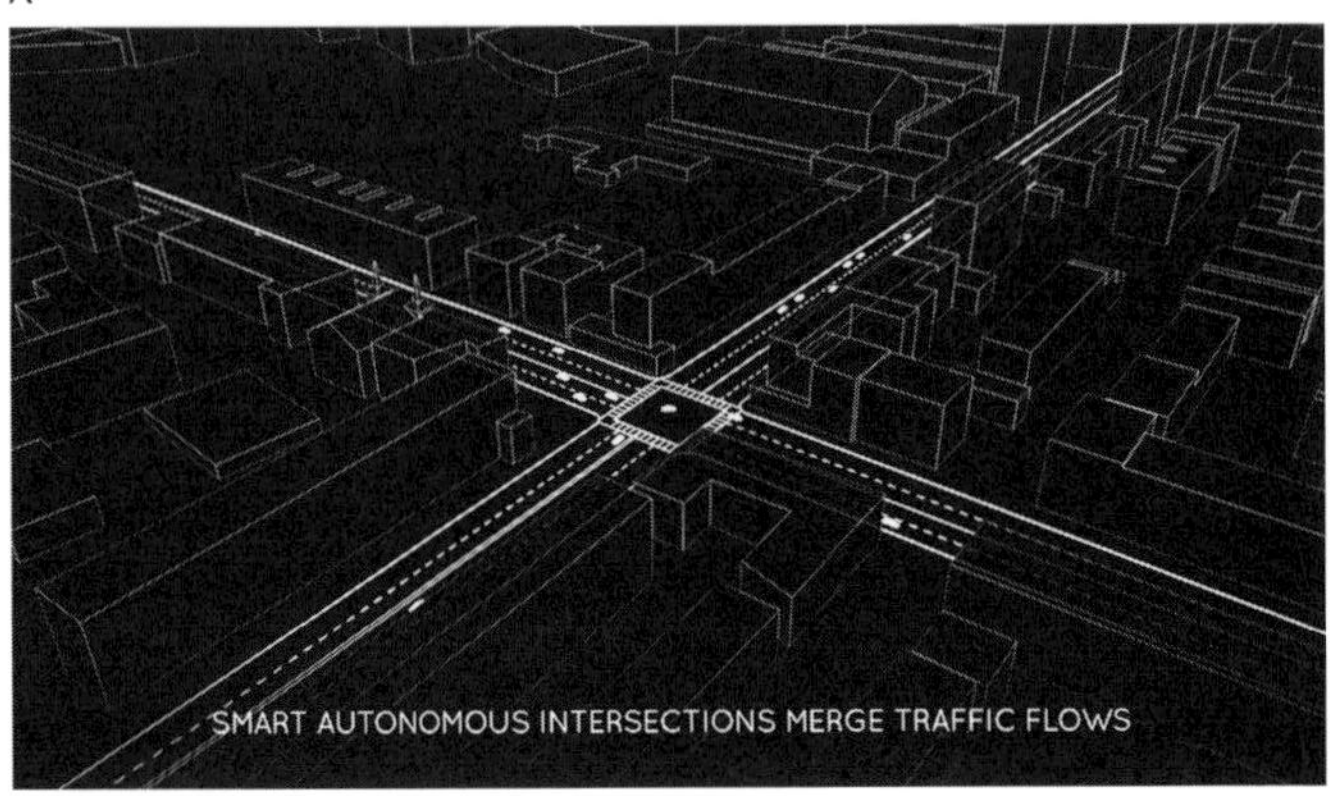

B

図2.2　(a)MIT センサブル・シティ・ラボによる信号機のない街のデモビデオのスクリーンショット。ボストンのダウンタウンの交差点で自動運転車がスピードを落とさずに通過する様子が描かれている。(b) ふつうの土曜日の午後に撮影された、同じ交差点の写真。自動車が歩行者、自転車、バスと通りを共有している。
（出典 (a) Senseable City Lab「DriveWAVE by MIT SENSEable City Lab」(2015). http://senseable.mit.edu/wave/。(b) Photograph by Ben Green. マサチューセッツ州ボストン。2018 年 4 月。）

止まることなくスピードを出して通過してゆく、ダウンタウンの交差点のビジョンは退けなければならない。人々が道路を横断できるよう赤信号を時折点灯させたとしても、街中での高速走行を認めれば、安全性、歩行しやすさ、街の活力は著しく低下する。メインストリートは高速道路へと変わってしまうだろう。高速道路沿いで昼食を取ったり、買い物をしたりするのがどれほど不便か想像してほしい。誰にも邪魔されない自動運転車での移動が持つ可能性、それは多くの技術者にとって刺激的なものだが、アーバニズムの成功の鍵にはならない。高速移動のために信号機を無くした都市は、人も個性も持たない都市になるだろう。

自動運転車を活用したスマート・シティの提案は、交通を技術的な解決策を必要とする最適化問題として捉えることで、規範的な懸念を排除し、交通の効率性を中立的かつ社会的に最適な都市の目的として位置づける。自動車がより効率的に移動できるようにするのは価値あることだが、都市にとっての優先事項はそれだけではない。さらに重要なのは、効率化には政治的な計算が伴うということである。何を効率化すべきか？　誰が決めるのか？　どのような手段で効率化を達成すべきなのか？

これらの疑問に対する回答は、社会的、政治的に非常に大きな影響を与える可能性がある。社会が何を測定し、最適化するのか。それは、我々自身の優先順位を具現化したものである。住みやすい道路や公共交通機関よりも、スムーズな自動車移動を重視する限り、交通機関を充実させる取り組みは、渋滞の緩和を目的にすることになる。自動車のために道路を効率化しようとする前世紀の取り組みは、歩行者や路面電車よりも自動車に有利な都市デザインを促した。同様に、自動運転車での移動の効率化を促進しようとする現代の試みは、歩行者や公共交通機関、公共空間を犠牲にして自動運転車（とその乗客）に有利な都市デザインを促す可能性がある。前世紀の誤った夢が生み出した失敗を都市が取り戻そうとしているまさにその瞬間に、我々は以前の悪い習慣へと戻ろうとしているかのようだ。

交通を技術的な課題としてとらえるのは、前世紀に自動車産業が自動車や高速道路で行ったことだ。それは効率性を向上させるという一見中立的な前提の下で、民間企業が自らの事業を推進する隠れ蓑になっている。最近、フォード社は自動運転車が「交通渋滞が激減する未来」を実現すると約束した。[41] リフト社はこの議論をさらに発展させ、「渋滞の根絶は簡単だ」と主張している。[42] 同社の共同設立者ジョン・ジマーは、自動運転車と相乗り支援技術によって「人類史上初めて、完全に効率的な交通網を構築するツールを手に入れた」と述べている。[43]

こうした提案は、モビリティや渋滞にまつわる難解な問題を、新技術で簡単に解決できるものだと偽っている。またそれだけでなく、他のアプローチ――この場合は、オルタナティブな輸送方式と都市計画政策――が、より効果的にそうした問題に対処できることを見えなくさせてしまっている。代わりにこれらの企業の宣伝文句は、いかにして車の運転を効率化するかに焦点を当てる。自社の製品やサービスが解決策であると暗に主張しているのだ。また交通効率を最適化するものとしてこうしたシナリオを提示することで、利益ではなく、普遍的に望まれる結果を促すものという印象付けが可能になっている。こうしたレトリックに反応して、いくつかの都市や州が公共交通機関への投資を削減することを検討している。自動運転車がシステムを陳腐化させることに期待して、自動運転車に関連する企業を、三顧の礼で迎える準備を始めているのである。[44] アリゾナ州ほど積極的に自動運転車関連規制を削減した州はなく、多くの企業がフェニックス市に群がった。[45] それは二〇一八年三月のテンピ市における、自動運転車が起こした最初の歩行者死亡事故にもつながっている。[46]

これらの限界や注意点は、自動運転車の利点を完全に否定するものではない。しかし有益だと思われていたテクノロジーを含む夢物語がどこで失敗しうるのかを示すものであり、今後数年の間に都市がしなければならない決断の重大さが浮き彫りになっている。自動運転車はほぼ確実に安全性と移動性を向上させる。場合によっては、駐車場に対する考え方を、新たな目的のために再構築することもできるだろう。楽しみなことはたくさんある。しかし、自動運転車はユートピアを創造するものではない。そしてディストピア的な未来の創造を避ける最善の方法は、自動運転車の限界と、その導入の成功を阻む障壁を認識することなのである。

テック・ゴーグルの影響下で自動運転車への期待を膨らませれば、テック・ゴーグル・サイクルを通じて、自動運転車には最適化されているが、歩行者や交通機関、活気のある公共空間にとっては好ましくない都市が登場することは容易に想像できる。第一にテック・ゴーグルは、これまで見てきたように、多くの人に都市の移動手段を向上させることとは何かについて、交通の効率化という観点だけから捉えさせてしまう。すなわち、すべての車をなるべく早く出発地点から目的地へ送り届ければよいのだと。こうした考えから、技術者や都市は、ほとんどあらゆる交通問題の解決策として自動運転車を優先するようになった。自動運転車が走りやすいように都市が設計され、代替的な移動手段が軽視されるようになると、人々は移動のために自動運転車に頼らざるを得なくなる。他に優先すべきものや潜在的な解決策が、いま以上に見えなくなってしまうかもしれない。

こうした危険性のために、都市計画家であり『歩きやすい都市（*Walkable City*）』の著者でもあるジェフ・スペックは、車の流れを最適化しようとする試みに対する嫌悪感を強めている。「交通研究に関して私が最も腹立たしいのは、それが自治体の言説の中で覇権を握っていることです」と彼は説明する。「私たちの社会はいつの間にか、コミュニティ設計における唯一不可侵の原則は交通渋滞との戦いだと決めつけてしまいました。問われるべきは、それは活気をもたらすのか？　公平性を高めるのか？　私たちの都市の成功度合いを高められるのか？といったことではないでしょうか。」[47]こうした観点からスペックは、「自動運転車は間違った問題設定に正しく答えているだけだ」と考えているのだ。[48]

＊　＊　＊

トロント市は自動運転車に対する探究心と信念を持ったアプローチによって、革新的な新技術がもたらす変化に備える際に、正しい問いと優先順位を考慮することができる「スマート・イナフ・シティ」のあり方を示している。

自動運転車の可能性と限界について考察することで、スティーブ・バックリーは次のことに気づいた――トロント市はテクノロジーが都市の未来を決めることを受け入れ、ただ運に任せるのではなく、自分たちが望む未来を積極的に追求する必要がある。「なぜ私たちは、事が起きるのをただ待つだけなのだろうか？」バックリーは自問した。彼は、自動運転車検討会での議論を、最初の焦点――自動車の自動化は、トロント市にとって何を意味するのか？――から別の問いへと移すことにした。「自動運転車をどのように計画し、どのように形にしてゆくのか？」なぜならバックリーが言うように、「テクノロジーという尻尾に、都市という犬を振らせるような本末転倒を招いてはならない」からである。

結局のところライアン・ラニョンが言うように、自動運転車に可能性はあるが、銀の弾丸というわけではない。「これまでの経験から、効率化を図ることで追加需要が誘発されることはわかっています。」彼は言う。「自動車が自動運転かどうかにかかわらず、既存の道路空間に収容できる台数に限りがあることは同じです。〔鉄道などの〕公共大量輸送機関が、私たちの自治体にとって、特定の地域や街道で大量の人々を移動させるための最善かつ最も効率的な方法であることに変わりはありません。」

バックリーとラニョンは、トロント市が自動運転車の実現をどのように準備し、形作ってゆくべきかを検討し始めた。バックリーによれば、重要な問いは、「これらのシステムにはどのようなプラス面があり、どのようなマイナス面があるのか。これらのシステムからできる限り多くのプラス面を引き出し、将来的に問題が発生した場合に備えるために、どのようにシステムを構造化するのか」ということだという。

ラニョンは付け加える。トロント市には、「こうなりたいというビジョンがあります。より公平であろうとしています。よりサステナブルであろうとしています。経済的に発展し続けようとしているのです。」ラニョンは、過去一〇年間のトロント市が、新たな施設の開発や自動車の容量を増やすことよりも、路面電車や歩きやすさに投資してきたことを強調する。「私たちは渋滞を減らしたい。公共交通機関や活気ある移動手段の利用を促したい。もっと住みやすい街にしたい。道路をもっと魅力的な場所にしたいのです。運転が自動化されていようとなかろうと、目的は同じです。」ラニョンにとって本質的な問題は、トロント市がいかにして自動運転車に最適化するかではない。むしろ、「すでに確立された目標へと向かうために、産業の変革やパラダイム・シフトをどのように飼いならすか」という点にある。

この問いに答えるため、ラニョンとバックリーは自動運転車検討会を率いて、自動運転車がトロント市の優先課題にどのように貢献できるかを評価し始めた。彼らは、ありうる自動運転車の所有形態について、その利点と欠点を分析した。個人所有（現在の自動車の所有と同じもの）、共有、（ウーバーのような）オンデマンド方式である。どのシナリオも安全面に利点があったが、バックリーは「共有モデルのほうが、自動運転車の個人所有を続けるよりも好ましい」と述べる。オンデマンド方式の自動運転車は、都心部の駐車場の必要性を減らし、道路上の車両の数を減らし、車を所有する余裕のない多くの人々の移動手段を増やす可能性が高い。一方、個人所有は道路の許容量を向上させる可能性があるが、移動時間をより長くし、路上の空車台数を増加させ、スプロール現象の加速をもたらすだろう。[49]

検討会はまた、自動運転車がどのように所有されるようになっても、トロント市がその技術の恩恵を受けられるように、インフラを重視した自動運転車の未来を計画し始めた。自動運転車にとってより安全な道路にするため、トロント市は路面標示を改善する必要性に関する検討を行っている。また車両から直接目視しなくても、無線で信号を送ることのできる信号機を研究している。さらに、機会があれば新たな目的のために駐車場を再利用できるよう、駐車場のインフラや規制の見直しを行っている。その間にも、自動運転車検討会はシナリオ・プランニングを通じて議論を前進させ、公務員を教育し続けている。二〇二〇年には、乗換駅へのアクセス性を向上させるために、自走式シャトルを使用した試験的な取り組みを開始する予定だ。[50]

こうしたアプローチを通じて、トロント市はスマート・シティとダム・シティ（まぬけな都市）という誤った二分法を乗り越えようとしている。市は、自動運転車を全面的に受け入れるのでも、完全に拒否するのでもない。計画と交通目標を堅持し、その達成のためにテクノロジーがもたらす好機を探っているのだ。テクノロジーを導入する一方で、より住みやすい都市環境をどう作ってゆくのかについては考慮しないというスマート・シティの罠は、こうして回避されている。自動運転車が普及した自動車中心の都市は、自動運転車が普及していないそれよりも望ましいと思われるかもしれない。しかしどちらも、公共交通、歩行、公共空間が発達した住みやすい都市とは比べ物にならないのだ。

「私たちは問題について話し合い、正しく理解する機会を得たのです。」バックリーは述べる。「いま取り組むほうが、あとで取り返しのつかないことになるよりずっといいわけですから。」

＊＊＊

トロント市よりもさらに進み、計画策定の域を超え、移動手段と住みやすさを向上させるためのテクノロジーを活用した大胆な取り組みを行っている都市もある。その先頭に立っているのが、米国運輸省（DOT）が二〇一五年一二月に開催した「スマート・シティ・チャレンジ」の勝者であるオハイオ州コロンバス市だ。このコンテストは、米国の中規模都市が「世界初のスマートな交通システム」を計画することを促すために企画されたもので、交通エコシステムの改革に活用できる四〇〇〇万ドルの賞金が用意されていた。[51]

コロンバス市で育ったジョーダン・デイビスは、いつも苛立っていた。「コロンバス市には『オハイオ州の』をつけないといけません。」彼女は嘆く。「誰も私たちを知らないのです。」オハイオ州立大学の卒業生で、商工会議所会長の誇り高い娘でもある彼女は言う。「より良い街を作りたいという願いは、私のDNAに刻まれています。」コロンバス市の近年の経済成長とダウンタウンの復興を踏まえれば、そこが中西部で最も急速に成長している都市であることは言うまでもない。しかしデイビスは以前から、故郷のすべてに注目してもらいたいと考えてきた。[52]

「スマート・シティ・チャレンジ」が発表されたとき、いくつかの団体が「スマート・コロンバス」という新しい組織の下で力を合わせ、地元のスタートアップ・インキュベーターの共同作業スペースに集まり、提案書を作成した。二〇一六年六月には努力が報われ、米国運輸省はコロンバス市が他の七七都市（オースティン、デンバー、サンフランシスコなどの最終候補七都市を含む）を抑えて、このコンテストをことに重点を置くものであった。

勝ち取ったと発表した。コロンバス市の取り組みが際立っていたのは、それが自動運転車で渋滞を無くすという未来志向の計画だったからではない。それは、社会福祉を低下させている交通課題に取り組むことに重点を置くものであった。

地域経済の発展に力を入れている非営利の市民団体「コロンバス・パートナーシップ」でスマート・シティ戦略を指揮するデイビスは、「これこそコロンバス市が必要としていたことなのです」と語る。「交通機関が私たちの目標になったことはありませんでした。今こそ、私たちの未来がどのようなものになるのか、これまでとは違った角度から考えるべき時だと思います。」

コロンバス市が、交通やテクノロジー分野の中心地とされるいくつかの都市を含む、数多くの都市を破ったのは偶然ではない。オハイオ州中部地域計画委員会（MORPC）の交通担当ディレクターのテア・ウォルシュは、「こうしたことが起きるのを、ただ座って待っていたわけではありません」と述べる。スマート・シティ・チャレンジに対する市のビジョンを明確にする上で、重要な役割を果たした人物だ。「私たちは以前から地元で多くの計画を立ててきました。コンテストが開催された時、『ちょっと待った、私たちが話していることや計画していることに似ているじゃないか』と気づいたのです。」[53]

コロンバス市は、交通システムの課題の特定と対処に直近の数年間を費やしていた。その上で、新しい技術が提供する可能性を模索し始めていたのだ。「一八八〇年から二〇一〇年までの間に、オハイオ州の中心部は見事なスプロール化を遂げました。」MORPCのプランニング・ディレクターであるキルステン・カーは皮肉を込めて説明する。同僚のウォルシュは「一人乗り自動車への依存度が非常に高いのです」と付け加える。「私たちのコミュニティには、大容量で質の高い交通システムがありません。交通機関に関しては、大都市が田舎町〔レベルのインフラ〕を運営しているようなものなのです。」（二〇一〇年には一八〇万人だった人口から）二〇五〇年までに五〇万人の人口と三〇万人の雇用が増加するという予測[54]を踏まえ、市は新たなアプローチが必要だと考えていた。

二〇一三年、ＭＯＲＰＣは長期計画評価プロジェクト「インサイト２０５０」を実施した。過去の傾向を踏襲したスプロール型の開発から、土地利用や再開発を最大限に行う高密度な開発まで、今後数十年の間に地域が追求しうる四つの潜在的な成長シナリオを検討したものである。各シナリオは、土地利用、エネルギー使用、交通、コストに関連する結果に基づいて評価されている。

総合的に見て、結論は明らかだった。「より高密度で、より多用途で、より歩きやすく、よりコンパクトなコミュニティになっているほど良いわけです」とカーは言う。コロンバス市が従来の計画アプローチを続けた場合と比較すると、最も高密度なシナリオでは、地域の交通量が三〇％減少し、温室効果ガスの排出量が三三％削減され、市は年間八〇〇〇万ドルを節約し、公衆衛生が大幅に改善されると予測されている。[55]

これは「テクノロジーとは無縁のやりとりでした」とウォルシュは強調する。「しかし、より良いサービスを提供するためには、それが必要だったのです。」彼は、将来のビジョンを描くという土台ができたことによって、テクノロジーを使ってどのように目標を達成できるのかを考える準備ができ、スマート・シティ・チャレンジの受賞が可能になったのだと考えている。

米国運輸省の助成金を手にしたスマート・コロンバスは、「インサイト２０５０」が特定した問題に対処するための新しいアプローチを試みている。その目的の一つは、コロンバス市のダウンタウン北東の大規模なオフィス・商業エリアであるイーストン周辺の移動手段を向上させることだ。カーは指摘する。「アクセスが悪いのです。」最寄りの乗換駅からイーストン地区に行くには、一〇車線分の道路を渡り、さらに歩かなければならない。さらにイーストン地区自体が広大で移動が難しいため、人々は自動車で区域間を移動するか、さもなくば孤立した地域に留まらざるを得ない。地域内の交通機関のアクセス性と移動性を向上させるために、スマート・コロンバスは自動運転のシャトルを導入することを計画している。一台はトランジットセンター〔公共交通機関などの乗換施設〕とイーストン地区を結ぶもの。もう一台は地域内を移動するものだ。うまくいけば、「自動車を所有していなくても移動手段が利用できる」ようになるだろう、とデイビスは言う。

コロンバス市の取り組みは、移動手段と交通機関の包括的な改善にとどまらない。不平等を緩和し、社会福祉を向上させるというビジョンをも体現している。日産自動車の元重役で、オハイオ州立大学で移動手段の研究を行っているカーラ・バイロは、「モビリティを民主化しなければならないのです」と述べる。スマート・シティ・チャレンジへの応募を地域に呼びかける上で、重要な役割を果たした人物だ。[56]

スマート・コロンバスによる交通機関を通じた不平等への取り組みは、リンデン地区に焦点を当てている。コロンバス市のダウンタウンとイーストン地区の間に位置する地域で、同地区の失業率はコロンバス市全体の三倍、所得の中央値はコロンバス市全体の半分以下となっている。[57] さらにリンデン地区は、出生前および幼児期の医療を受けられないことによって、乳児死亡率が市の平均の二倍以上になっているという重大な問題を抱えている。[58] リンデン地区の住民は自動車を所有する余裕のある人がほとんどおらず、市の公共交通機関も不十分なため、医師との予約に遅れたり、遅刻したりしてしまうことが多いのだ。ある地域討論会では、「目的地まで行くのに時間がかかりすぎるのでバスには乗らない」「家から目的地まで歩くには遠すぎる」という意見に住民の半数が同意している。会議で発言したある住民によれば、「一日にすべきこと全てをこなし、行くべきところへ行くには、単純に時間が足りないのです」。[59]

こうした問題を耳にすれば、多くの技術者は本能的に自動運転車を万能薬として処方しようとするのではないだろうか。実際、スマート・コロンバスがこの問題に取り組んだ当初は、「ファーストマイルとラストマイルの解決策のみに焦点を当てていました」とバイロは述べている。バス停や乗換所までの間をどう行き来するかという課題のことだ。しかし、仕事や医療に関するリンデン地区の問題は、便利な交通手段の欠如よりもずっと根深いものである――リンデン地区が抱えるニーズについて住民の話を聞くうちに、スマート・コロンバスはそう気づくことになった。

「母親たちが医者に行けないというだけではありませんでした。基本的な情報が欠如していたのです」とバイロは説明する。リンデン地区の住民の多くはスマートフォンを持っているが、その多くが通信契約やＷｉ－Ｆｉにアクセスできていない。また、コロンバス市の公共交通機関に関する情報は、複数のウェブサイトやアプリに散らばっている。これにはインターネットにアクセスできる人ですら、最適な交通手段を見つけるのに苦労していたほどだ。こうした調査に基づいて、スマート・コロンバスはリンデン地区、特に学校やコミュニティセンターのＷｉ－Ｆｉへのアクセスを改善した。また、あらゆる交通手段を統合する合理的なアプリを制作している。「いろいろなウェブサイトを見て、いろいろなアカウントを作ってくださいとお願いしても、確実に失敗してしまいます」とバイロは言う。「しかし、もしひとつのシンプルなアプリで代替手段を提供し、さらにそのアプリで支払いができるようになれば、それは可能になるのです。」

加えて、リンデン地区の住民の多くが銀行口座やクレジットカードを持っていないために、交通機関のアプリを利用できないという問題もある。ウーバー、リフト、地元のカーシェアリング会社や自転車シェアリング会社はすべて、支払いにクレジットカードかデビットカードを要求する。他方、地元のバス交通は現金しか受け付けない。このことが、社会福祉事業者が医者の予約や仕事への交通費を補助することを困難にしている。これらの問題を解決するために、スマート・コロンバスは、地域のすべての交通手段で支払いに使える、統合された支払い用カードとアプリの制作に取り組んでいる。めぼしい場所に設置されたキオスクで、現金を口座に入金できるようになる。

リンデン地区の母親たちが直面しているもう一つの問題は、幼い子供がいる状態で、産中・産後ケアの予約を取ることだ。バス停に行ったり、待ったりすることはできないだろう。スマート・コロンバスはこうした問題を解決するため、リンデン地区の妊娠中の母親を自宅から医療機関まで直接送迎する、オンデマンド方式の補助金付き乗車サービスを開発している。[60] また、保育施設を改善することで、リンデン地区の住民が就職面接や医師の診察を受けることが可能になるかどうかを調査している。

コロンバス市は、スマート・イナフ・シティを育む鍵となる二つの特性を備えている。第一に、都市はテクノロジーを導入する前に、明確な政策アジェンダを持つ必要がある。バイロによれば、テクノロジーについて考える前に、都市の課題とニーズを考えることが不可欠だ。「何が問題なのか、どのように優先順位をつけたらよいのか、そしてテクノロジーやデータはどのようにしてそれを改善できるのかを、都市として明確にする必要があります。そうすれば、実在する問題とその優先順位に基づいて、あなたの都市のためのロードマップを作れるでしょう」と彼女は述べる。「人々の生活の向上が重要です。そうでなければ、テクノロジーやデータを面白半分に無駄にしてしまうことになるからです。」

二つ目に必要なのは、テクノロジーではなく人間に焦点を当てた探求のプロセスだ。コロンバス市が実証しているように、テック・ゴーグルが醸成する単純で解決主義的な思考回路を避けるためには、人々が実際にどのような障壁や課題に直面しているのかを知ることが最善の方法だ。そのためには、外に出て街の住民と話し合う必要がある。「私たちが当初考えていたのは人々をA地点からB地点に移動させるという単純な問題でしたが、それは問題の解決に必要な支援システム全般へと変化していきました」とバイロは述べる。「私たちはもっと全体的な視点から、この地域の住民に交通手段を提供するためのさまざまな方法を考える必要があったのです。私たちはギークな技術者です。もし全体像を考える機会がなければ、こうしたことを考えることはなかったでしょう。」

こうした有望な取り組みにもかかわらず、道のりは依然として困難である。サービスが行き届いていないコミュニティを支援する計画を立てることと、派手なプロジェクトが実行される中で実際にそのニーズに応えることが、まったく別の仕事であることに変わりはない。産前産後の健康管理への関心が薄れてきているのではないかと懸念する声もある。[61] コロンバス市はまた、過去の都市開発の失敗から学ばなければならないこともわかっている。すなわち、一世紀に及ぶスプロール現象と、貧困を助長する孤立した地域の形成である。「もう二度とこうした状況には陥りたくないのです」とウォルシュは言う。「もしいま間違った決断をしてしまったら、状況は抜け出すのが難しいほどに固定化してしまうでしょう。」

しかし、過去には希望もある。もしコロンバス市が成功すれば、交通技術のリーダーとしてのかつての地位を取り戻すことになるだろう。一九〇〇年当時、コロンバス・バギー社（CBC）は世界最大のバギーメーカーであり、世界の供給量の五分の一を生産していた。コロンバス市は「世界のバギーの首都」だったのだ。[62] CBCはまた、一回の充電で七五マイルの走行が可能な最初期の電気自動車も製造していた。しかし、一九〇八年にヘンリー・フォードとモデルTが登場すると、同社はそれについて行くことができなくなった。ＣＢＣは一九一三年に倒産した。

現在、市のダウンタウン再生の一環として、旧コロンバス・バギー社の倉庫が住宅用ロフトとして改装されている。「The Buggy」の元住人であるジョーダン・デイビスにとって、地元の歴史は常にモチベーションの源である。「馬から自動車になったときの混乱を考えてみてください。私たちは大きな影響を受けました。では人の運転から機械の運転への移行では、どれほど劇的な変化が起きるのでしょうか。コロンバス市の勝利を願っていますよ。」

＊＊＊

交通手段の過去と未来を見れば、なぜテック・ゴーグルが新技術を追求する枠組みとして危険なのかがわかる。第一に、テック・ゴーグルは技術革新や進歩をテクノロジーと盲目的に結びつけてしまう。複雑な問題をテクノロジーで簡単に解決できると思い込んでいると、システム全体に及ぶような変化の必要性が見落とされてしまう。どのような都市を作るべきか――そのために自動運転車がどう役に立つのか――を検討するのではなく、既存の都市を自動運転車を使ってどう効率化するかだけを考えているのだ。自動運転車は大きなメリット（安全性や移動性の向上など）を約束してくれるが、一〇〇年前に自動車が重要な変化をもたらしたように、都市は効率的な車の流れだけでは定義できない。車（自動運転車もそうでない車も）に夢中になっている間に、全体的な都市の住みやすさの必要性や、移動手段を向上させるための他の戦略から目がそらされてしまう。たとえば公共交通機関や高密度開発、渋滞価格設定などがそうだ。もちろん使い勝手の良いアプリや、より良い育児支援も含まれる。

自動車でそうだったように、ある技術を中心に社会的な規範が形成されているからといって、その技術が最適であるとは限らない。これが特定の技術に関する共通理解を得るプロセスとしての「閉鎖」が持つ危険性である。歴史家のトーマス・ミサは、「『閉鎖』は（…）あざやかな解決策が登場したときに起こるのではありません。社会集団が問題は解決されたと認識したときに起こるのです」と説明している。事実、彼は「『閉鎖』が代替案を曖昧にすることによって、特定の人工物が（…）必要、あるいは論理的に正しく見えるようになってしまうかもしれないのです」と付け加える。[63]この意味で、テック・ゴーグル・サイクルの「強化」の段階は、テック・ゴーグルが提案する特定の技術的配置に結びついた「閉鎖」の形態を表したものと考えられる。

最適とはいえない技術を受け入れた後の「閉鎖」は、より良い代替案を見失わせ、有害な慣習に私たちを閉じ込めてしまう可能性がある。したがって、自動運転車のために都市を設計しようとする取り組みは拒否しなければならない。自動運転車が街の通りに現れ始めると、「解釈の柔軟性」が求められる新しい時代が訪れる。「この柔軟性は、人工物が新しいものであるときに最も大きくなる傾向がある」[64]ということを踏まえれば、今後数年間のうちに私たちが下す決断が、何十年にもわたって都市を形作ることになるだろう。もし、都市を自動運転車だけが解決できる交通最適化の問題と考えるなら、都市は歩いて暮らせる密度の高い地域を育てるべきだという新たなコンセンサスは崩れ、代わりに自動運転車のために都市をデザインするというこれまでに無いパラダイムを迎えることになる。自動車を前提とした社会をデザインすればするほど、いざ代替案のメリットを認識したときに、それを追求することは難しくなるだろう。

この章で登場したテック・ゴーグルの第二の危険性は、最適化と効率化が政治的な決定を客観的、技術的な意思決定として覆い隠してしまう傾向にあることである。複雑な社会問題を技術的な問題として誤解してしまうと、純粋に技術的な基準で解決策を評価することになり、その政治的な結果を見落としてしまう。政治的な議論が、効率性に関する狭い技術的議論に還元されてしまうのだ。

このアプローチでは、社会のある側面を効率的にすることによる効果の全体像が見えなくなる。「科学的」なアプローチを採用する交通工学者たちは中立的な存在だと考えられてきたが、自動車の効率性に最適化し、他の道路利用者を無視したモデルは、革命的な社会的影響を与えてきた。同様に、自動運転車に最適化する現代のモデルはユートピア的で客観的なものとして提示されているが、交通の円滑化を越える社会的影響を無視している。それは文字通り、歩行者やコミュニティのニーズよりも自動運転車のニーズを優先するよう都市が変化してゆくことを意味している。

社会的な問題を技術的な課題として扱うことで、企業は党派的な印象を与えることなく自らの意図を推し進めることができる。前世紀の自動車産業が「モーター・エイジ」を解放的で普遍的に望ましいものとして宣伝したように、今日のテクノロジー企業は「スマート・シティ」を効率性と日常生活を向上させる科学的な方法として宣伝している。モーター・エイジの真の推進者とその追求の不幸な結果を認識した我々は、スマート・シティとその約束の奥底の意図に対して懐疑的にならざるを得ない。テクノロジー企業が我々を、都市の「スマート化」という「閉鎖」へと向かわせることを許すこと。それは都市に自動車を受け入れるという「閉鎖」を自動車産業に許した過ちを繰り返すことである。

スマート・イナフ・シティは、技術的な解決主義に陥ることなく、自分たちの優先順位に忠実なまま、新技術の恩恵を享受しなければならない。コロンバス市は、新技術を追いかけるのではなく、地域社会に実在する人々や問題に焦点を当てることがなぜ重要なのかを実証している。「技術者を束にして集めて、格好よく技術を導入するのは簡単でした。」ジョーダン・デイビスは言う。「しかし代わりに、私たちは『人のことを考えよう』と主張したのです。」そうしているうちに、コロンバス市は人々が直面している問題が予想以上に複雑で、テクノロジーとはあまり関係がないことに気づいたのだ。テクノロジーは新しい機会を与えてくれるが、すべての解答を提供できるわけではないことをコロンバス市は知っている。「交通に関するテクノロジーは誇張されています。」デイビスは言う。「何が本物で、何が偽物なのか。それを見極めるのは本当にやり甲斐のあることです。」

こうした区別をつけることこそ、都市が直面している本質的な課題だ。前世紀の過ちを繰り返さないためには、テック・ゴーグルを外し、非現実的でユートピア的な自動運転車のビジョンを捨てなければならない。技術の限界や危険性を認識することによってこそ、その恩恵を受けられるのだ。

3 民主的な都市 テクノロジーの影響に関する社会的意思決定

テック・ゴーグルを通して見たとき、民主主義や政治はどのように映るのだろうか？　これは、我々がスマート・シティを検討してゆく上での中心的な問いである。都市はどうすれば移動手段を向上させられるのか？　都市は新しい技術にどう備えるべきなのか？　前章ではこうした一見技術的な問題が、実は政治的な問題であり、その答えが社会的・政治的に大きな影響を与えうることを明らかにした。しかし、新たな交通技術ビジョンの欠陥が、スマート・シティの他の側面にも影響を与えるのかどうかはまだ明らかになっていない。都市が自動運転車を導入する際に生じる問題は、自動車や交通に特有のものなのだろうか。それとも技術中心の世界観が持つ、より根源的な何かを反映したものなのだろうか。これから見てゆくように、テック・ゴーグルの影響下にある人々は、交通のような一見技術的な問題の政治性だけでなく、政治の政治性そのものをも見落としてしまうのである。

多くの技術者は、民主的な市民参加のあり方のうち、最も優れたものとして、直接民主主義を選ぶ。よく引用されるモデルの一つは、ニューイングランドのタウンミーティングだ。コミュニティのメンバーが集まって熟議を行い、重要な決定を下すというものである。社会がタウンミーティングから現在の政府の形態へと移行したのは、規模と調整という実用上の問題があったからだと技術者の目には映っている。国が（地理的にも人口的にも）大きくなりすぎて、あらゆる意志決定のためにこうした会議を開催することができなくなってしまったのだと。

「悲しいことに、直接民主主義はスケールしないのです。」技術者のドミニク・シーナーは述べる。「純粋な形での直接民主主義は、規模の大きなコミュニティでは実現できません。」この問題を解決するには複数レベルでの代表制が必要だが、シーナーの目には欠陥のある解決策に映っている。「代議制民主主義はスケールの増大にうまく対応していません。しかし市民にとっての最善の利益に奉仕することはできないのです」と彼は記している。政治家たちは、自らが代表している人々に気を配っているのではない。党派的な政治組織と腐敗した特別利益団体の網の中にいるのだと。我々は技術的限界という過去の遺産に囚われており、「実装上の壁」によって直接民主主義に戻ることができなくなっているとシーナーは明言する。[1]

デジタル技術とソーシャルメディアは、これらの壁を打ち破り、より民主的なガバナンスのあり方を可能にしたかのように思える。元サンフランシスコ市長のギャビン・ニューサムは、政府の特徴である「不毛な議論」と「論争」に不満を漏らしながら、次のように主張する。「テクノロジーが今の政府のシステムを無意味にしてしまいました。そのせいで、政府は自らを修正するためにテクノロジーに頼らざるをえなくなっているのです。」[2] マーク・ザッカーバーグは、フェイスブック〔現メタ社〕が「より正直で透明性のある対話を政府にもたらし、多くの人々を直接的に支援する」と約束している。[3] ナップスターの共同創業者で元フェイスブック社長のショーン・パーカーは、「新しい手段と新しいメディアは（…）政治をより効率的なものにするだろう」と宣言している。[4]（元民主党上院院内総務トム・ダシュルの息子）ネイサン・ダシュルは、テクノロジーが人々を党派的な機能不全や無力化から解放すると約束している。さらに彼は、現代の〔インターネットによる〕相互接続性をもってすれば、「今や中核的な政党機能をオンラインで再現することも可能だ」と主張している。[5]

こうした夢を追いかけて、技術者たちは政治のあり方を変えるためのアプリを生み出してきた。パーカーは、「有権者のための世界初のネットワーク」[6]を自称するオンライン市民参加型プラットフォームBrigadeを立ち上げ、ソーシャルメディア主導の「政治参加の革命」[7]を約束した。ユーザーは「政治的立場を取るための、めちゃくちゃシンプルな方法」と評されたこのアプリで、「連邦最低賃金を時給一五ドルに引き上げるべきだ」といった意見に賛成や反対を表明することができる。[8]またこれとは別のプラットフォームTextizenは、「デジタル時代の市民参加」[9]を約束している。人々は、「ソルトレイクシティで好きなことは何か」といった政府からの簡単な質問に、テキストメッセージで回答することができる。[10]「Textizenは、都市がリアルタイムでデータを収集・分析することを可能にしている」と説明した人物もいる。その人物は「政府と市民の関係の再発明だ」と付け加えた。[11]ダシュルのアプリRuck.usは、ユーザーが時事問題について話し合ったり、政治的な活動を計画したりできるオンラインのソーシャルネットワークを作りだした。

都市に関わる所で言えば、311と呼ばれるデジタルサービスアプリ以上に、市民参加に変革をもたらすテクノロジーはない。これらのアプリは、多くの都市で緊急性の低い自治体サービスにアクセスするために使用されている電話番号〔311〕にちなんで名付けられている。それらは公共サービスの提供をパーソナライズし、より効率化することで、市民参加を促進すると約束している。住民たちは、市役所に電話する代わりに、道路の穴や破損した道路標識の写真を撮影し、スマートフォンから直接行政に通報することができるのだ。問題が解決されれば、行政からの報告が住民たちへと通知される。また市の職員が街中を歩き回って修理すべき穴を探す代わりに、問題が発生した時に住民が知らせてくれるというメリットもある。（ボルチモア市、ロサンゼルス市、ネブラスカ州リンカーン市を含む）数十の自治体が、管轄区域内の問題を報告するための、それぞれの都市に特化した311アプリを導入している。

311アプリ開発の背景には、市民が政府の「目と耳」として働くことで、公共サービス提供の効率性が高まり、政府への信頼も高まるという考え方がある。[12] アップル社のアプリストアに掲載された、シカゴ市による311アプリの初期バージョンは、次のように説明していた。「市民を日々の行政に参加させることで、税金の分配をより効率化し、透明性を向上させ、シカゴ政府への信頼を高めます。」[13] IBMによれば、「デジタル・ツールによって政府とのやり取りが容易になればなるほど、重要な公共サービスを提供する政府への市民の信頼度は高まってゆく」という。同社のあるマネージャーは、「ソーシャル・アプリケーションとモバイル・アプリケーションは、市民と政府のやり取りの方法を根本的に――そしてより良い方向に――変えています」と断言している。[14]

こうした技術開発が掲げる目標は立派なものだ。結局のところ、現在の代表制民主主義は明らかに不完全である。多くの人々が無力化され、不満を抱えたままになっている。民主的な意思決定への市民の関与は、政治的権力の集中と公的機関への信頼の低下に対抗するための重要な方法だ。特に地方自治体の文脈では、政治参加は非常に重要である。対処すべき課題が日常生活に直接的に影響し、政治参加の機会も直接的な形で存在しているからだ。また優先順位や政策を決める際に個人が発言できるようになるだけでなく、熟議に参加する能動的な市民になる上での関心や能力を高めるツールとしても、政治参加は非常に重要である。その意味では、市民が個人として、また市民団体のメンバーとして、政府に対して意見を述べることができるようにすることが大切だ。一八四〇年にアレクシス・ド・トクヴィルが民主主義の「無料の偉大な学校」と呼んだ、集団的行動の基盤となるものである。[15]

しかしながら技術者たちは、自分たちの楽観主義や派手な新技術をもってしても、「政治のルールは簡単には破れない」と既に気づいている。[16] ダシュルのプラットフォームRuck.usは二年でその使命を諦めた。パーカーでさえ、市民参加アプリの領域は「失敗だらけ」であることを認めている。[17]

新技術は明らかに人々のコミュニケーション方法を変え、人々の結びつきを変えている。ならば、なぜ民主主義は変わらないのだろうか？

＊＊＊

こうした技術的限界の原因は、そのデザインに埋め込まれた仮説や優先順位にあると考えられる。パーカーは政治をより「効率的」にしたいと考えており、彼のアプリBrigadeは「めちゃくちゃ簡単」だと絶賛されている。シーナーは、政治システムを「スケール」できるか否かの観点から評価している。米国全土で、311アプリが行政を「より簡単に」、「より効率的に」すると注目を集めている。

こうした価値観に基づいて設計されたテクノロジーが失敗するのは、設計が不十分だからでも、設計に悪意があるからでもない。民主主義と政治参加の背後にある根本的な課題に応えられていないからだ。テック・ゴーグルを介することで、我々は、民主的な意思決定と市民参加における根本的な限界――権力、政治、公へのモチベーションと能力――を、非効率性と情報不足の問題だと見誤ってしまう。

この論理は次のように主張する。政治は調整の問題である。新しいテクノロジーで解決すれば、我々はダム・シティ（まぬけな都市）の危険性から解放されるのだと。例えば、人工知能や3Dプリントの台頭に触発されたMITのコンピュータ科学者クリストファー・フライとヘンリー・リーバーマンは、米国の民主主義を「論理的推論に基づいた」「合理主義(Reasonocracy)」に置き換えることを提唱している。この政府で決断を下すのは、「権力ではなく理性を使って問題を解決する」代議士としての「合理官僚(Reasonocrats)」だ。「理性的な判断を行わず、固定されたルーチンで政府の政策を実行する」官僚たちとは対照的な存在である。[18]

しかし、政治学者のコリー・ロビンが説明するように、政治とは「社会的支配をめぐる闘争」であり、競合する利益に関する交渉事を伴うものである。[19] 集団の半分があることを望んでいて、半分が別のことを望んでいる場合、意見の相違と失望は避けられない。これらの立場の間を仲介しようとする政治家は、双方を失望させることになる。これについて、ブルーノ・ラトゥールは次のように書いている。「我々が政治的な『凡庸さ』として軽蔑するものは、我々に代わって政治家にさせる妥協の集合体に過ぎない。政治を軽蔑するなら、自分自身を軽蔑するべきだ。」[20] さらに、教育や刑事司法などの多くの分野では、権力や資源の配分だけでなく、善良で公正な社会に関する道徳的ビジョンが根本的に対立することによって意見の相違が生じる。つまり、民主主義とは、単に好みを集計して論理的な決定を下すプロジェクトではないのである。

技術者は、このような政治の現実を無視することで、政治的な無力化と機能不全の原因を誤診し、我々が努力して達成すべき理想を見誤ってしてしまう。その結果、技術者が望んでいる目標――効率的で争いごとのない政治――が、無意味なものとなってしまうのである。

技術者は、彼らが批判している問題を増長させ、彼らが提案する解決策を制約している政治の多くの側面を見落としている。その代表的な例が、政治制度の設計と構造だ。政治学者のアーキオン・ファング、ホリー・ラッソン・ギルマン、ジェニファー・シャカバトゥールは、「デジタル技術が民主主義にもたらす潜在的な利益に関する主張は、（…）技術が可能にする新しい力学には過度な注意を払う一方、政治システムの制度的な力学には注意を払っていない」と指摘している。テクノロジーが市民に力を与え、直接民主主義を可能にするという宣言は、集団的行動には資源と権威が必要であり、「政策立案者や政治家には、市民とより深く関わるインセンティブがほとんどない」という事実を無視している。さらに、ファング、ギルマン、シャカバトゥールは、311のようなアプリは個人が政府に情報を送ることを可能にするものの、「政府に対する市民の影響力を、より平等で、包括的で、代表的で、熟議的で、強力なものにすることを目的にはしていない」と述べている。市民は自治体運営に情報を提供するための新たなツールを手に入れたのかもしれない。しかしそのツールは、古い慣習の枠組みの中で使われている。統治されている側の人間は、公共の優先事項や意思決定に関する大きな権限を与えられることのないままに、政府からサービスを提供されているのである。実際、311やTextizenのような行政支援アプリケーションは、――革命的というよりは――「既存のインセンティブや制度的制約に適合している」からこそ、政府が熱心に採用してきたのだ。[21]

政治と民主主義を調整の問題として捉えることは、何が人々を政治に関与させ、何が人々を政治から遠ざけているのかをも見誤っている。市民参加アプリは、市民との交流を可能な限り単純化しようとしている。あたかも市民参加における唯一の障害は隣人や行政職員と対面で話すのにかかる時間で、コミュニケーションのハードルを引き下げることが真の民主主義の出現を可能にするのだというかのように。シーナーはこの見解を支持し、「参入障壁を可能な限り低くすることは（…）人口の大部分を満足させ、国の全体的なガバナンスの向上につながる可能性が高い」と明言している。[22]

このような思い込みは、市民団体が積み上げてきた教訓に反している。政治参加を単純化することで民主主義を変革しようとする試みは、失敗する運命にある。政治学者のハリー・ハンが『組織はいかにして活動家を育成するか（*How Organizations Develop Activists*）』で説明しているように、手っ取り早く簡単にできるよう設計された政治参加活動では、意味のある参加や市民性を育むことはできないのである。彼女は、十数団体の市民団体を対象とした複数年にわたる全国規模の研究で、「取引的動員（transactional mobilizing）」に依存していることが参加率の低い組織を悩ませているのに対し、「社会変革のための組織化（transformational organizing）」を重視することで、組織は熱心な参加者である多くの幹部を育成し、結果としてより大きな政治的影響を与えることができると結論づけている。[23]

彼女は取引的動員戦術について、参加を「活動家と団体との間の取引的なやりとり」に単純化したものとして説明している。[24] 市民グループは問題に関与する機会――選挙で選ばれた役職者に電話をかけたり、デモに参加したり――を組織し、個人は時間とエネルギーを提供する。このような観点からは、可能な限り迅速かつ簡単に参加できるようにすることが、政治参加を促進する最善の方法になる。こうした作業は、コミュニケーションの敷居を下げる新たなデジタルツールを使うことで、ますます簡単になっている。

しかし、多くの人に呼びかけることが簡単にできるようになると、たとえ参加者の数が多くなったとしても、〔政治参加の〕強度を示す指標としては誤解を招いてしまう可能性が生じてくる。多くの人がアンケートに答えたとしても、積極的な市民になるには躊躇や準備不足があるかもしれない。参入障壁をできる限り低くして、人々が今いる場所から繋がれるようにすること――すなわち取引的な戦術では、個人に力を与えたり、さらなる行動を起こすよう動機づけることはできないのだ。ハンの調査では、取引的動員に頼った組織は「罠に捕らわれた」状態になり、政治参加の維持にいつも苦労してしまっていた。[25]また選挙で選ばれた人々は、政治活動を「口先だけのもの」だと捉える（そして軽視する）。そのため、[26]これらの団体は変革を起こす能力に欠けてしまっていた。

対照的に、ハンの研究に登場する参加度合いの高い組織は、「さらなる直接行動とリーダーシップのために、人々のモチベーション、スキル、能力を育成する」[27]社会変革のための組織化にむけた戦略を用いていた。これらのグループは、人々を巻き込むための動員戦術も展開している。しかし、重点が置かれているのは取引ではなく市民の育成だ。参加した人々はより大きな責任を担わないかと勧誘され、将来の活動をリードする方法を教えられる。参加度合いの高い組織はこのようなプロセスを通して自分の仕事の価値を振り返ることをメンバーに教え、社会的な関係性を作り出す。こうして、参加率を維持するための重要な動機付けが行われるのだ。一方、参加度合いの低いグループでは参加率が低下してゆく。個人が目的意識や集団のアイデンティティを持てず、モチベーションを維持できないからだ。

市民参加アプリは、典型的な取引型の動員ツールである。要求や意見を提出する際の参入障壁を最低限に抑え、やりとりの量を最大化することはできても、より深い政治参加や、ユーザー間のコミュニティ構築を促すことはできない。いつでも、ハンの言う参加度合いの低いグループと同じ、政治的無力さの餌食になる可能性がある。そうした組織がメンバーのモチベーションや市民的スキルの欠如によって制約を受けていたように、意見や市民サービスへの要望に依拠するデジタル・プラットフォームもまた、それらが奨励する参加のあり方の限界に捕らわれてしまうだろう。

つまるところ、道路に空いた穴について通報したからといって、突然誰かが地元の教育委員会に投票したり、立候補したりするわけではないし、政策議論の場で強い発言力が与えられるわけでもないといということだ。ボストン市での研究では、市民サービスへの要望に対して即時に返答を受けた住民は、その後も要望を送る可能性が高いことがわかっている。しかしこれが他の市民行動（投票、近隣グループへの参加など）や態度（政府への信頼の高まりなど）につながるかどうかは明らかになっていない。[28] 実際、ボストン市で行われた別の分析では、311からの通報には市民としてのモチベーションよりも、非常に局所的で個人的な要望が反映されていることがわかった。通報の八〇％以上が、報告者の自宅周辺からのものだったのだ。この研究では、「311による通報を投票やボランティア活動の代わりとして扱うべきではない」[29]と結論づけており、ニューヨークで行われた同様の研究も同じ結論に達している。[30]

また市民参加を目的とする取引型の技術的解決策は、特定の声を他の声よりも大きく見せる構造的な社会的・政治的要因を無視している。政治学者のケイ・シュロズマン、シドニー・ヴァーバ、ヘンリー・ブレイディは、『アンヘヴンリー・コーラス（*The Unheavenly Chorus*）』の中で、「社会のさまざまなセグメントにまたがる政治的発言力の格差」が実質的かつ持続的に存在しており、そこでは「裕福で高学歴な人々が、オンラインとオフラインの両方で大きな力を有している」と記している。[31]

教育、スキル、資産、時間、インターネットへのアクセスといった格差を生むもっとも顕著な障壁は、公共の場で発言する能力を形成するという個人的な経験の有無である。ナンシー・バーンズ、シュロズマン、ヴァーバが『公的活動の私的源泉（*The Private Roots of Public Action*）』の中で指摘しているように、米国の女性は、選挙権が認められてから約一世紀が経過した今でも、男性に比べて政治に消極的である。この差の原因のひとつは、一見すると市民参加とは無関係な、社会的態度や機会に関連する不平等にある。例えば、男性は「市民としてのスキルを養うような仕事に就き、リーダーシップを発揮するような地位に就く可能性が女性よりも高い」。その結果、女性は「男性よりも（…）政治的な関心を持ったり、情報を得たり、影響を受けたりする可能性が低いのです」。[32]

組織的な排除の対象となってきたために、市民社会には参加しないという人々もいる。法学者のモニカ・ベルは、「有色人種の貧しいコミュニティに住む多くの人々は、法が自分たちを社会から排除するために作動している［という直感を持っている］」と考察する。その根底には、彼女が「法的疎外」と呼ぶものへの認識がある。アフリカ系アメリカ人は、自分たちが警察や法律によって不当に扱われていると認識しているだけでなく、もっと広い意味で「自分たちは本質的に無国籍であり、法律やその執行者による保護を受けておらず、アメリカ社会を作るというプロジェクトからは疎外されていると考えている場合が多い。」彼女の研究に参加したティーンエイジャーのひとりは、社会的にも政治的にも無力だと感じていると報告した。「あなたたちの声は、あってもなくてもかわらない」のである。[33]

貧しいマイノリティのコミュニティが、自分たちは「法の保護と社会における正当な場所から排除されている」[34]と認識しているなら、アプリを使って政府とやりとりできるとして、いったい何が変わるというのだろうか？　彼らが、最も身近な「ストリートの官僚」[35]である警察から、定期的に嫌がらせや銃撃を受けていることは言うまでもない。実際、二〇一六年の研究では、アフリカ系アメリカ人による９１１番への通報が「警察の不正行為によって強く抑圧されうる」ものであることが明らかにされている。これは制度的な無力化と虐待が、政府への信頼と市民参加の重大な障壁になっていることを示唆するものだ。[36]

＊　＊　＊

どのようなアプリに対しても、市民参加における無数の参入障壁が全て取り去られることを期待することはできない。しかし仮にそれができたとしても、市民参加アプリの制作者がこれらの問題に対応したり、対処したりしないということは、技術中心の考え方が持つ深刻な限界を明らかにしている。イノベーターたちはこれらの問題を認識していないか、認識していてもテクノロジーで解決できると信じてきた。市民参加とガバナンスの効率化に近視眼的に取り組むという行為は、一種の「情報の誤謬」を信じていることに起因している。つまり、行政が欠陥を抱えているのは、市民の視点やインフラの状況について十分な情報を持っていないからであり、その理由の大部分は、一般市民の参入障壁が高すぎることにある。したがって、こうした参入障壁を減らしてやれば、より多くの情報が行政に提供されることになり、行政をより効率的で効果的なものに変えられるはずだと。

こうした考え方が問題なのは、情報が役に立たないからではない。情報だけに着目して都市の民主主義を向上させようとする取り組みが、政治と権力の役割を完全に無視しているからである。民主主義は、サービスが効率的に提供されるように、人々が自分のニーズや意見を簡単に発言できるようにすること以上のものを意味するものだ。それには、すべての人々が「対等な関係に立つ」こと、そして「すべての人に受け入れられるルールに従った、対等な人々の間での開かれた議論によって、集団的な自己決定を」追求できるよう、社会を構成することが必要である。[37]

テック・ゴーグルは政治の問題（人口全体にどう資源を分配するか）を、調整の問題（有権者の要求にどう効率的に対応するか）として扱うことで、既存の不公平を曖昧にし、悪化させてしまう。解決策としての効率性を重視することは、権力構造や市民活動のプロセスが、特定の声を組織的に排除し、弱めていることから目をそらさせてしまう。こうした歪みは、法律や公的機関を変えることによってのみ解決されるのであり、テクノロジーによって修正することはできない。

こうした問題は、政治参加の効率化、特に311アプリによる効率的なサービス提供を推し進めたことにより、さらに悪化している。政府が、あたかも顧客サービス部門のように、要望に応えるために存在していると市民に認識されてしまったことで、市民権の意義が矮小化されてしまっている。あらゆる道路の穴をすぐに埋めると約束することは、政府のリソースは限られており、しばしば他の問題や他の人々のために割り当てられなければならないという現実を覆い隠すことになる。政治学者のキャサリン・ニーダムは、こうした約束が失望した消費者としての市民を生み出し、「市民としての集団的責任を受け入れようとする人々の意欲」を損なうことになると説明する。[38]「根本的な問題は、［市民を消費者のように扱うことで、］民営化され、怒りに満ちた市民、政府への期待を裏切られ、民主主義への関与と公共サービスへの支持の基礎となるべき公益への関心を育むことができない市民を育てることになるかもしれないということです」と彼女は記している。[39]

政治学者のジェーン・ファウンテンは、顧客サービスの重視が実際のところ、「サービスの生産と提供を改善しても、政治的不平等が悪化してゆく」結果を招きうると記している。[40]顧客サービスは顧客の要求と期待に応えることに依拠するものだ。したがって、力が弱く期待を抱くこともない社会集団、つまり顧客サービスにおける「市場セグメント」が弱くなればなるほど、より低い質のサービスを受けることになる。

効率性と顧客サービス中心の政治参加技術に内在する不公平は、311アプリにおいて明確に示されている。こうしたアプリに埋め込まれた効率性は一見すると価値中立的に思えるが、実際には他のグループをさしおいて一部のグループに利益をもたらすものだ。これらのアプリは、事前に定められた市民からの要望のバリエーションを中心に設計されている。最も一般的なカテゴリーは、道路の穴、街灯、落書き、歩道、街路樹などである。[41]アプリは、要望がこれらのカテゴリーに当てはまる人々のために、自治体サービスへのアクセスを合理化する。しかし要望がカテゴリーにおさまらない人々を支援することはほとんどできない。例えばボストン市では、ある研究が「黒人とヒスパニックの回答者の両方が、隣人とつながるためにシステムを利用したいと述べている」ことや、これらのコミュニティが「公共の問題を報告する可能性は低い」ことを明らかにした。[42]その結果、311からよせられる報告は、問題を報告する傾向の強い裕福な白人居住区に大きく偏ってゆく。それらを最も必要としている人々からの報告にはなっていないのだ。[43]

根本的なことを言えば、効率性を重視したテクノロジーは公共の力を底上げすると言われているにもかかわらず、一般の人々が、より良い学校を作ることや、バス交通を改善すること、警察の強引な介入を減らすことを求めるための手段を提供してはいない。言い換えれば、困難で実質的な（したがって非効率的な）政治改革を必要とする要望を出すための手段が提供されていないのだ。実際、311アプリは差別的な「生活の質（quality of life）」や、「割れ窓」の取り締まりと同じタイプの問題を優先させる。このことが、ジェントリフィケーションが進む地域でマイノリティを犯罪者に仕立て上げることや、[44]（「エリック」が建物の外でタバコを売っていたという地元大家の311通報を介した）エリック・ガーナーの殺害〔エリック・ガーナー窒息死事件〕につながっている。[45]

311アプリはこうした設計上の選択を通じて、統一された政治体に不可欠な、集団的な経験や欲求不満の余地を狭めてゆく。特定のグループの要望が素早く簡単に対応されてしまうと、そのグループが、より深い問題を抱えた他のグループの直面する課題に気づくことはほとんどなくなってしまう。家の前の道路の穴の修理を依頼した上流階級の白人女性が、依頼に対するスムーズな対応を経験すれば、彼女は「顧客サービス機関としての都市」という認識をさらに深めてしまうだろう。自分の問題を解決してくれたことに満足し、さらなるサービスを求めようとはするが、政府やコミュニティにもっと意味のある形で関与しようとは考えない。彼女は、多くの貧困層やマイノリティのコミュニティに存在するより困難な問題に気づかないだけではない。そうした住民たちが、自分たちの懸念に対処しようと政府を説得する際に経験する、大きな軋轢について知ることもないのである。

代わりに、311アプリが存在せず、彼女の家の前の道路の穴を修理してもらう簡単な方法も存在しないと仮定してみよう。おそらく彼女は、公共事業部門に電話をかけることになるだろう。すると、別の場所にもっとひどい穴が空いていて、そちらを先に埋めなければならないのだと告げられる。彼女は、自分が経験した問題が個人的なものであると同時に、集団的な問題の一部でもあると理解し始める。つまり、多くの人の家の前で穴が空いたままになっているのは、政府がインフラの修理に十分な資金を提供していないからなのだと。修理されないままの無数の道路の穴に不満を覚えた彼女は、近所の人々を集めて市民グループを結成するかもしれない。彼らは地元の代議士と協力し、インフラ整備を支援するための目的税を、次の住民投票の議題にかけるための組織を立ち上げる。市民グループはまたこの活動を通して、不十分なバス交通や、黒人が多い地域の学校の資金不足といった、地域社会の制度的な問題に対処しようとしている人々と知り合うことになるだろう。彼らと協力して、変化を訴え始めるのである。

これらは確実に、道路の穴を埋めてもらうために311アプリから通報するよりも大変な作業である。多くの人々が望むよりも、高いレベルの政治参加が必要とされる。ユートピアでは、おそらく誰もが、効率的なサービスの提供以外は政府に望まないのだろう。しかし現実の世界では、さまざまなグループが直面している問題の範囲や、行政職員が優先させる要求には大きな不平等がある。より実質的で困難な要望を持つ人々を無視しながら、すでに政府との特権的な関係を持つ人々にさらなる合理化の機会を提供することは、民主主義に大きく反する。

さらに、311アプリを市民参加のための解決策と位置づけることは、都市における反民主主義的な力の、真の決定要因を曖昧にしている。社会科学者のジャサン・サドウスキーと弁護士のフランク・パスカーレが説明するように、「富裕層による脱税行為は、いまいる都市労働者の『強化』によってスマート・シティが解決するとされている労働者不足の原因となっています。『テキスト、音声、ソーシャルメディア、その他のアプリを介して、市民が市役所や互いを巻き込むためのプラットフォーム』を導入するための組織作りに費やされた時間が、その影響を指摘するために使われることはなかったのです」[46]。つまり、福祉サービスのための公的資金が増えるならば、あらゆる公的機関の効率化を急ぐ必要はないということだ。

データとアルゴリズムの論理は、どちらかといえば緊縮財政を正当化し、加速させるものである。経済学者のレマ・ヴァイティアナサン（ピッツバーグ市が児童虐待を予測するために使用している機械学習モデルを開発した人物）[47]は、二〇一六年に発表した論説で、「二〇四〇年までには、ビッグデータが公共部門を認識できないほど縮小させているはずだ」と主張している。彼女は、データが公務員に取って代わるべきだと提案し、「情報と洞察は（…）理想的には、すべての人が完全に非政治的だと同意するものになるはずだ」と述べる[48]。テック・ゴーグル越しに見ることで、自治体は行政サービスを監視し、行政サービスに関する情報を収集するという機械的な仕事しかしていないと仮定しているのだ。この論理に従えば、データを重視することによって政府を効率化し、社会的により最適なものにすることができることになる。こうした立場から、ヴィティアナサンは公共部門の大幅な削減を提唱しているのである。彼女の主張は政治的な議論ではなく、純粋に技術的な、すなわち「非政治的」なものとして組み立てられている。

こうして技術的な解決策は、我々の政治的価値観とそれを実現する方法に関する意味のある議論を回避する方法をもたらしてしまう。自動運転車が、住みやすさの向上や、都市設計や公共交通機関を通じた混雑の緩和に関する議論を妨げてしまうように、市民参加アプリもまた、市民により大きな力を与えるであろう制度的な変革についての検討を妨げるのである。テクノロジーを使って政治参加のハードルを下げようとすると、市民参加を有意義に増やす上で、これ以上に価値のある手段はほかにないと思い込んでしまう。しかし、これは明らかに間違いだ。公私にわたる不平等が多くの人々の参加を妨げているのであれば、不平等を減らすことこそ、より広く実質的な参加を促すことにつながるだろう。特定のコミュニティを制度的に疎外する慣習や制度を廃止することは、これらのグループが落書きを報告するのに使うアプリを開発するよりはるかに市民からの信頼と参加度合いを高めるはずだ。

しかし、問題は単により良い解決策が可能であるということだけではない。テック・ゴーグル・サイクルを通じて、市民参加アプリは民主主義に対する我々の概念と実践を変えてしまうのだ。テック・ゴーグルを通して民主主義を見ると、人々はテクノロジーの影響を過大評価し、市民参加を形成する複雑な社会的・政治的要因を見逃してしまう。彼らはコミュニケーションという参入障壁、つまりテクノロジーが解決することが可能な問題については目を向けるが、コミュニティの組織化能力や権力を再分配するための最小限の政治的インセンティブといった、他の制約的な要因には目をつむってしまう。テクノロジーは都市の住民が政府とシームレスに接触する機会を持てるよう設計されているが、そのやりとりは政府をより効率的なサービス提供者にしたて上げるためのものに限定されている。こうしたテクノロジーは市民や行政職員の行動を形づくる。ガバナンスの問題は連携不足から生じ、政府の目的は効率的に行政サービスを提供することであり、都市で生活する上での基本的な政治的課題は基本的なサービスのニーズに対処することであるという考え方が定着してしまう。アプリが単に意見を述べることを参加の主要な形態と定めているがゆえに、人々は組織化したり、連合を立ち上げたり、立法したりする理由はないと考えるかもしれない。技術と効率性だけに焦点を当てているからこそ、このような民主主義と政治に対する貧弱な見方が定着するのである。

自分たちが開発したツールで情報や参加へのハードルを下げることができるという技術者の主張は、もちろん正しい。電子メールやソーシャル・メディアを利用している人であれば、そのことを証明できるだろう。自治体が市内の状況についての情報を必要としている場合など、特定の状況下では、市民の参加は貴重な助けとなる。デトロイト市では、市民がモバイルアプリを使って四〇万件以上の不動産の状況を報告したことで、市や地元の非営利団体に、都市再生のための正確なデータがもたらされた。[49] ニューヨーク市は、ハリケーン「サンディ」の後、倒壊した樹木の場所やその他の問題を特定するために、311システムを活用した。[50]

しかし、このようなやりとりを、意味のある市民参加や公共の力を高めることと混同してはならない。いずれも取引的な情報共有と、市民と政府の間の長きにわたる信頼関係があってこその事例だ。テック・ゴーグルは正義、市民のアイデンティティ、権力の問題を曖昧にする。それを通して見ると、上記のような事例は市民参加の問題を解決しているように見えるかもしれない。しかし、市民参加を阻む参入障壁をより詳細に把握しようとするのなら、オープンガバメント活動家のジョシュア・タウベラーの次の言葉を参考にすべきだろう。「ガバナンスとは権力のことです。権力とは社会的なものであり、技術的なものではありません。ウェブサイトは魔法のように人々に力を与えるものではないのです。」[51]

ボストン市の最初の311アプリの作成を最高責任者として手伝ったミッチ・ワイスも、同じような教訓を得ている。「政府への信頼が歴史的な低さにあることがデータから分かっています」と彼はしかめっ面で言う。「私は、政府をこれまで以上に効率化し、市民を顧客のように扱い、良いサービスを提供しようとすることは、実際には解決策になっていないと考えています。公共生活の中で行わなければならない大きな決断は、テクノロジーでは解決できません。そして、私たちは市民をそうした決断に引き込まなければならないのです。もしテクノロジーを使って彼らを遠ざけてしまえば、市民はあなたと共に大きな決断をすることができなくなってしまいます。」[52]

＊＊＊

そこでスティーブ・ウォルターの出番だ。ボストン市の技術研究者でありながら、ウォルターは新技術の力よりも、遊びが持つ変革の力の方にはるかに魅了されている。彼は、単純な重力の実験で遊びの価値を説明する。ペンを空中に持ち、落とし、落下するのを見る。ペンは床に落ち、カタカタと音を立てる。「これが重力だ！」ウォルターは叫ぶ。「遊ぶと同時に学ぶのです。遊びというのはそういうものでしょう。」[53]

ゲームと遊び心は、ウォルターの想像力を長い間虜にしてきた。「ゲームに夢中になって、わくわくした気分になった経験は誰にでもあります」と彼は言う。「しかし、それはたいていくだらない理由のせいなのです。くだらないゲームに勝つためなのです！　他の人を助けるとき、もしそのときと同じように感じることができたらと想像してみてください。」

メディアとユーザーデザインのバックグラウンドを持つウォルターは、市政府に重要な視点を提供している。都市に住み、都市で働く人々の生きた現実へと焦点を当てることだ。「都市環境とは経験です。単に人が密集した場所にいるという話ではありません。」彼は説明する。「それは他人とどのように交わるか、他人とどのように協働するか、ということなのです。我々が考慮しなければならないのは、人の経験です。」都市生活の価値の多くは、遊びの能力によってもたらされるのだとウォルターは言う。探求し、疑問を持ち、経験の限界を広げることで、新たな意味を導き出す能力だ。

遊びはずっと、健全な民主主義にとって不可欠だと考えられてきた。哲学者のマーシャル・バーマンは、「人と市民の権利を真剣に考える社会には、そうした権利が表現され、テストされ、ドラマ化され、互いに競い合うことができる空間を提供する責任がある」と明言している。[54] バーマンは、これらの価値観を象徴するものとして、一九八三年のシンディ・ローパーのヒット曲、『ガールズ・ジャスト・ワナ・ハヴ・ファン』[55]のミュージック・ビデオを挙げる。そこには、彼女とその友人たちがニューヨークの街を歌い踊る姿が描かれている。道すがら見物人や仲間たち〔黒人の建設作業員から白人のお堅いビジネスマンまで〕を拾い、楽しげなダンス・パーティーを繰り広げるのだ。[56] それは一九八六年の映画『フェリスはある朝突然に (*Ferris Bueller's Day Off*)』での、きらびやかで街ごと巻き込むかのようなパレードを彷彿とさせる。バーマンの言葉を借りれば、〔シンディ・〕ローパーと〔フェリス・〕ビューラーは、歌とダンスという遊びのかたちを通して「ストリートの生活そのものを変革しています。ストリートの構造的な開放性を利用して、人種や階級、年齢や性別の壁を壊し、根本的に異なる種類の人々を結びつけているのです。」[57]

しかしウォルターは、都市がテクノロジーの導入を急ぎ、市民参加を効率的なものにしようとする中で、効率性を高めるために遊びが排除されていると考えている。彼の分野に属する人々の多くは、新しいテクノロジーを市民参加を促進するものだとして歓迎する。他方で彼は、それらは「参加者を増やすための目新しさ」であって、参加をより意味のあるもの、力のあるものにしていないと批判する。

ウォルターは遊びの精神とデジタル・テクノロジーの可能性を融合させ、「ゲームを使った新しい形の市民行動を生み出したい」と考えている。彼の目標は、勝てるゲームをデザインすることではなく、反省や共感、学習を生み出すプロセスをデザインすることだ。例えば地域計画のプロセスなら、「ゲームの仕組みで、他の利害関係者への共感的な理解を生み出すことができるのではないか」と彼は考える。「若い白人の私が、自分とは異なる要望を持つ八〇歳のアジア系移民の役を演じるかもしれません。」こうした探求が新たな理解をもたらし、グループを超えた対話の機会を生み出すのだ。彼はそれによって、政治参加をより充実したもの、より効果的なものにすることもできると考えている。「プロセスを本質的に楽しいものにすることができれば、より良い成果を生み出せるはずです。みんなが参加したいと思えば、もっと努力してくれるはずです。」

数年前、ウォルターは、気の合う仲間と力を合わせることにした。エリック・ゴードンだ。ボストン市のダウンタウンにあるエマーソン大学で市民メディアを研究する教授で、エンゲージメント・ラボ(Engagement Lab)の創設者でもある。ゴードンは、市民参加の手段としてのテクノロジーの利用が増加していることを観察するうちに、次のような懸念を抱くようになった。「政治参加は、市民同士のつながりや有意義なフィードバックを可能にするものではなく、(…)単に公的な取引の機会を提供することと考えられていることが多すぎる。」[58] 彼が見たように、市民参加を効率的にすることに技術的な焦点を当てることは、「対話や意味、反対意見を育成するという政府の責任に対する組織的な盲目さ」[59]を生み出している。彼は熟議を例に挙げる。非常に非効率的なプロセスだが、健全で代表的な民主主義には不可欠だ。「効率性が第一のシステムに、どうすれば熟議を組み込むことができるというのでしょうか。」[60]

ゴードンとウォルターはこの疑問に答えるために、「Community PlanIt (CPI)」を開発した。CPIは、コミュニティ内での政治参加、熟議、意思決定を促進するオンラインのマルチプレイヤーゲームだ。このゲームは一週間の連続したミッションを中心に組み立てられている。各ミッションは特定の課題に焦点を当て、トリビア問題、課題演習、創造的なエクササイズといった内容で構成されている。これらのミッションを完了すると、参加者は他者の意見や視点を考えるよう促され、ゲーム内でのポイントや影響力の蓄積を目指すことになる。〔CPIの〕ゴールは、ユーザーに特定の結果を押し付けることではなく、コミュニティが一堂に会して熟議を行う環境を提供することだ。

明らかに、CPIは典型的な市民参加テクノロジーのプラットフォームとは異なるものだ。しかし、二〇一一年のボストン公立学校のビジョン策定プロセスや、二〇一二年のデトロイト市の都市計画策定プロセスなど、多くの場面での導入に成功している。どちらの都市でも、一般的な市民参加アプリのメリットをはるかに上回る、顕著な成果が得られた。このふたつの都市におけるCPIの評価では、次のことが明らかになっている。ゲームは「個人や地域のコミュニティグループ間の信頼関係を構築、強化」し、「対話型の政治参加の実践を支援する」。[61] デトロイト市では長期計画の取り組みの一環として多くの政治参加手法が導入されたが、CPIはその中でも、参加者が最もその将来に希望を感じた手法として選ばれた。[62]

CPIは、ユーザーをあらかじめ決められた目的に誘導するような、硬直した構造でゲーム化されてはいない。かわりに、探索と熟議を可能にするための遊びを取り入れている。すべてのユーザーは自由形式の質問に答えなければならない。また他のユーザーの回答を見るためには、まず自分自身の回答を提出しなければならない。こうしたゲームの仕組みが、積極的で思慮深い熟議へとつながってゆく。参加者の一人はこれを、「役場の会議では得られないようなやりとりの往復」と呼ぶ。また参加者たちはこのゲームによって、自分の意見を反省し、異なる視点を評価する行為が促された点を評価している。「他の人の意見を知るためには、自分が何を言いたいのかを真剣に考えなければならないのです。」参加者の一人はこう述べた。「自分がマイノリティなのだとわかったときには、(…) 他の人が違うアイデアを好む理由を考えさせられました。」別の参加者はこう付け加える。「私がコメントを書くと、他の人がそれに反対したのです。」さらに別の参加者が付け加えた。「誰が正しいのかはわかりません。でも、あたり前だと思っていたことについて、深く考え直させられた気がします。」[63]こうした交流を通じて、プレイヤーは自らの立場を反省する能力を身につけ、コミュニティへの信頼を深めていったのだ。

ウォルターにとってCPIが特別な理由は、「ゲームの中で、人々がCPIを適切に扱えるようにする仕組み」にある。ゲームから生まれる会話は、多くの場合、行政職員が開始時に想定していたものとは異なるものとなる。例えば、マサチューセッツ州のある小さな都市で、地元の計画委員会が調査目的の質問を投げかけた時のことだ。市民の会話は想定外の話題、ごみ問題に変わってしまった。これはゲームが想定していた文脈には含まれてはいなかった。しかしウォルターは言う。「それが何度も何度も話題に登場したのです。彼らはごみ問題について話したがっていました。」

「これこそが、ゲームの仕組みを使いながらも、究極的には構造よりも遊びを重視するシステムの醍醐味です」とウォルターは述べる。「ある程度の構造は提供します。しかし人々が望む方向へと、ゲームを押し進めることも可能なのです。」

CPIの成果の観察を通じて、ゴードンとウォルターは、彼らが「意義ある非効率 (meaningful inefficiencies)」と呼ぶものを評価するようになった。「単なる非効率 (mere inefficiencies)」は、システムに不必要な遅延をもたらす（例えば、非効率な除雪作業にはほとんど価値がない）。しかしそれとは対照的に、非効率によって「市民が経験を共有し、お互いに意義の範囲と認識を高める」ことが可能になったとき、「非効率は意義のあるものになる」と彼らは説明している。意義ある非効率は、「遊びのアフォーダンスに開かれた市民システム、（…）利用者が単に決められたタスクをこなすだけではなく、ルールの中で、またルールで遊ぶという選択肢を持てるような市民システム」を可能にする。[64]

テック・ゴーグルはもちろん、単なる非効率と意義ある非効率を区別することができない。すべての非効率は悪しきものとされる。ゴードンとウォルターは嘆く。「市民生活へのテクノロジーの応用が、その利便性、取引性、道具性でもって単純に評価されてしまうとき」、熟議、反対意見、コミュニティづくりといった市民的な行動は、「知らぬ間に阻害されているのです」。そして次のように主張する。テクノロジーを通じて「市民がとりうる可能な自治の形態や行動範囲を暗黙のうちに管理することで」、政府はその支配力を、「外部から強制するよりもはるかに効率的かつ広範に」保つことができるのだと。[65]

これは、多くの人々が期待していた、インターネットやソーシャルメディアによるボトムアップの革命とは程遠いものである。変化は、「文化の転換によってのみもたらされます。都市の制度について考えることが、もっと顕著になってゆくことが重要だと思います。単にサービスを提供するだけではなく、住みやすいコンテクストを作るためのものとしての都市の制度を。」そうゴードンは述べる。「それは単なるインフラやサービス提供の問題ではありません。対話や熟議が重要視される文化を創造することなのです。それが単なる取引から生まれることはほとんどないでしょう。」[66]

ＣＰＩが示したように、意義ある非効率がテクノロジーによって根絶される必要はない。たしかにＣＰＩのようなシステムがあらゆるコミュニティの課題を解決するわけではないし、公的な決定に対して、市民がより大きな影響力を持つようになるわけでもない。しかし、これまで見てきた典型的なアプリよりも、はるかに政治参加を促すことができるのだ。意義ある非効率は、市民を単純で取引的な行動に向かわせるのではない。市民の認識、モチベーション、能力を変革する遊びを可能にする。この意味で意義ある非効率は、社会変革のための組織化を促す火種と見なすことができるだろう。

より民主的な都市を創造するためにテクノロジーを開発する際には、効率性以外の価値観や政策——実質的に、意義ある非効率に根ざしていることが多いもの——を受け入れることが最も重要である。ゴードンとウォルターが説明するように、根本的な問題は「テクノロジーで市民生活をより効率的にするにはどうすればよいのか」ではなく、「市民生活をより意義あるものにするためにテクノロジーをどう使えばよいのか」という点にある。[67]

＊＊＊

ここまで見てきたように、テクノロジーは真空状態で存在するものではない。多くの人々の期待にもかかわらず、テクノロジーはそれだけで制度的・政治的構造を破壊するものではない。むしろ、テクノロジーが熟議や能力開発をサポートできるのは、公的な優先事項や政策の策定において、利用者が実際に意義のある発言権を与えられている場合に限られる。政治参加を後押ししようとする都市の課題は、優れた新技術を導入することではなく、市民に力を与えるような公共空間を創造することにある。権力の移行が起きるのは、新しいテクノロジーが既存のプロセスや相互作用をより効率的にしたときではない。地域のガバナンスに対してコミュニティがより大きな影響力を持つよう、プロセスや相互作用が再構築されたときである。それがテクノロジーによって達成されたかどうかは問題ではないのだ。

こうした声を提供しようとする取り組みの一つが参加型予算だ。住民が自治体の予算の一部をどのように使うかを直接決定できるよう、政府が住民に権限を与える仕組みである。住民たちは参加型予算を通じて、住民同士や政府の役人たちと協力し合い、政府が資金提供できるプロジェクトの提案を作成する。民主的な投票によってプロジェクトが選ばれた後、政府は地域住民と協力してプロジェクトを実施する。

従来の予算配分方法では、市民は公的資金の使い道に対してほとんど、あるいは全く影響力を持たない。それと比較すれば、参加型予算は権力の大幅な移行を象徴するものである。政治学者のホリー・ラッソン・ギルマンは、『民主主義の再発明（*Democracy Reinvented*）』の中で、「〔参加型予算は〕市民と機関が情報を共有し、交流し、公共の意思決定を行うための新しいプロセスを生み出す」ことで、「地域の民主的な実践を強化し、市民と地方政府の現在の関係を変える可能性を秘めている」と記している。[68]

参加型予算は、住民が地域社会のニーズに応じたプロジェクトを共同で開発し、資金を配分することを可能にするだけにとどまらない。それは熟議と知識移転が行われる貴重な環境を作り出すものでもある。市民として政府の役人たちと協力して自治体のプロジェクトを進めていく中で、住民は行政の役割や限界をより深く理解してゆく。このようなプロセスを通じて、市民は社会関係資本を形成し、地域社会の中でリーダーシップと主体性を育み、公共政策がバランスを取らなければならない多様なニーズや価値観を理解するようになるのだ。参加型予算のこうした側面は、時折気を揉むこともあるものの、その魅力に欠かせないものとなっている。ある参加者は、参加型予算を「私がこれまでに参加した中で最も充実した市民参加の方法だ」[69]と明言している。

しかしこれは、参加型予算が簡単に実施できるありふれたものだという意味ではない。参加型予算は、米国では二〇〇九年に導入されたばかりだ（そのルーツは一九八〇年代のブラジルにまで遡る）。そのプロセスには信じられないほどの時間が必要となる。プロジェクトを開発・選定するためには何度も会議に出席しなければならず、多くの人々はそれができなかったり、やる気を出せなかったりする。仕事のスケジュールが不安定であったり、育児に追われている人は、特に時間的制約を受けてしまう。参加型予算がより多くの予算をカバーし、より多くの人々を巻き込むためには、「リソースをあまり必要としないものになる必要がある」とギルマンは指摘する。[70]

情報共有とコミュニケーションのためのデジタルツールなら、熟議を合理化することで参加型予算の負担を大幅に軽減することができるだろう。しかし効率性を重視してプロセスを改革することは、「熟議のための演習〔参加型予算〕を価値あるものにしている、対面での政治参加への関与を弱めてしまう可能性がある」とギルマンは警告している。「市民が〔参加型予算への〕関与を維持しているのは、主に市民としての報酬のためであって、物質的な報酬のためではない」のであり、それを「オンラインで得ることははるかに困難である」ことを彼女は明らかにした。例えば、行政職員との共同作業は「プロセスの中で最もやりがいのある側面の一つ」である。しかしそれを、会話を効率化するよう設計された技術的なプラットフォームで再現することはほぼ不可能だ。同様に、グループでの熟議を電子的なコミュニケーションに置き換えることは、トピックや参加者の範囲を狭め、参加によって生まれるコミュニティ構築の働きを弱めてしまう可能性がある。このように、テクノロジーは、参加者が「市民対話への直接参加から得られる報酬を経験し、知識を得る」ことを妨げることで、参加型予算の価値を薄めてしまう可能性があるとギルマンは主張する。[71]

よくある市民参加テクノロジーを採用して変革から取引へと重点を移すことで、参加型予算の価値が低下してしまうのではないか――そう彼女が危惧するのは正しい。例えば効率的に意思決定を行えるよう、対面での熟議を、オンラインのプラットフォームに置き換えることなどが挙げられるだろう。ハリー・ハンの研究が強調しているのは、結局のところ、人々の活動家やリーダーとしての能力を開発する社会変革のための組織化の価値である。取引的動員は、人々をテーブルにつかせることでこうした取り組みを支援することができる。しかしそれだけでは持続的な市民参加を作り出すことはできない。参加型予算についても同様である。参加型予算は、市民が地方自治体の決定に影響を与えるための新たなメカニズムを提供するだけではない。その価値の大部分は、それに伴う変革的なプロセスにある。〔参加型予算の〕参加者は、政府がどのように運営されているかを学び、変化をもたらす能力を身につけていく。このプロセスがフラストレーションの溜まるものであったときでさえ、参加者たちは熱心な取り組みを続けたという。ギルマンはその理由を、彼らが「参加によって集団的なアイデンティティを形成していたからだ」と記している[72]。

市民参加のテクノロジーは、一般的に狭い視野で、効率性にとらわれて開発されている。しかしギルマンは、そのことだけで、テクノロジーは参加型予算にとって忌避すべきものだと思い込んでいる可能性がある。特筆すべきことに、ハンは取引的なアプローチを完全に否定しているわけではない。取引的なアプローチだけでは、メンバーの関与度の高い、効果的な組織を維持するには不十分である。にもかかわらずそうしたアプローチが、人々を巻き込むための重要なツールであることに変わりはない。参加型予算への参加を容易にする取引的技術は、より多くの市民を巻き込むための効果的なツールとなり得る。実際、ブラジルでは、オンライン投票や今後のイベントの通知など、効率性を重視したアプローチが、参加型予算のより取引的な領域への参加を促した。それらが「政治的に活動的でない市民や、比較的活動的でない市民の入り口となりうる」ことが示唆されているのである[73]。

一方、ゴードンとウォルターによる「意義ある非効率」の概念が説明しているのは、ギルマンの言う「非効率性を生み出すと同時に、非効率性に依存するという、このイノベーション〔参加型予算〕のパラドックス」だ。[74] ギルマンが参加型予算の価値は従来の予算編成に比べて非効率的であることにあると指摘する時、彼女が取り上げているのは、市民としての報酬の源泉としての意義ある非効率なのである。この観点から見れば、パラドックスは全く存在しない。参加型予算がこれほどまでに変革的なのは、最終的な結果に至るために、より考えられた道筋を歩む必要があるからこそなのだ。ギルマンは、ほとんどの市民参加のテクノロジーは参加型予算にとって有害であると述べている。しかし意義ある非効率を消滅させるのではなく、むしろ支援するために開発・導入されたならば、テクノロジーは熟議的な構成要素を歪めることなく、参加型予算を支援できる。CPIはそう示しているのである。

参加型予算をより身近なものにする必要性を認識したカリフォルニア州の小都市ヴァレーホ市が、まさにこの種のテクノロジーの導入に取り組み始めている。二〇一五年、ヴァレーホ市はスタンフォード大学のクラウドソース・デモクラシーチームと提携し、オンライン投票を簡易化するプラットフォームを導入した。二〇一七年には、カリフォルニア大学バークレー校のソーシャル・アプリ・ラボとも提携し、提案書の作成、プロジェクトの更新状況の追跡、市のスタッフとのコミュニケーションを一元化するAppCivistと呼ばれるプラットフォームを追加導入している。

ヴァレーホ市は、参加型予算の核となる要素を排除するのではなく、むしろ強化するために、これらの新しく有用な仕組みを導入した。ヴァレーホ市の参加型予算プロジェクトマネージャーであるアリッサ・レーンが強調するように、「テクノロジーが対面でのやりとりに取って代わることはない」。AppCivistを通じてプロジェクトチームが提案書を作成したり、市の職員がフィードバックを提供したりすることができたとしても、ほとんどの人は直接会って、より個人的で綿密なやりとりをしたいと考えていたと彼女は指摘している。プロジェクトチームは主に、対面でのミーティングの間に進捗状況を記録したり、ミーティングを欠席しなければならない人に情報を伝えたりするために、このプラットフォームを使用した。「直接会って話し合うことで、物事を解決することができるのだと思います」とレーンは述べる。「それがすぐになくなるとは思えません。」[75]

もちろん、テクノロジーがあろうとなかろうと、参加型予算が都市の市民参加と民主的な意思決定の欠如に対する万能薬になるわけではない。時間がかかるという性質上、参加できる人や、実践の広がりは大きく制限される。また、参加したとしても、熟議は確実なものではない。熟議は明らかに市民としての報酬を増大させるが、反民主主義的な結果を排除するものではないのである。[76] さらにこれまでのところ、参加型予算の適用は、相対的に非政治的なプロジェクトに対する、比較的小規模な資金配分に限定されてきた。ギルマンは次のように主張する。参加型予算が「地方の民主主義を再活性化させる」ことを目的とするならば、そのプロセスは「都市再開発、ゾーニング、社会福祉支出におよぶ、主要な予算の問題を網羅しなければならない」。[77] この変更は、参加型予算〔のプロセス〕に、はるかに厳しい審査の実施を課すことになる。本質的な性格を維持することが困難になる可能性すらあるだろう。また承認されたプロジェクトを実施する時も、優先事項や立法を策定する時も、多くの重要な自治体の決定は予算編成の外部の領域で行われてきた。予算以外の政治や権力の要素を無視して市民の力を高めようとする活動は、重要な決定が参加型予算の管轄から外れるよう移動されてしまえば無力化されてしまうだろう。

しかし、たとえそうであっても、参加型予算にテクノロジーを思慮深く取り入れることは、まさにスマート・イナフ・シティを体現するイノベーションの一形態なのである。貴重だが負担のかかるプロセスを改善する際には、都市はテクノロジーで克服できる、克服すべき単なる非効率——たとえばより多くの人々を巻き込むための取引的動員——と、社会変革のための組織化を可能にする意義ある非効率——すなわちテクノロジーの導入によって緩和されるべきではない非効率——を、慎重に区別しなければならない。これは、重要だが技術者が見落としがちな区別である。あらゆる非効率が民主的なガバナンスを困難にするとしても、根絶されるべきは単なる非効率だけである。意義ある非効率が、民主主義にとって困難だが必要な要素であるということは、テクノマニアの理解力を超えたパラドックスだろう。

テクノロジーは対面での熟議に必要な困難を取り除くべきではない。しかし情報共有を改善することで熟議を強化し、参加者の数と多様性を高め、電子投票を通じてコミュニティを動員することができる。311や他の市民参加アプリが真空状態で取引的動員を促すのとは異なり、ヴァレーホ市で使用されているような参加型予算のテクノロジーは変革的な経験に組み込まれている。それらは人々が参加の梯子〔社会学者のシェリー・アーンスタインが提案した、住民参加のプロセスを説明するための学術的概念〕を登るように設計されているのだ。意義ある非効率を促進しながら、単なる非効率を排除するという合わせ技は、参加型予算から贅肉だけを削ぎ落とす。また、人々に力を与えることや、市民のアイデンティティを育成する能力を妨げることなく、参加型予算をより持続可能なものにするだろう。

例えばヴァレーホ市は、二〇〇八年の財政破綻後に地に落ちた行政への信頼を回復するために、参加型予算を用いている。「通常の予算編成プロセスでは、おそらく市が資金を提供しなかったであろうプロジェクトがいくつかあります」とアリッサ・レーンは言う。「しかし、そうしたプロジェクト以上に私が興奮したのは、何人かの代表者たちや、委員会のメンバーの能力が開花するのを見られたことです。」彼女は、それまで地域社会に積極的に関わったことのなかったある男性が、参加型予算のミーティングに顔を出すようになったという話をしてくれた。この男性は、最初は非常に無口で内向的だった。しかしプロセスが終わる頃には、参加型予算から資金提供を受けたプロジェクトを立ち上げ、行政職員と定期的にやり取りするまでになっていたのだ。彼はボランティアとして、その後の参加型予算のサイクルにも参加し続けたという。「彼の市民活動が進化してゆくのを見るのは、とても刺激的でした」とレーンは言う。「この手の話はたくさんあります。」

＊＊＊

この章の冒頭の問題に戻ろう。いまや私たちは次のことを理解している。技術者たちは民主主義を主に技術的な問題として捉えるという、大きく欠陥のある危険な概念を有している。さらに重要なのは、前章での考察が、技術者の自動車に関する考え方に特有の問題なのではないということだ。むしろ社会における技術の価値に関する、彼らの誤解の核心を反映していることが明らかになった。自動運転車と同様、市民参加アプリが本質的に悪いというわけではない。しかしテクノロジーが長年の社会的・政治的ジレンマを解決できるという考え方は、光り輝くイノベーションというファサード〔建物の正面部分〕の裏に、既存の構造や不公平を固定してしまうのである。

参加型予算は、最も重要なイノベーションが、既存の構造や関係を強固にする新しい技術の形ではなく、社会条件や関係性を変えるプログラムや政策の形で生まれることを示している。参加型予算は、テクノロジーの思慮深い実装によって恩恵を受けることができる。しかし真のイノベーションは、人々に新たな力の源泉と、それを行使するための熟議の場を提供することにある。参加型予算はギルマンに、「イノベーションは、参加者の構成やプロセスの構造を含む、さまざまな形で起こりうる」ことを示したのだ。このような取り組みは、スマート・シティの中には存在しえない。そこではイノベーションがテクノロジーと同一視され、新しいテクノロジーがいかにして政治参加をより効率的でパーソナライズされたものにできるかに主要な関心が支払われている。テクノロジーと効率性を追求するという標準的なアプローチに従わないからこそ、参加型予算はギルマンにとって「二一世紀のイノベーションのありそうでなかった例」[78]になったのだろう。

スマート・イナフ・シティは、最も単純な市民活動のハードルを下げるのではなく、まずは市民活動のプロセスを改革し、次にテクノロジーを導入して、実施方法を改善する。テクノロジーだけでは、意味のある形で都市の民主性を高めることはできない。それは、市民に力を与えるプログラムや政策を推進するために導入される必要がある。これは、「新しい交通技術を活用するためには、都市開発の目標を持つことが前提条件である」という前章の結論と同じものだ。このあとに続く章では、非技術的なイノベーションと長期的な計画が、どのようにしてテクノロジーを効果的に利用する基盤となり、スマート・イナフ・シティの出現を促すのかを探ってゆく。

また我々は、テクノロジーの社会的・政治的影響が、そのデザインや機能性に組み込まれた価値観に大きく依存していることにも気付きつつある。前章では、都市が直面する基本的な課題は、新しいテクノロジーへの準備と適応であった。しかし本章では、都市がどのように新しいテクノロジーを開発し、展開していくべきかという、より曖昧で、より重要な領域に直面することとなった。もちろん、テクノロジーを生み出す際にどのような価値観を優先させるかを決めることは、テクノロジーが支える政策や仕組みを作るのと同様、政治的な問題だ。テクノロジーを使うだけでは、こうした難問から逃れることはできない。このことが、次章の中心的なテーマとなる。

4 公正な都市　機械学習の社会的、政治的基盤

二〇一二年、犯罪報告書を確認していたマサチューセッツ州ケンブリッジ警察局のデータアナリストが、ある明確な窃盗パターンを発見した。火曜と木曜の午後に、地元のカフェで繰り返しノートパソコンや財布が盗まれていたのである。それぞれの事件が、単独で注意を引くことはあまりない。しかしその全てを集めたことで、窃盗犯の規則的な行動が明らかになったのである。アナリストはこの行動パターンをもとに、次はいつどこに窃盗犯が現れるのかを予測することができた。そして、現行犯逮捕が実現したのだ。

「我々は刑事達に、火曜日の午後四時から六時の間が最適な時間帯だと伝えました。」ケンブリッジ警察局の犯罪分析チーム指揮官、ダン・ワーグナー警部補は振り返る。「刑事たちは、リュックにノートパソコンを入れたインターンを囮として送り込みました。しばらく待機していると、ノートパソコンを盗もうとする男が現れました。そうして逮捕に至ったのです。」[1]

簡単なことのように思えるかもしれない。しかし、こうしたパターンは発見できないことのほうが一般的だ。膨大な犯罪データベースの中からパターンを見つけようとする、アナリストの努力があったと

してもである。実際、ケンブリッジ警察局がカフェでの一連の犯行を特定するまでには、数週間の時間がかかっている。しかもそれが可能になったのは、盗難事件が報告された際に、アナリストがたまたまよく似た犯罪記録を思い出したからであった。ワーグナーは、カフェでの盗難をくい止められたことについては喜ぶ一方、その場しのぎの個別的なアプローチでは限界があることに気付いた。「どんな犯罪アナリストでも、犯罪記録のデータベースを完全に記憶し、思い出すことなどできません」と彼は説明する。

ケンブリッジ警察局の犯罪分析チームは、一九七八年にワーグナーの上官にあたるリッチ・セヴィエリによって設立された、全米初の犯罪分析チームの一つである。彼はピンマップやパンチカードから、データベースや予測モデルを使った犯罪分析へと至るチームの変革を率いてきた人物だ。ジャーナリストとしてキャリアをスタートさせたセヴィエリは、何十年にもわたってデータに没頭してきたにもかかわらず、今でも「五つのW」を重視している。誰が(Who)、何を(What)、いつ(When)、どこで(Where)、なぜ(Why)の五つだ。警察がデータとアルゴリズムをますます重視するようになっても、セヴィエリの分析的アプローチは変わらない。「動機を知り、犯罪のシナリオを知る必要があるのです。」

セヴィエリとワーグナーは、犯罪パターンを見つけるために、データベースを手作業で検索するアナリストに頼るのは無駄だと判断した。彼らは犯罪トレンドを自動的に分析する方法を求めて、マサチューセッツ工科大学（ＭＩＴ）の統計学教授シンシア・ルディンを訪ねた。連続犯罪は、犯罪者の手口(MO: modus operandi)にそってパターン化されることが知られている。しかし人間やコンピュータが単独でそのパターンを特定することは困難だ。犯罪アナリストは、一連の犯罪が関連していることを示す特徴を直感的に感じ取ることができる。しかし、過去のすべての犯罪のデータを手作業で評価し、パターンを見つけ出すことはできない。逆に、コンピュータは大量のデータを解析することには長けているが、連続犯罪を示唆する微妙な関係性を検知できない場合がある。

セヴィエリは、「昔ながらのアナリストの仕事のプロセス」を機械に教えることができれば、警察が本来なら数週間から数カ月かかるような犯罪パターンの検出も、アルゴリズムで行うことができるようになると考えていた。これによってケンブリッジ警察局は、より迅速に犯罪者を捕まえることができるようになる。

ルディンはケンブリッジ警察局がカフェでの一連の窃盗を阻止した方法を知ったとき、「犯罪パターンを見つけることは、藁の中から針を見つけるようなものだ」と理解した。[2] しかし彼女は、人間の意思決定を支援する計算システムの専門家である。ケンブリッジ警察局が、藁の中からより多くのものを見つけ出す手助けをしたいと考えた。彼女と博士課程の学生であるトン・ワンは、ワーグナー、セヴィエリと共同で、(解決が難しいことで知られる)[3] 空き巣事件の連続犯罪パターンを検出するアルゴリズムの開発に取り組んだ。

アルゴリズムの核心は、犯罪者の手口の特定を重視することにあった。空き巣のような犯罪では通常、犯人は複数の事件に共通する特定の行動パターンを見せる。適切なデータさえ提示されれば、そのようなパターンは「自動的に」見つけられるのだとワーグナーとセヴィエリは言う。しかし、人間ではデータのどこを見るべきかわからない上に、処理できる量も限られてしまう。一方、犯罪者それぞれが独自の手口を使うことが、コンピュータによるパターンの特定を難しくしていた。平日の朝にアパートの玄関を強引にこじ開ける者もいれば、土曜日の夜に窓から侵入して家を物色する者もいる。そのため、コンピュータにただ特定のパターンを検索するよう教えるのではなく、アルゴリズムに「犯罪アナリストの直感を捉えさせ」、なおかつより大規模なスケールで再現しなければならなかったのである。[4]

ルディンとワンは、ワーグナーとセヴェエリからの助言をもとに、二段階の構造で連続犯罪を分析するモデルを開発した。まず、モデルは「パターン全般」の類似性を学習する。これは、連続犯罪に典型的なパターンの大まかな分類を反映したものだ（例えば、空間的、時間的に近接していることなど）。次に、モデルはこの知識を用いて「パターン固有」の類似性、つまり、任意の連続犯罪の手口を特定する。[5] まず人間のアナリストの直感を学習し、それを家宅侵入の大規模なデータベースに適用する――この二段階のアプローチで、モデルは連続犯罪を検出するのである。

アルゴリズムが分析のために必要とした最後の材料は、典型的な連続犯罪とは実際にどのようなものなのかを学習するための、過去データの束であった。セヴィエリの管理のおかげで、ケンブリッジ警察局には、国内でも最も広範な犯罪記録データベースのひとつがあった。これには過去数十年の犯罪に関する詳細な情報が含まれている。このデータをもとにすることで、ＭＩＴのモデルは一五年の間にケンブリッジで発生した七〇〇〇件の空き巣事件を学習し、それぞれの事件の詳細（場所、曜日、侵入手段、家の物色の有無など）を知ることができた。アルゴリズムはまた、この期間にアナリストが特定した五一件の連続犯罪から、連続犯罪の特徴に関する洞察を得ることができた。

データの学習を終えるとすぐ、このモデルは警察の犯罪捜査に役立つきざしを見せた。二〇一二年、ケンブリッジでは四二〇件の家宅侵入が発生していた。チームが初めてアルゴリズムを実行したとき、モデルは犯罪分析チームが発見に半年以上かかった過去の連続犯罪を見つけ出したのである。

警察の捜査に情報を提供し、人間のアナリストでは思い付かないような推論を導き出すアルゴリズムの能力は、遡及的分析〔過去に遡って因果関係を特定する分析方法〕によってさらに実証された。ケンブリッジ警察局は、二〇〇六年一一月から二〇〇七年三月までの間に発生したふたつの連続犯罪を別々に捜査していた。しかし、アルゴリズムが過去の犯罪を分析したところ、別々と思われていたこれらの犯罪が、実際には関連しているとの結果がでたのである。これらの連続犯罪の間には一カ月間の空白期間があり、〔発生箇所も〕数ブロック北に移動していたことから、ケンブリッジ警察局はふたつの事件は別々のものだと推理していた。しかしそれ以外の手口は酷似しており、ほぼすべての事件が平日の昼間に玄関から強引に侵入するというものだったのだ。これらふたつの空き巣事件が実際には同一犯でつながっているという主張をアルゴリズムが提示したとき、ワーグナーとセヴェエリはそれが正しいと判断した。二つの連続事件の途中に発生したタイムラグは、冬休みで家にいる人が増えたことによる抑止効果で説明がつく。地理的な移動は、空き巣事件の途中で目撃されてしまったことに対する犯人たちの対応だった。[6] 当時のケンブリッジ警察局がこの情報を知ることができていれば、連続犯罪がさらに拡大する前にこれを特定し、対処することができたかもしれない。セヴィエリは、「連続犯罪は、早期に止めないとこうなってしまうのです」と振り返る。

＊＊＊

このアルゴリズムは機械学習と呼ばれる技術を活用している。この予測分析手法が強力なのは、大規模なデータセットを分析して複雑な傾向を調べ上げることによって、人間の捜査員が発見に苦労してきたパターンの特定を行うことができるからだ。生成・保存されるデータ量が指数関数的に増加するにつれ、これらのデータを用いて情報に基づいた意思決定を行う能力は、ますます重要なものとなってきている。

Gmail〔米グーグル社の提供するメールサービス〕が利用者の受信メールを監視して、迷惑メールを検知する方法について考えてみよう。メールを受信するたび、Gmailはそのメールを評価して、それが真っ当なメール〔受信トレイに送られるべきもの〕なのか、迷惑メール〔迷惑メールフォルダに送られるべきもの〕なのかを判定する。エンジニアに出来るのは、〔迷惑メールの検出のために〕「期間限定オファー」というフレーズがあるかどうかや、少なくとも二つのスペルミスがあるかどうかなど、迷惑メールの特徴にあわせたルールをあらかじめ決めておくことだ。しかし機械学習アルゴリズムなら、過去のメールを分析して、メールが迷惑メールであるかどうかを示す、より繊細で複雑なパターンを検出することが可能である。

典型的な機械学習アルゴリズムは、あらかじめカテゴリに分類された過去のサンプルからなる「訓練データ」に依存している。スパムフィルタ〔迷惑メール（スパム）かどうかを判定するしくみ〕の場合、訓練データは、過去に人々によって「迷惑メール」あるいは「迷惑メールではない」とラベル付けされた電子メールのコーパスである。Gmailのエンジニアの次のステップは、メールがスパムであるかどうかを評価する際に、アルゴリズムが考慮すべき各メールの属性を定義することだ。これは「特徴量」と呼ばれている。この場合、関連する特徴量は、メールに使われている単語、送信元のアドレス〔例えば受信者の連絡先リストにあるかどうかなど〕、使用されている句読点の種類などである。次にGmailは機械学習アルゴリズムを使用して、これらの特徴量と二種類のラベルの間の関係性を分析してゆく。「フィッティング」と呼ばれる数学的最適化のプロセスを通じて、アルゴリズムは各特徴量が迷惑メールにどれだけ強く相関しているのかどうかを推定するのだ。これにより、新たに送られてくるメールを分類することができるひとつの数式が作り出される。これは「モデル」と呼ばれる。利用者がメールを受信するたび、Gmailは学習済みの内容を適用する。モデルはメールを評価し、訓練データに含まれていた迷惑メールと、迷惑メールではないもののどちらに近いかを判断する。こうして、そのメールの正当性が評価されるのである。

もちろん、スパムフィルタは機械学習の氷山の一角に過ぎない。機械学習アルゴリズムは、車を運転したり、チェスやポーカーなどのゲームで世界チャンピオンを打ち負かしたり、顔認識を行ったりするソフトウェアを支えている。

複雑なパターンを理解し、これまで理解できなかった出来事を予測する機械学習の能力は、多くの人に、データとアルゴリズムに頼ればほとんどあらゆる問題を解決できるのではないかと思わせる。このような考えから、起業家でありワイアード（Wired）誌の編集者でもあるクリス・アンダーソンは、ビッグデータは「理論の終焉」を意味すると二〇〇八年に宣言した。[7] 何が起きるか予測できるほど十分なデータがあるのなら、誰が現象を理解しようとするだろうか？

しかし、ケンブリッジ市で見たように、こうした主張は事実とはかけ離れている。セヴィエリは「犯罪アナリストの直観を捕らえる」ことを目指していると述べた。それは人間のアナリストが犯罪パターンを検査するために使う理論を、アルゴリズムが理解しなければならないからである。もちろん、アルゴリズムが人間と全く同じ思考プロセスを辿る必要はない。機械学習の力の大部分は、人間とは異なる方法で、大規模なデータセットを解釈する能力に由来している。しかし、どのような情報を考慮すべきか、どのような目標があるかなど、動作する上での基本的な枠組みが与えられていなければ、モデルはうまく働かないだろう。ＭＩＴのモデルが成功したのは、ルディンとワンが、ワーグナーとセヴィエリの専門知識を頼りに、犯罪アナリストの考え方を解読したからに他ならない。アルゴリズムには、どのような情報が関連しているかについての仮説（曜日は関係するが、気温は関係しない）と、その情報をどのように解釈するかについての仮説（火曜日と水曜日に発生した二つの事件は、金曜日と土曜日に発生した二つの事件よりも関連している可能性が高い）が組み込まれていた。

データ駆動型アルゴリズムが理論や仮説に頼っていないように見えたとしても、実際には常に作成者の信念、優先順位、設計上の選択が反映されている。これはスパムフィルタに対しても当てはまる。〔機械学習の〕プロセスは、Gmailのエンジニアがアルゴリズムに学習させる訓練データを選択するところから始まる。アルゴリズムがあらゆるタイプのメールに正確に適用されるルールを学習するためには、訓練データのメールは正確にラベル付けされ、スパムフィルタが将来評価するメールを代表するものでなければならない。Gmailのエンジニアが迷惑メールを過剰に含んだ訓練データを選択した場合、スパムフィルタはメールが迷惑メールである可能性を過大評価することになる。さらに、アルゴリズムのための特徴量を選択するには、電子メールのどのような属性に迷惑メールを区別する可能性があるのかについて、ある程度の直感が必要となる。Gmailのエンジニアが迷惑メールのある指標について知っていても、別の指標を知らない場合、そのエンジニアは、見たことがあるような迷惑メールは捕捉するが、他のタイプは捕捉しないような機能を作り出すかもしれない。

最後に、Gmailはスパムフィルタにおいて何を最適化するかという目標を設定しなければならない。すべての迷惑メールを捕捉するよう努力すべきなのか、それともあるタイプのメールを、他のタイプよりも正しく捕捉することが重要なのか。Gmailのエンジニアが、フィッシング・メール（受信者を騙してパスワードなどの機密情報を提供させようとするもの）こそ最悪の迷惑メールだと判断したなら、フィルタを最適化してそれらを捕捉するように目標を設定することができる。しかしその場合、給料日ローンに関するメールなど、他の種類の迷惑メールを補足する性能が低下する可能性がある。Gmailはこうした計算の一部として、偽陽性（正しいメールを迷惑メールとしてマークすること）と偽陰性（迷惑メールが受信トレイに入ること）のトレードオフを考慮しなければならない。偽陽性を避けることに重点を置きすぎると、Gmailの受信トレイは迷惑メールでいっぱいになる。逆に偽陰性を避けることを重視しすぎると、Gmailは重要なメッセージを誤ってフィルタリングしてしまうかもしれない。こうした決定がモデルを左右することもある。二〇一八年三月にアリゾナ州でウーバー社の自動運転車が女性をはねて死亡させた事故は、（レジ袋などの障害物に過剰に反応しないよう）偽陽性の重要性が低くなるようにソフトウェアを調整した結果起きたものだった。[8]

このような設計上の選択は慎重に行われなければならない。不正確で不公平な判断を下すアルゴリズムを、世に出してしまう危険性があるからだ。ほとんどの人は、機械学習が未来を予測する能力について議論している。しかし、実際には過去を予測しているにすぎないのである。Gmailが迷惑メールを効果的に検出するのは、過去の迷惑メールがどう判断されてきたか（これが訓練データの価値だ）を知った上で、今日の迷惑メールも同じように判断されると仮定しているからだ。機械学習モデルには、過去のある結果に関連した特性が、将来にも同じ結果をもたらすという核心的な前提が埋め込まれている。

過去を予測することの問題は、過去が（道徳的に）受け入れ難いものである可能性があることにある。データは、それが作りだされた社会的文脈を反映する。構造的差別が蔓延してきた国家の歴史が、バイアスの反映されたデータを生み出してきた。雇用主が、同程度の能力を持つ求職者の中から、アフリカ系アメリカ人よりも白人を、女性よりも男性を優遇するとき、[9]あるいは女性やアフリカ系アメリカ人が、経済的・教育的な機会から排除されるとき、社会に関するデータを一面的に見ると、白人であることや男性であることが、より有能で、教養があり、裕福であるための根本的な要因であるかのように見えてしまうことがある。言い換えれば、不公正な社会から引き出されたデータに無批判に頼ることは、差別の産物を、人の生まれ持った特性として認識することにつながるのである。

迷惑メールが問題になることはそう多くはないかもしれない。迷惑メールを受け取ることが、迷惑行為以上のものになることはめったにないからだ。しかし、より重要な意思決定を行うアルゴリズムに関しては、訓練データに含まれたバイアスが大きな問題をもたらすことになる。

ロンドンのセント・ジョージ病院メディカルスクールは、一九七〇年代に入学志願者の選考過程を支援するためのコンピュータ・プログラムを開発した。一五〇名の募集枠に対して約二〇〇〇名の志願者がいる中で、面接する学生を選ぶ作業を減らすことができるプログラムは魅力的だ。一九八〇年代の大半にわたり、このプログラムは大学の最初の審査を担い、同校が面接を行う学生を選別していた。しかし一九八八年、英国人種平等委員会(the U.K. Commision for Racial Equality)が調査したところ、このアルゴリズムにはバイアスがかかっていることが判明した。大学はこのコンピュータ・プログラムに従うことで、学術的実績があると認められ、面接を受けるに値する何百人もの女性とマイノリティの願書を却下していたのだ。[10]

アルゴリズムは自らこのバイアスを学習したわけではない。入学担当者が大学の歴史を通して、人種や性別に基づく偏った合否判定を行っていたのである。入試アルゴリズムは、過去の合否判定を訓練データとして使用することで、大学が女性やマイノリティを価値の低い存在だと考えていると推論した。つまりこのアルゴリズムは、学業面で最も優秀な候補者を識別するのではなく、過去に合格させた生徒に最も似ている候補者を選び出すよう学習したわけだ。実際、このアルゴリズムは、病院の人間による選考パネルと九〇%の相関を達成していた。この相関こそ、そもそも大学がこのアルゴリズムが活用できると信じていた根拠だった。

今日に至るまで、多くの人が重要な意思決定を機械学習に頼ることで、同じ過ちを繰り返してきた。モデルが偏った予測を行っている事に気づくことになったのである。例えばアマゾン社は、二〇一四年に採用者の決定を支援する機械学習アルゴリズムの開発を開始した。そのわずか一年後、モデルが男性候補者を不当に優遇していることが判明し、同社はプロジェクトを廃止している。[11]

＊＊＊

ケンブリッジ警察局だけが、機械学習によって警察業務を改善できると考えていたわけではない。技術政策弁護士のデヴィッド・ロビンソンは次のように述べる。機械学習は、あらゆる問題を解決できるというほとんど神話的な地位を獲得した。いまでは「人々は、どんな事であっても、コンピュータが介入することで驚異的な改善がもたらされると思い込んでいる。」そうした中で、全国の警察署が「地域の安全という難しい課題を、その〔機械学習という〕魔法で解決することはできないのだろうか」[12]と考えてしまうのは当然だろうと彼は付け加える。

企業は「予測警備（predictive policing）」を実施するためのツールを市場に投入してきた。その中でもっとも広く使われているのがPredPolだ。このソフトウェアは、過去の犯罪記録に基づいて、犯罪が地理的にどう広がるのかに関する空間的なプロセスの分析を行い、次の犯罪がどこで発生するかを予測する。PredPolの開発会社は、犯罪率が高いと予測される場所を、赤い四角形（五〇〇フィート×五〇〇フィート）を重ねたインタラクティブな地図を介して警察に伝える。警察をこうした地域に配置することで、犯罪防止や犯人逮捕につながると同社は考えている。

「ベンダーは、自分たちのシステムがテクノロジーを活用して物事をより良くするという印象を与えたいのです。」ロビンソンはこう説明する。PredPolは、「導入先のコミュニティでの犯罪削減の実績」が掲載されたケーススタディを通して、ソフトウェアの有効性を積極的に主張する。[13]『監視大国アメリカ（*The Rise of Big Data Policing*）』の著者で法学者のアンドリュー・ファーガソンが説明するように、予測警備が警察署にとって魅力的なのは、「人種というデリケートな話題がもたらす緊張や、あまりにも人間的な取り締まり手法から生じる人種間の緊張を迂回する『解決策』」を提供してくれるからである。彼は、「ブラックボックス化された未来的な解決策を採用することは、数世代にわたる社会的経済的格差を考えることが放棄されている現状、ギャングによる暴力、教育システムの大規模な資金不足に対応するよりもはるかに簡単なのです」と付け加える。[14]

警察官によるアフリカ系アメリカ人の殺害事件をはじめとする差別的な警察行為への怒りが高まり、警察の制度改革への支持が急増したことを受けて、予測警備は、客観的で科学的な評価を通じて「犯罪を未然に防ぐ」ことができる「素晴らしくスマートなアイデア」として歓迎されるようになった。数年間PredPolのロビイストを勤めた元警察アナリストは、インタビューの中で、「サイエンス・フィクションのように聞こえますが、むしろ科学的事実に近いのです」と明言している。[15]

しかし、このような技術への信頼――特に、これほどまでに明確にテック・ゴーグルが作動している状態――に対しては、懐疑的な目でいくつかの疑問を投げかけるべきである。この技術は、本来の目的を実際に達成できるのだろうか？　この技術的解決策には、どのような価値観が組み込まれているだろうか？　この問題を技術的なものだと仮定することで、我々は何を見落としてしまうのだろうか？

予測警備ツールを徹底的に評価してみると、それが提供できる以上の、はるかに多くの物事を約束してしまっていることがわかる。ロビンソンが主導した二〇一六年の研究では、「現代のシステムがその主張に沿うものであるという証拠はほとんどない」とされている。代わりに、彼の報告書は「予測警備はマーケティング用語である」と主張する。[16] 実際、PredPol が宣伝する統計の多くは、犯罪率の大幅な低下をもたらしたと主張するために、通常の犯罪率の増減を都合良く選び取った数字になっている。[17] ある統計の専門家は、こうした分析は「無意味だ」と述べる。[18]

数多くの予測警備ツールを評価してきたランド社（政策シンクタンク）の研究者ジョン・ハリウッドは、どんな予測警備がもたらす効果も「せいぜい微増にとどまる」と述べ、犯罪を予測するためには「精度を一〇〇〇倍に向上させる必要があるだろう」と主張している。[19] 彼がルイジアナ州で行った予測警備の効果分析――第三者だけで行われた予測警備に対する分析のひとつ――では、犯罪に対して「統計的に有意な影響は見られない」ことがわかった。[20]

犯罪抑止のための機械学習に興味を寄せるケンブリッジ市警のワーグナーとセヴィエリでさえ、PredPol には批判的である。「警察が手っ取り早い手段を探していた時代には、ふさわしい製品でした」とセヴィエリは言う。そしてワーグナーは、PredPol は犯罪の「パターンを考慮」せず、「過度に単純化された」モデルに頼っていると批判する。例えば PredPol は、ある場所で犯罪が起きる可能性は、近くで犯罪が起きた直後に急増し、その後徐々に減少すると仮定する。水曜日の午後に家宅侵入があった場合は、次の日の木曜日の午後よりも、当日の晩である水曜日の夜のほうが、犯罪が起きる可能性が高いと予測するのだ。しかし実際には、「犯罪の多くは連続犯罪なのです。そこにはパターンがあります」とワーグナーは述べる。平日の午後に家宅侵入が発生するという傾向からは、次の事件は当日の深夜ではなく、次の平日の午後に発生すると考えることができる。

予測警備モデルに関しては、犯罪が起こりやすい場所について、人種的に偏った予測をしていないかという点がより懸念される。予測警備の支持者は、データとアルゴリズムを用いているのだから、ソフトウェアは公正であると主張する。シカゴ市の元チーフデータオフィサー、ブレット・ゴールドスタインによれば、シカゴ市の初期の予測警備の取り組みは「多変数の方程式」に基づいていたため、「人種とは全く関係がなかった」という。[21] ロサンゼルス市の警察署長、ショーン・マリノスキは、PredPol はデータに基づいているため「客観的」だと述べている。[22] 同じように、日立製作所の犯罪マッピングソフトウェアのディレクターは、「人種は考慮していません。事実だけを見ています」と明言している。[23]

しかし犯罪学者のカール・クロッカーズは、この「事実」――この場合は犯罪統計――が、「実際の犯罪レベルを測るのには不十分」であることはよく知られていると記している。警察は「何を犯罪として報告するのかを決める際に、非常に大きな裁量権を行使する。」そのため、警察による統計とは、社会全体の実際の犯罪レベルではなく、特定の種類の犯罪に注がれた警察側のリソースのレベルを反映したものなのだと彼は説明する。[24] 言い換えると、犯罪に関する事実として現れるものの多くは、警察の動向と優先順位に関する事実だということだ。

警察は長年にわたり、都市部のマイノリティ・コミュニティを、優先的な監視と逮捕の対象としてきた。このことが、こうした差別的な扱いを反映した数十年に及ぶ犯罪データにつながっている。[25] 警察は主に黒人の住む地域をパトロールしており、誰をいつ、なぜ逮捕するのかに関して大きな裁量権を持っている。[26] 警察が、白人コミュニティでは気にかけることも、対応することも、標的にすることもない多くの事件が、黒人コミュニティでは犯罪として記録される。[27]

ニュー・インクワアリー誌の「ホワイトカラー犯罪早期警告システム」が素晴らしい風刺作品になっているのはこのためだ。[28] 彼らは既存の予測警備と似た技術を使って、金融犯罪が発生する可能性が高い場所を予測するモデルを誌面で発表した。例えばシカゴ市では、ほとんどの犯罪発生地図で、黒人と褐色人種が多い南側と西側が危険地帯として示される。これに対し、ホワイトカラー犯罪の危険地帯は、ビジネス街の中心部（「ザ・ループ」）と、主に白人が多い北側に位置するのである。これらの地図――加えて、金融犯罪をターゲットにアルゴリズムを使用するという発想――は、刑事司法制度と機械学習に基づく改革の中で見過ごされてきた側面を浮き彫りにしている。どの種類の犯罪を積極的に監視し、警察行為の対象とすべきなのかを規定しているのは、我々の人種差別的で階級主義的な社会秩序の概念なのだ。[29]

このように、機械学習アルゴリズムが人種的なバイアスを持つようにプログラムされていないとしても、学習元のデータには社会的・制度的なバイアスが反映されているのである。第3章で見たように、311アプリの報告率の差からは、都市の道路に空いた穴はすべて裕福な白人の地域にあるという結論が導かれてしまう。またセント・ジョージ医療大学の入試アルゴリズムから学んだように、歴史的に偏ったプロセスから得られたデータは、同様に偏った予測を生み出すことになる。このようにして、本来は中立的であるはずの予測警備は、黒人地域の犯罪を過度に強調し、すでに不当に標的にされている人々や場所の周辺での警察の影響力を強めてしまうのである。

しかし、結果がデータに基づいたものであるがゆえに、こうした警察の派遣行為は、政治的ではなく客観的な意思決定によるものだと捉えられてしまっている。予測警備が提案した選択肢を素朴に受け入れることによって、人種的な動機で特定の地域を取り締まっていた警察の意思決定が、科学に基づいた客観的な対応へと姿を変えるのである。データ倫理学者のジェイコブ・メトカーフは、「誰を逮捕すべきか」というもとの「価値判断」が、「アルゴリズムのブラックボックスな『客観性』によって自然化されてしまう」と書いている。[30] こうした自然化は、制度的なバイアスを正当化し、増大させる悪性のフィードバック・ループを生み出す可能性がある。

ヒューマンライツ・データアナリシスグループによるオークランド市での分析は、予測警備がいかにしてこうした格差をもたらすのかを明らかにしている。地元の保健所の推計によれば、薬物犯罪はオークランド市のあらゆる場所で起きている。しかしこの調査では、「薬物の検挙は非常に限られた場所でのみ行われる傾向があり、警察のデータは非白人や低所得者の住民が多い地域で行われた犯罪を不平等に反映している」ことが明らかになった。[31] この研究の著者たちは、PredPol の手法に沿ったアルゴリズムを開発し、予測警備がどのような影響を与えるかを調査した。彼らは、オークランド警察が PredPol を使用していたなら、「標的を絞った取り締まり行為が、低所得者やマイノリティの居住区に対して集中的に行われることになっていただろう」と結論づけた。[32]

しかし、いくつかの技術的メカニズムを採用することで、偏った予測を回避することができるかもしれない。PredPol の競合製品、HunchLab のプロダクトマネージャーを務めるジェレミー・ヘフナーは、もし予測警備が偏ったデータによって差別的になるのであれば、それを公平にする方法はないのだろうかというまっとうな疑問に答えようとしている。「PredPol は犯罪データのみを使用することで、バイアスの可能性を無くしていることを彼らのアプローチの強みとして挙げています。私にはそれが理解できません。」ヘフナーは言う。「システムに偏りがあるとすれば、それは犯罪データそのもののせいなのです。」[33]

ヘフナーはこうしたバイアスが HunchLab に現れないようにすべく、多くの対策を講じてきた。彼が重視しているのは、警察官の裁量に影響を受けるデータの利用を制限することだ。ヘフナーは次のような例を示す。「警官が通りを歩いているときに、強盗や殺人に関する報告を勝手に上げることはないでしょう。しかし、いたずら行為や信号無視の報告を〔自分の裁量で〕上げることはあるかもしれません。」

つまり、殺人に関するデータはいたずら行為に関するデータよりも人種的バイアスの影響を受けにくく、その結果、偏った予測を生み出す可能性も低いということだ。さらにHunchLabでは、曜日やバーの場所、月の周期など、他の多くの要素を「リスク地形モデル」に組み込み、より正確な犯罪の評価を行うことを目指している。

公正な予測結果を開発しようとするヘフナーの努力は称賛に値する。しかしHunchLabが浮き彫りにしているのは、「スマートな」取り締まり行為の限界だ。予測警備の問題は、予測にバイアスがかかる可能性だけにとどまらない。それは既存の犯罪の定義に基づいており、警察による取り締まり行為こそが犯罪に対する適切な対処方法なのだと仮定している。モデルの技術的な仕様（精度やバイアスなど）に注意を向けることで、さらに重要な事柄が見落とされることになる。すなわち、アルゴリズムが支援している政策や既存の慣習そのものだ。単なる技術的な拡張によって社会構造を改革しようとする試みは、政治制度を批判的に評価し、体系的に改革する機会を奪ってしまうのである。

たとえ警察の派遣が公平かつ人種的に中立な方法で行われたとしても、典型的な警察行為——容疑をかけること、ストップ・アンド・フリスク（職務質問を兼ねた身体検査）、逮捕など——が一度でも行われれば、予測警備が是正しようとしているバイアスのかかった慣習と結びついてしまう。選択肢の提案を「ミッション」と呼ぶHunchLabのやり方すら、警察行為の危険なナラティブ（物語）と結びついている。そこでは「兵士のような心構え」[34]が誇示され、あらゆるパトロールが危険な任務と考えられ、すべての人が潜在的な犯罪者と見なされる。不当な政策や慣行に従ってしまえば、たとえ表面的には公平なアプローチであったとしても、差別的な影響を与えることになるのだ。

ルイジアナ州シュリーブポート市でランド社が行った、予測警備の実験の最中に起きた出来事につい

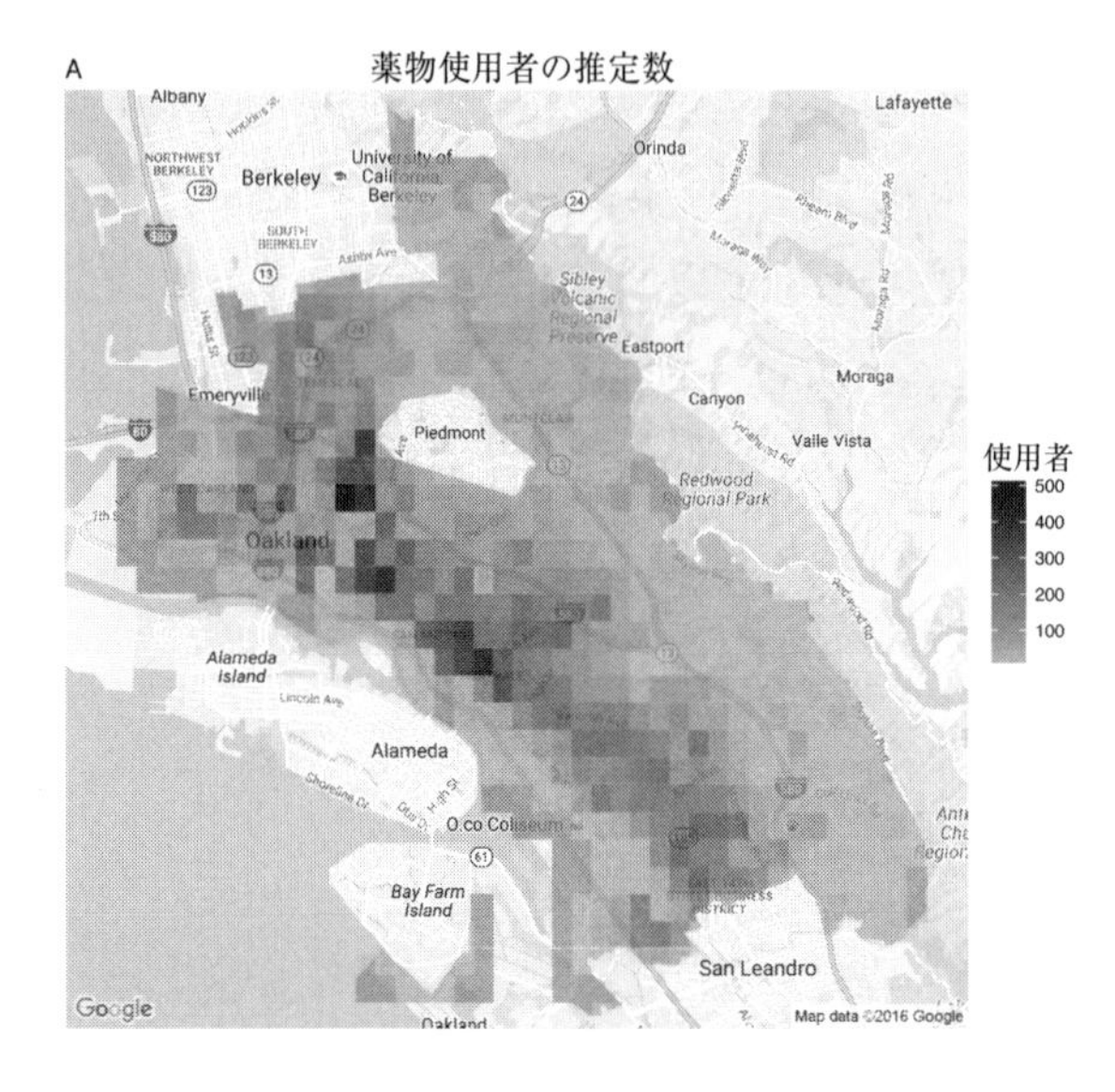
A
薬物使用者の推定数
Albany
Lafayette
Berkeley
University of California, Berkeley
Orinda
Emeryville
Piedmont
Eastport
Moraga
Canyon
Valle Vista
Oakland
Redwood Regional Park
Alameda Island
Alameda
O.co Coliseum
Bay Farm Island
San Leandro
使用者
500
400
300
200
100
Map data ©2016 Google

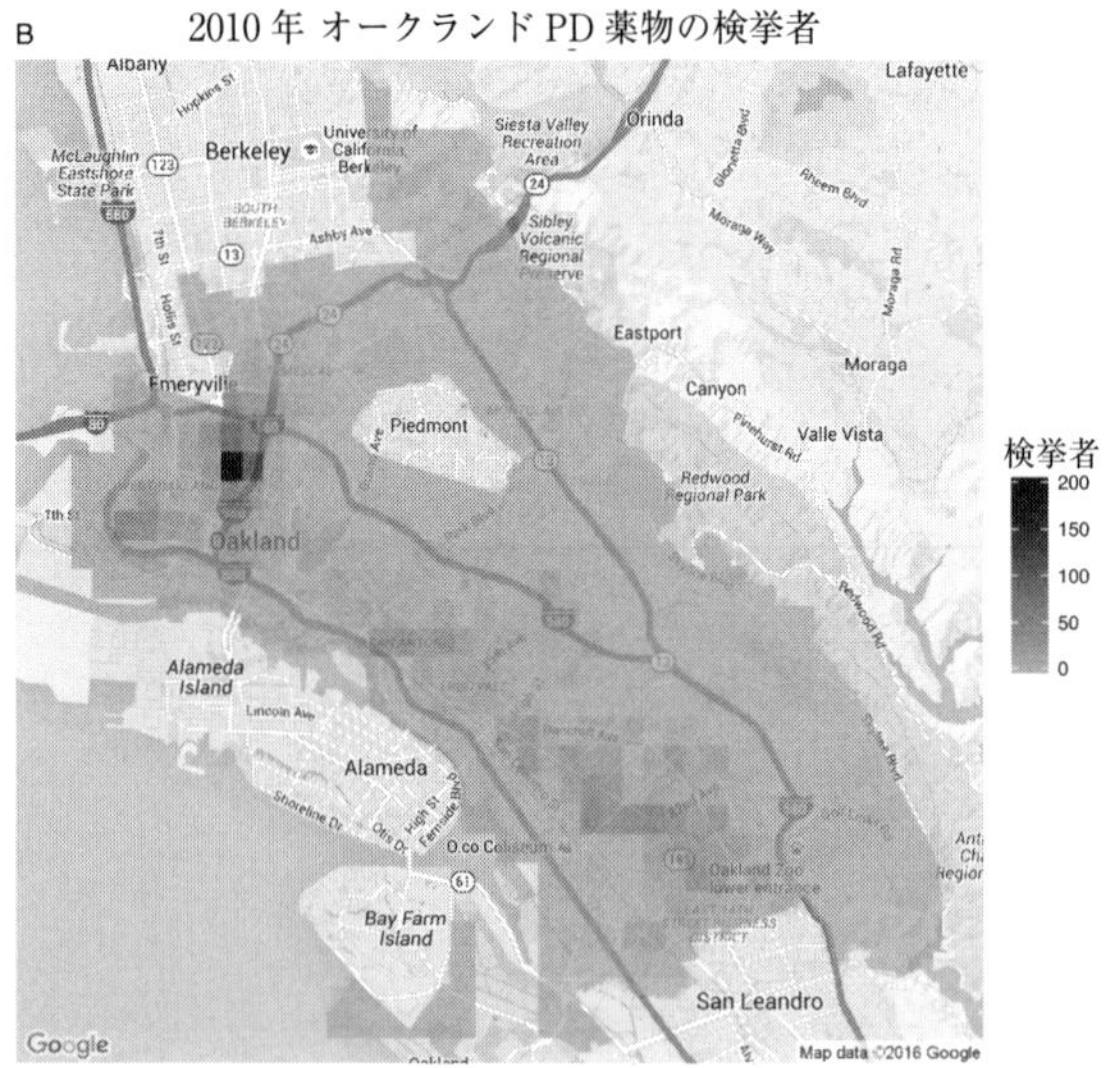
B
2010年 オークランドPD 薬物の検挙者
Albany
Lafayette
Berkeley
University of California, Berkeley
Orinda
Siesta Valley Recreation Area
Emeryville
Piedmont
Eastport
Moraga
Canyon
Valle Vista
Oakland
Redwood Regional Park
Alameda Island
Alameda
O.co Coliseum
Bay Farm Island
San Leandro
検挙者
200
150
100
50
0
Map data ©2016 Google

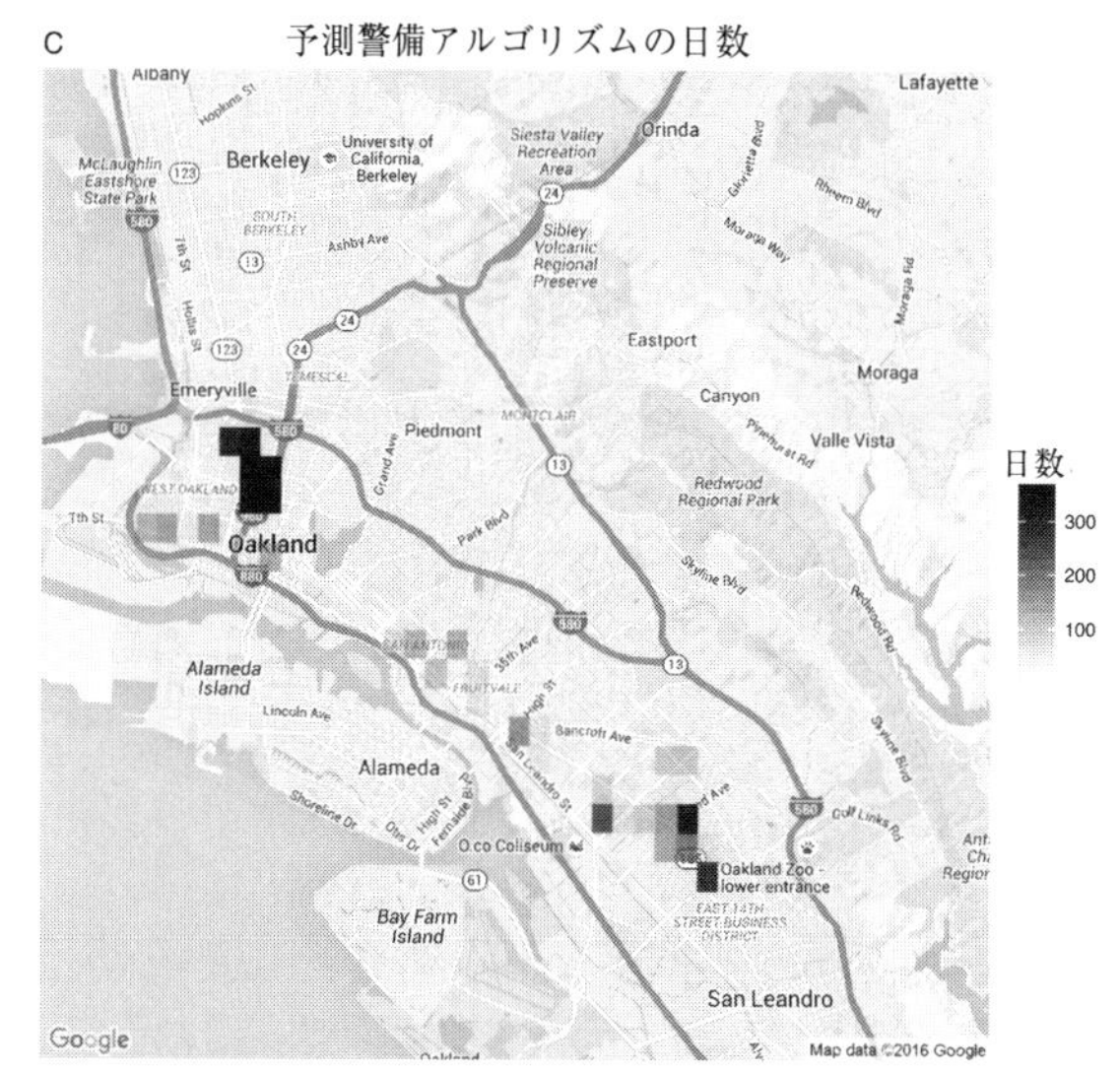

図 4.1　警察の予測アルゴリズムが犯罪データに埋め込まれたバイアスをどのように永続化させるかを示す、オークランドでの実証実験。(a) 薬物使用の推定値は市内全域にわたっているが、(b) オークランド警察は低所得者やマイノリティの地域で不平等に薬物検挙を行っていた。その結果、(c) 典型的な予測警備アルゴリズムは、市内のこれらの地域にのみ警察を派遣することになると考えられる。
（出典：Kristian Lum and William Isaac, "To Predict and Serve?," Significance 13, no. 5 (2016):17-18.）

て考えてみよう。犯罪が多いとされる地域をパトロールする際、多くの警察官が「軽度の犯罪者や犯行を利用した情報収集」へと戦術を変更していた。警察官たちは、彼らが「条例違反や不審な行動をしている」と思う人を呼び止めて、犯罪歴を調べるという行動を取ることが多くなったのである。そこで前科を持っていることがわかった人は逮捕されていった。[35]

　犯罪の発生箇所を正確かつ公正に特定していたかどうかにかかわらず、シュリーブポート市のモデルは関心地域での警察行為を活発化させ、疑惑を増大させたのだ。意図的なものではなかったとはいえ、こうした反応は驚くべきものではない。予測警備の要点は結局のところ、犯罪の発生箇所の特定にしかない。それによって警察官は、パトロールの際に「警戒心を強め」、巡回地域にいるすべての人々を潜在的な犯罪者として扱うようになる。[36]また、「ストップ・アンド・フリスク」のような慣習的な行為の中にも、人種的バイアスがあることを示す証拠が多数存在している。[37]違反行為や不審な行動をしたとして警察が呼び止める相手が、有色人種の若者ばかりになることは想像に難くない。結果として、投獄率が増加し、警察と地域社会の対立が激化することになる。

　ここに予測と政治の相互作用が見て取れる。犯罪の多い場所を正確かつ公平に特定するかどうかにかかわらず、予測警備アルゴリズムはどんな行動をとるべきかを決めるものではない。政府は、ほとんどの社会的無秩序に対処する責任を、警察に委ねることを選んだのだ。そして警察は、こうした地域に、より強い疑惑と兵士のような心構えを持って介入することを選んだのである。アルゴリズムをどのように開発し、活用するのかに関する一見技術的な決断は、我々が住みたい社会の種類に関する明らかに政治的な決断と必然的に絡み合う。警察行為を評価し、再考する必要があると同時に、警察行為におけるアルゴリズムの役割を評価し、再考する必要がある。都市が犯罪の発生箇所を知ることができるのなら、なぜ地域社会や被害者になりうる人と協力して福祉サービスを提供し、その地域を改善しようとしないのだろうか。[38] なぜ犯罪を監視し、犯罪者の処罰のために警察を送り込むことだけが対応策なのだろうか。

＊＊＊

「スマート」な取り締まりを支持する人々は、既存の行動を最適化することに夢中で、予測を使って何をすべきかについての答えを持ち合わせていないことが多い。それどころか、そうした疑問を投げかけすらしないのだ。取り締まりは、犯罪を減少させ、コミュニティを支援するための唯一の方法ではないし、まして最適な方法というわけでもない。警察学者のデヴィッド・ベイリーが説明するように、「警察は犯罪を予防するものではない」ということは、「現代生活の中で最も巧妙に隠されている秘密のひとつ」である。[39] 例えば二〇一七年に行われた研究では、積極的な取り締まり行為は「凶悪犯罪を不用意に助長する可能性がある」ばかりか、「積極的な取り締まり行為を抑制することで、重大犯罪を減らすことができる」ことが明らかになった。このことは、最も普遍的な（そして差別的な）警察行為のひとつをもってしても、犯罪を減らすという目的すら達成できないことを示唆している。[40]

警察は犯罪行為を抑止し、処罰するための手段と権限を有しているが、ホームレスの問題、精神衛生の問題、薬物問題、教育の行き届いていない孤立した地域の問題、仕事が限られているという問題など、彼らが対応を求められている問題の幅は広がり続けている。そのすべてに対処するには、警察の能力は十分ではない。これらの問題には、別の方法で対処したほうが良いだろう。

アメリカ自由人権協会（ACLU: American Civil Liberties Union）のジョン・チャスノフは、「犯罪がどこで起きるのかを把握し、対応されるのは困るという人は、理論的には誰もいないでしょう」と述べる。

「しかし、適切な対応とはいったい何なのでしょうか？〔企業の〕前提はこうです。『我々が犯罪を予測し、あなた方が警察を派遣する。』しかし、かわりにそのデータを利用して、財源を投入したとしたらどうなるでしょうか？」[41]

カンザス州ジョンソン郡（カンザスシティ都市圏の郡）に起きた出来事が、まさしくこれにあたる。話は今から数十年前の一九九三年、保安官、主席判事、地方検事のそれぞれが、新しい記録管理システムのために、郡長に資金の拠出を求めたときにまで遡る。ほとんど同じ内容の三つのソフトウェアに資金を出す気は郡長にはなかった。そこで、すべてのニーズを満たすことができる単一の記録管理システムを考え出すよう命令したのである。[42]

郡長の願いは叶った。彼らは協力して、逮捕から保護観察期間の終了まで、すべての刑事事件に関するデータが統合された情報管理システムを構築したのだ。二〇〇七年には、郡のヒューマン・サービス〔看護師やケアワーカー、ソーシャル・ワーカーが行うサポート〕に関するデータも、同じシステムに統合された。

加えてジョンソン郡は、精神疾患に苦しむ人々に対して、統合された医療を優先的に提供するための政策策定に長年を費やしていた。二〇〇八年には、地元の刑事司法システムの評価と福祉サービスの改善点の特定のために、政府横断型の刑事司法諮問委員会が立ち上げられている。委員会の最初の取り組みの一つは、精神障害に関わる事件に対応する警察を支援するべく、メンタルヘルスの専門家を雇用することだった。二〇一一年に郡内のある都市で開始されたこのプログラムは、精神疾患者の刑務所への収容数を減らし、福祉サービスへの紹介件数を三〇倍以上に増加させるという成功を納め、二〇一三年には他の都市にも対象を拡大している。[43]その後、ジョンソン郡の全ての都市の警察署に、メンタルヘルスの専門家を配置するための予算が充てられた。[44]

二〇一五年、ジョンソン郡での取り組みの成功がホワイトハウスの目にとまった。当時、米国最高技術責任者の上級顧問を務めていたリン・オーバーマンは、「データ駆動型司法イニシアチブ」を立ち上げようと、一部の司法管轄区に声をかけていた。そしてジョンソン郡にも、イニシアチブに参加してほしいと考えたのである。イニシアチブの目的は、刑事司法制度が抱える危機に対処するためのデータ活用にあった。未治療の精神疾患を抱えた人々が、暴力を伴わない軽微な犯罪を犯しただけで、地元の刑務所に収監されるという衝撃的な事態が頻発している。受刑者の三分の二は精神疾患を患っており、三分の二が薬物乱用に陥っている。またほぼ半数が慢性的な健康問題に苦しんでいる。[45] 彼らを収監するために、毎年数十億ドルが拠出されているのだ。

ほとんどのコミュニティが、薬物依存やホームレス状態を含む、人が抱える様々な困難に対処するためのサービスや連携を欠いている。それが精神疾患を持つ多くの人々が刑務所に送られてしまっている主な理由なのだ。数多くの組織がこうした人々にリソースを割いているにもかかわらず、それらは断片的で、個人を十分に支援し、安定させるまでには至っていない。[46] その結果、「アメリカ最大の精神保健福祉施設は、たいてい地域の刑務所になってしまうのです」とオーバーマンは説明する。[47] しかし、ここで警察や刑務所に頼るのは間違っている。それは制度的で複雑な問題に対して、罰則的な応急処置を行っているにすぎない。ある郡の保安官が言うように、「こうした問題は、私たちが逮捕や投獄で解決できる問題ではないのです。」[48]

オーバーマンは、コミュニティが最も弱い立場にある住民を見捨てる様を直に目の当たりにしてきた。マイアミ市の公選弁護人としてキャリアをスタートさせた彼女は、そこで「刑事司法制度が、精神疾患を持つ人々を助けるための準備をどれほど蔑ろにしてきたのかを、内側から見つめてきた」という。彼女の依頼人の多くが精神衛生上の問題で苦しんでいた。にもかかわらず、「彼らは必要な精神衛生サービスを得られていませんでした。その結果、彼らはしばしば数週間から数カ月の時間を刑務所で過ごすことになったのです。」[49] マイアミ市で精神疾患を患っている囚人の保護状態は、二〇一一年に司法省が「非人道的であり、違憲状態にある」と述べるほどひどい有様だった。[50] 若きオーバーマンにとって、教訓は明確だった。「システムは崩壊していたのです。」[51]

問題に対応すべく、マイアミ市は精神衛生に問題を抱える人々との接し方を変革していった。四年間で約一四〇〇万ドルに及んだ重度の精神疾患患者に対するサービスの利用者が一〇〇人に満たないことが明らかになったことから、マイアミ・デイド警察は、警察官と911の通信指令係を対象に、精神疾患患者との接触を和らげるためのトレーニングを実施したのだ。[52] 人道的な治療と、刑務所から福祉サービスへの転換に力を入れた警察署の取り組みにより、地元の刑務所の収容人数は四〇パーセント減少した。群は年間一二〇〇万ドルを節約し、刑務所をひとつ閉鎖することができた。[53]

オーバーマンは、マイアミ市での経験をホワイトハウスの科学技術局で活かすことになった。彼女には、精神疾患を持つ軽度な犯罪者を刑事司法制度から遠ざけ、治療に移そうとする全国のコミュニティを支援するためのプラットフォームが与えられた。彼女の目標は、精神疾患や犯罪歴を持つ人々が刑事司法制度と接触する〔犯罪に関わってしまう〕前に、統合された福祉サービスを積極的に提供することにあった。

彼女は、正確で機能的なデータを持っているかどうかが成功の鍵を握っていると考えていた。理論的には、ある人が逮捕されたかどうかと、精神疾患の治療を受けているかどうかを確かめるのは簡単である。データを組み合わせて、両方に出てくる名前を確認すればよい。しかし実際には、地方政府が所有する別々のデータセットを統合するという最初のステップでさえ、信じられないほど困難なのである。

地方自治体の行政機関が収集するデータは、分析よりも内部管理の目的（建設許可証の記録や救急車の派遣など）で使用されているのが一般的である。各部門はそれぞれの担当業務に集中しており、部門間のデータの共有にはあまり関心がないのだ。そのため、各部門の記録は縦割りに管理され、それぞれの目的に応じた最適な形で作成・管理されている。データを統合する上での官僚的な障壁は、サービスを連携させようとする機関にとって大きな盲点となっている。刑事司法制度を運営する機関は、「何人が精神疾患のスクリーニングで陽性と判定されたかを把握していない」し、行動療法の臨床医は、「クライアントが刑務所に収監されているかどうかを把握していない」[54]のである。結果として、行政機関はこうした弱者のニーズに応えることができていない。

ジョンソン郡がデータ駆動型司法イニシアチブの魅力的な先行事例になったのは、ひとえに統合されたデータセットが存在することの重要性ゆえである。ジョンソン郡は過去数十年を通じて、最初に統一された刑事司法情報管理システムを構築し、次にヒューマン・サービスのデータを統合するという意思決定を行ってきた。そのため、ほとんどの司法管轄区が持っていなかった重要な情報を有していたのである。

二〇一六年、ジョンソン郡はシカゴ大学の「社会善のためのデータサイエンスプログラム（Data Science for Social Good program）」と提携し、野心的なプロジェクトに取り組んだ。精神衛生上の問題や健康問題に苦しんでいる人々の中から、翌年に逮捕されるであろう人物を特定するというものだ。この情報を使えば、精神疾患を持つ人がこれ以上刑事司法制度と接触せずにすむようにするための、積極的な福祉サービスを提供することができる。その目的は、単に刑務所に入れられることを防ぐというだけでなく、そもそもそうした危機に陥らずに済むようにすることにあった。

シカゴ大学のチームが、そのための機械学習モデルを開発した。ジョンソン郡のデータには、一二万七〇〇〇人分の詳細な記録が含まれていた。データ・サイエンティストたちはジョンソン郡との話し合いを通じて、未来の逮捕を予測するための二五二の指標（年齢、犯罪歴、過去一年間の精神保健プログラムへの登録回数など）を特定した。彼らはまた、データ内の全員を、最近逮捕されたかどうかという基準で分類した。チームはこのラベル付けされた訓練データを使用して、それぞれの人物が翌年に逮捕される可能性を推定する予測モデルを開発した。[55]

アルゴリズムは、精神疾患を持つ人物が逮捕されやすい時期を示すいくつかの傾向を特定した。特に最もリスクの高い人々は、精神保健サービスの受診間隔が長くなっていたのである。このことは、福祉サービスから早々に脱落することによって、刑事司法制度に抵触してしまうリスクが高まることを示唆していた。モデルはこれらの洞察に基づいて、こうしたプロセスをたどっている人物を自動的に検出し、〔福祉サービスから〕こぼれ落ちる前にジョンソン郡が介入することを可能にした。

遡及的分析によって、ジョンソン郡の人々にこのモデルがどれだけ役立つのかが明らかになっている。二〇一五年に逮捕されるリスクが最も高いと推定された二〇〇名のうち、一〇二名が実際に刑務所へと収監されていた。ジョンソン郡がこの高リスクな集団に積極的に働きかけていれば、彼らの半分は刑務所に入らずに済んだかもしれないのだ。この予測的アプローチの影響は計り知れない。一〇二名分の投獄が予防できていれば、累積で約一八年分の服役期間が短縮されたのに加え、約二五万ドルが節約できただろう。[56]

ジョンソン郡のデータスペシャリスト、スティーブ・ヨーダーは、シカゴ大学と共同でこのプロジェクトに取り組んだ人物だ。彼は、精神衛生上の問題で定期的に刑務所に収監される人が非常に多いという事実に対して、最初は懐疑的だったと記憶している。しかしデータに目を通してみると、モデルが出力したリストの中には、過去六カ月間で六回も刑務所に収監された人物がいた。彼はそのことに特に心を打たれたという。

「日常的にこのような経験をしていない人にとっては、想像もつかないことです」と彼は説明する。しかし、数字を再度確認した後、彼はこの問題が本当に深刻であることを悟った。「これは現実です。〔数字の〕背後には人間がいます。本当に対処しなければならない、何か危機的な状況が生じているのです。」[57]

ジョンソン郡はこのモデルを福祉サービスのアウトリーチ指針として導入することを目指し、シカゴ大学と協力して、リスクの高い個人を年単位ではなく月単位で予測しようとしている。一方、データ主導型司法イニシアチブは拡大を続けている。オバマ政権末期、この構想はローラ・アンド・ジョン・アーノルド財団に引き継がれた。[58] ロサンゼルス市からソルトレーク郡、ニューオーリンズ市からハートフォード市に至るまで、全国で一五〇以上の司法管轄区が、より積極的で効果的な福祉サービスを提供するために、これまでバラバラだったデータセットを組み合わせ始めている。[59]

「私はこれを信じているのです」ヨーダーは述べる。「私たちはまだ、データの表層を探り始めたにすぎない。そう思っています。」

＊＊＊

ジョンソン郡の取り組みが注目に値するのは、郡の刑事司法コーディネーターのロバート・サリバンが述べるように、「人々は生活の中で様々な困難を抱えており、時にはそれが刑事司法制度と接触する原因になる」という理解から出発しているからだ。こうした認識があるからこそ、行政機関に実質的な変化が生みだされる。ジョンソン郡では、予測を運命づけられたものとして扱うのではなく、予測に基づいた予防的な介入によって、その結末を変えてゆく。「私たちは、みなさんが刑事司法制度のいかなる部分とも関わりを持つことがないようにしたいと思っています。」サリバンは述べる。「だからこそ、私たちはこうした予測結果にとても期待しているのです。」

唯一可能な社会変革は、データとアルゴリズムを使用して、警察による取り締まり行為をより効率的にすることであるというテック・ゴーグル越しの世界観。ジョンソン郡の視点は、これとは全く対照的である。PredPolは、そのウェブサイトで説明しているように、警察が「限られた資源をより効果的に配分できるようにすること」[60]を自らの中心的な使命としている。この論理でいくと、スマート・シティとは、犯罪者を捕まえ、犯罪率を下げるために、従来の方法にテクノロジーを加えたものということになる。

しかし、公正な都市を作るということは、効率的な犯罪の防止を念頭に置いて、典型的な警察行為を最適化すること以上の行為を意味するものだ。例えば警察という仕事は、数多くの、そしてしばしば相反する目標を持つものである。それは数字や計算式に集約できるものではない。「警察の成功度合いを、真に意味ある包括的な方法で測るのは困難です。」デヴィッド・ロビンソンは述べる。「警察は合法な社会を維持しようとしています。犯罪を抑止しようとしています。起きてしまった犯罪を捜査しようとしています。彼らが見守る人々の生活を脅かすことなく、社会秩序を作り出そうとしています。犯罪率は、警察の総合的な成功度合いの尺度としては、あまりに貧弱な代替品なのです。」

予測モデルに警察行為の複雑さを取り入れることを怠ると、悲惨な結果がもたらされかねない。交通の流れを最適化するアルゴリズムが歩行者のニーズを見落とすように、犯罪率の低下に最適化した予測警備モデルは、警察の他の責任や、コミュニティが掲げる他の目標を無視してしまう。フィッシングメールに特化したスパムフィルタでは、他の種類の迷惑メールの特定に手こずってしまうのと同様に、ホワイトカラー犯罪よりも薬物犯罪に重点を置いた犯罪予測では、マイノリティの住む地域に不当に大きな標的が設定されてしまう。どのような要因で刑事司法制度と接触することになるのか、それに対してどのような戦術をとることができるのか。ジョンソン郡が行ったように、これらを包括的かつ思いやりのある形で理解することから始めることによってこそ、アルゴリズムは真に公正な都市を生み出すことができるのである。

しかしエンジニアには、世の中の複雑さをとらえた包括的なアプローチを考えるかわりに、自分たちのモデルの単純な想定に合った社会像を採用する傾向がある。ペンシルベニア大学で統計学と犯罪学の教授を務めるリチャード・バークは、データを使って犯罪を分析することにそのキャリアを費やしてきた。彼が手がけるプロジェクトに、再犯を犯す可能性が高い人物を予測することで、裁判官が仮釈放する受刑者を決めるのを支援するというものがある。彼はこの作業を次のように表現している。「私たちの目の前に、ダース・ベイダーとルーク・スカイウォーカーがいます。しかし、どちらがどちらなのかはわかりません。」[61] 作業の目的は、ベイダーとスカイウォーカーを見分けることなのだ。

わかりやすくアルゴリズムの仕組みを説明するこの解説は、社会を単純化しすぎている。あなたは、ダース・ベイダーに実際に会ったことがあるだろうか？　我々の中の、誰がルーク・スカイウォーカーにあたるのだろうか？　宇宙を破壊しようとする人間と、宇宙を救うために命を懸ける人間に、世界を二分することはできない。こうした単純な考え方の誤りを、彼の例えは知らず知らずのうちに浮き彫りにしているのである。ある評論家はこう記している。「バークは『スター・ウォーズ』を全部見ていないに違いありません。ダース・ベイダーというキャラクターは、紛れもない悪人ではないのです。最初は無邪気な少年でした。悲惨な状況の中で成長していっただけなのです。」[62] バークは、なぜ人々がある決断をしたり、ある状況に陥ったりするのかを問い、彼らの状況が好転するよう働きかけるのではなく、人々は基本的に善か悪のどちらかであり、我々の仕事は単に誰を罰するのかを決めることだと仮定している。どうやら我々にできることは、アルゴリズムが定義するバイナリ表現〔「0」と「1」の組み合わせによるデータ表現〕に従うことだけのようだ。

バークの最も野心的な取り組みのひとつに、生まれたばかりの赤ん坊が一八歳になる前に犯罪を犯すかどうかを、どこに住んでいるのか、誰が親なのかといった情報から予測するというものがある。[63] 彼はノルウェーで研究を始めている。しかし、もしアメリカで同じアプローチを取れば、逮捕されるかどうかをそれなりの精度で見分けられる機械学習モデルが作れるであろうことは間違いない。政府の報告書によれば、二〇〇一年に生まれた男の子のうち、黒人は三人に一人が生涯のどこかの時点で刑務所に入ることになると推定されている。これに対して、白人はたった一七人に一人だ。[64] すでにこうした厳しい現状を示す統計がある以上、誰が逮捕されるのかを予測するのに、なにも最先端のアルゴリズムは必要ではないのである。

だが、ある結果を予測できるからといって、その結果が必然的なものであるとか、公正なものであると考えるべきではないだろう。モデルで赤ん坊の将来の犯罪行為が予測できるのは、社会における正義と機会の大きな不平等が反映されているからであり、特定の人物の先天的な性質からくるものではない。アフリカ系アメリカ人はこの一世紀の間、政府による教育や住宅への融資プログラムから排除されたり、麻薬戦争〔麻薬取り締まりを目的とした米国の一連の政策〕を通じて刑務所に送り込まれるなど、大きな不公平に晒されてきた。[65]

これらの行為によって生じた教育、資産、犯罪における大きな格差は、必然的なものではなく、社会的に構築されたものである。生まれた瞬間に将来犯罪者になるかどうかを特定するアルゴリズムを提案することは、現状の社会を自然で適切な状態だとして受け入れることである。それは事実上、公平性と社会正義のための戦いは不要だというレッテルを貼ることと同じだ。

ＩＢＭの「ドメイン・アウェアネス・システム〔監視カメラなどを用いた犯罪予測システム〕」に関する二〇一二年の広告が、同じような視点から描かれている。このＣＭには、夜の街中を運転する二人の白人男性――通称「警官」と「強盗」――が登場する。警察官のナレーションは次のように始まる。「私の仕事は逮捕がすべてだと思っていました。悪いやつらを追いかけることだと。今は違う見方をしています。犯罪データを分析し、パターンを見つけ、どこをパトロールをすべきか考える。それが私たちの仕事です。」そうしてコンピュータのアドバイスを頼りにコンビニエンスストアにたどり着いた警官が、ちょうど盗みを働こうとした男を間一髪で阻止するのだ。[66]

魅力的なストーリーではあるが、ＩＢＭの広告は予測警備ソフトウェアがいかに警察と犯罪の単純化された概念に依存しているのか、またそれを助長するものであるのかを示している。犯罪を犯す「悪人」と、それを逮捕するのが仕事の警察（暗黙の「善人」）が存在するという社会のルールが、警察官の最初のふたつの発言によって設定されているのだ。この物語に描かれているのは、さきほどとはまた別の、ルーク・スカイウォーカーとダース・ベイダーの対決である。しかし、それぞれの人物がどのようにしていまの役割を担うようになったのかを説明するバックストーリーは描かれていない（その必要はないのだろう）。ＩＢＭの広告は、アルゴリズムの性能を誇張しているだけでなく――描かれている精度に近いレベルで大規模に犯罪を予測できるシステムは存在しない――、犯罪や取り締まりの根底にある社会的・政治的な力学をすべて無視している。この寸劇に描かれている社会には、貧困も、人種隔離も、ストップ・アンド・フリスクも存在しない。実際、登場人物は全員白人で、人種的な多様性はまったくない。こうして我々は、安易で悪質な結論に陥ってしまう。「悪人」がいる以上、犯罪は必然的な現象であり、必要な情報を持った警察がいなければ防げないのだから。

テック・ゴーグル・サイクルが、この悪質な論理を強化している。第一に我々は、警察行為を、犯罪を防ぐために警官を配置するという純粋に技術的な問題だと考えている。現在の警察のやり方が社会的混乱への対応に適しているかどうかを評価するのではなく、予測警備アルゴリズムを導入して、警察行為をわずかに調整するのである。テック・ゴーグルが、データやアルゴリズムの周囲に客観性という蜃気楼を作り出す。予測警備のような技術的なアプローチは、社会問題に対する価値中立的な対応だと解釈される。社会の複雑さを完全には捉えられない——捉えることはできない——近視眼的なモデルを正当化するために、我々は社会に関する理論をモデルが描く世界に合わせてしまう。警察や裁判所は、住民を善人と悪人に区別し、投獄が犯罪に対する唯一の対応策であるという考え方にさらに固執するようになる。

こうした枠組みの中で導入された場合、機械学習は社会正義に対して（良くて）無効果、（最悪の場合）逆効果のツールになってしまうだろう。ケンブリッジ警察局の家宅侵入パターン検出アルゴリズムについて、もう一度考えてみよう。このアルゴリズムは、まさにＩＢＭの広告が描いたような犯罪の防止を動機としている。警察が手にした犯罪予測ソフトウェアの最良のシナリオを示すものと言えるだろう。よりよい捜査と家宅侵入の防止は、広く恩恵をもたらすはずだ。ケンブリッジ警察局は、警察の手で比較的確実に報告・記録されている空き巣事件に関するデータのみに依拠している。さらに、彼らのアルゴリズムは、過去にさかのぼって調査を行い、対象となるパターンを検出することを主な目的としている。犯罪を未然に防ぐために、警察がどこをパトロールするかを指示するPredPolのようなソフトウェアとは、明確に異なるものである。「地域社会に踏み込んで、全員を呼び止めるというのは絶対に間違ったアプローチです。」ワーグナーは述べる。「それが警察行為の問題であり、これらのツールの問題なのです。」

しかし、ケンブリッジ警察局の取り組みでさえ、予測警備に関する他の試みと同様、問題を解決することと、本当に解決する必要のある問題とのギャップに苦しんでいる。テクノロジーを重視するあまり、警察の問題は、将来、いつ、どこで犯罪が発生するのかに関する情報が不足していることが原因だと考えている人が多い。これは、（少なくとも原理的には）新しいテクノロジーで解決できる問題である。しかし、アレックス・ヴィタールが『警察行為の終焉（*The End of Policing*）』の中で論じているように、「問題は警察の訓練でも、警察の多様性でも、警察のやり方でもない。（…）問題は、警察行為そのものなのである。」ヴィタールは、そのルーツから現代に至るまでの警察の歴史を辿りながら、次のように結論づけている。「アメリカの警察は、その善意とは裏腹に、深く根付いた不平等を維持するツールとして機能しており、貧しい人々や社会的に疎外された人々、白人以外の人々に対する構造的な不正を生み出している。」[67] 警察の能力を改善するために、都市が新しいテクノロジーを利用する必要はない。むしろ必要なのは、警察の目的、慣習、優先順位を根本的に見直すことなのだ。

警察の手にかかれば、公平で処罰的ではない目的を意図したアルゴリズムであっても、歪められたり、悪用されたりする可能性がある。基本的な性能がなんであれ、あらゆるテクノロジーは、それを使う人や組織によって形作られる。都市が警察の中核的な機能や価値観を変えない限り、たとえ警察が公正で正確なアルゴリズムを使ったとしても、差別的で不当な結果を助長する可能性が高いのである。

例えばシカゴ市では、暴力を減らすために考案されたアルゴリズムが、警察の管理を経て、監視と犯罪化のためのツールに姿を変えてしまっている。社会学者のアンドリュー・パパクリストスは、銃犯罪が社会ネットワークの中でどのように形作られるのかを明らかにした自身の研究をふまえ、[68]高い銃撃リスクに晒されている人々を福祉事業者が特定することを求めた。将来の暴力を防ぎ、その影響を軽減するためだ。シカゴ警察はこの知見を基に、銃による暴力に関与する可能性が高い人々を特定するためのアルゴリズムを開発した。この「戦略的対象者リスト（SSL: Strategic Subjects List）」の本来の目的は暴力を防ぐことにあった。しかしSSLは監視のツールとしてひろく利用されており、有色人種が不当に標的にされていると多くの人が考えている。[69]ランド社は、SSLは「銃による暴力を減らすことに成功したとは思えない」と結論づけた。「SSLに登録された個人は、［シカゴ警察にとっての］『参考人』と見なされ」、逮捕される可能性が増していたのである。[70]パパクリストスでさえ、自身の研究のこうした応用の仕方を批判している。彼はシカゴ・トリビューン誌にこう記した。「警察主導の取り組みに内在する危険性のひとつは、ある程度は、いかなる取り組みであっても犯罪者を重視したものになってしまうことにあります。」

スマート・イナフ・シティは、データ駆動型司法イニシアチブにあわせて、警察の手から機械学習を取り上げ、社会的無秩序に対処するための非懲罰的・更生的なアプローチを開発しなければならない。ワーグナーが、まさにこのような変革を提唱している。「刑事司法制度は、最終的に人々を刑務所に入れてしまいます。そこは治療の場として適切とはいえません。彼らに必要なのは、精神衛生や薬物乱用に対する福祉制度なのです」と彼は言う。

ワーグナーは、アルゴリズムには果たすべき役割があると確信しているものの、その使い方に関しては批判的に考えなければならないとも主張している。「銃撃に巻き込まれる危険性がある人物を特定するために、社会ネットワークを利用する価値はあると思います。しかしシカゴ市は、ＳＳＬの導入に失敗してしまいました。それは容疑者への監視を増やすためのものであって、その人物が引き金を引いたり、撃たれたりするのを本当に防ぐためのものではなかったのです。もし彼らが同じツールを使い、コミュニティともっと連携していたなら、結果はまったく違ったものになっていたでしょう。」[71]

＊＊＊

スマート・シティが約束する進歩の多くは、データ分析と機械学習アルゴリズムに依存している。ひろくあまねく利益がもたらされるとされているものの、これらの技術では、歴史的な政治体制や現在の政治体制を超えてゆくことはできない。

第一に、これらのモデルを構築するために使用されるデータは、ゆるぎない真実を示すものではない。データには社会的に生み出された結果に関する情報が埋め込まれており、通報行為や情報収集業務によって形作られている。３１１アプリや警察のデータの例が示すように、我々があるひとつの事柄（道路の穴や犯罪）に関するデータだと思っていたものが、実際には全く異なる事柄（サービス要求の傾向や警察の活動）に関するデータであることはよくあることである。機械学習が過去のデータに依存しているとすれば、アルゴリズムが実際に何を予測しているのかについては批判的であるべきだし、それを自治体の運営方針を決めるために使用するのにはためらいを持つべきだ。

データのバイアスよりも重要なのが、アルゴリズムに埋め込まれた政治性である。アルゴリズムの設計は技術的な作業のように思えるが、その選択は大きな社会的・政治的影響をもたらす可能性がある。中立的な価値としての効率性を約束するアルゴリズムに、既存の制度や権力構造の優先順位が反映されてしまっていることがあまりにも多い。さも中立的なこのモデルは、地域の福祉を福祉サービスを活用して向上させるといった代替的な目標よりも、犯罪率を減らすという警察の効率性を優先する。これにより、社会的混乱への対応策としての警察の役割はさらに強固なものとなる。これはかつてないほどの政治的決断である。予測警備によって差別的な影響がもたらされる可能性が高いのは、アルゴリズム自体にバイアスがかかっている可能性があるからという理由だけではない。すでに差別的なシステムの歯車に油を差し、円滑に作動させるために、アルゴリズムが導入されているからでもあるのだ。

機械学習の導入を急ぐかわりに、次のように問いかける必要がある。予測アルゴリズムの助けを借りて、どのような目標を追求すべきだろうか？　生み出された予測に対して、どのように行動すべきだろうか？　どのようにすれば、予測の対象となっている問題の発生確率を下げられるように、社会的・政治的条件を変えることができるのだろうか？　あらゆる機械学習の応用が、必然的に偏っていたり、悪意があったり、役に立たなかったりするわけではない。しかし機械学習から利益を得るためには、アルゴリズムをどのように設計し、何を達成するために何を整備すべきかを、技術的な用語ではなく、政治的な用語で議論する必要がある。

刑事司法制度には、論争を呼ぶような複雑な政治的意思決定が常に関わってきた（自治体統治に関わる他のあらゆる側面については言うまでもない）。しかしこのような決定を下すためにテクノロジーを使用することの危険性は、それらを政治的な熟考を必要としない技術的な問題だと誤認してしまうことにある。加えて、テクノロジーを唯一の変数として扱えば、テクノロジーが改善するとされている政策や慣行について、それらを改革する可能性が見えなくなってしまう。予測警備が警察の新たな科学的アプローチとして歓迎されるとき、警察が何を優先すべきか、社会における警察の役割はどうあるべきかという難しい選択から、我々の注意がそらされることになる。アンドリュー・ファーガソンは、「予測警備は、既存の慣行を正当化しながら、過去の虐待を繰り返す方法を提供しているように思える」と述べている。[72]

アルゴリズムという光沢をまとうことで、従来のやり方が実際よりも革新的で魅力的に見えてしまう。テック・ゴーグルを通して見ることで、古い慣習に新しいテクノロジーを適用することが進歩であると誤解してしまう。しかし、警察による制度的な差別と福祉サービスの衰退に対する技術的な解決策など存在しない。より実質的な改革が必要とされているのだ。ジョンソン郡の取り組みが効果的だったのは、既存の警察業務を最適化するアルゴリズムを発見したからではない。精神疾患問題に対処するための戦略を策定した上で、介入の必要性を知るために必要なデータインフラを構築し、十分なリソースを投入したからである。ロバート・サリバンは、予測警備によって約束された即効性のある解決策に飛びつく人々とは異なり、刑事司法と精神疾患のシステムを改善するためには「何年にもわたって漸進的なプロセスを踏んでいくこと」が必要だと強調している。第6章で詳しく論じるように、テクノロジーによってもたらされたように見える社会の進歩も、実はこうした長期的な計画への努力や、非技術的な政策改革に依拠しているのだ。

しかしその前に、次の章では、行政におけるデータやアルゴリズムの利用が、技術的というよりも政治的なプロジェクトであるということについてさらに掘り下げる。またこれらのテクノロジーの利用が民主主義と公平性を促進することを保証するために、都市がどのようにこれらのテクノロジーを管理すべきなのかを検討する。

5 責任ある都市

テクノロジーによる非民主主義的な社会契約を回避する

テクノロジーがもたらす社会的影響は、テクノロジー単体で決まるのではなく、はるかに多くの外的な要因によって決まる。本書を通じて、我々はそのことを明らかにしてきた。社会的・政治的条件が、テクノロジーの生み出す成果を制約すること。同じようなテクノロジーが人によって異なる結果を生み出してしまうこと。機械学習モデルが、偏見や差別の過去を反映したデータから洞察を得てしまうことなどである。テック・ゴーグルはこのような要因を見落とすことで、意図していない、望ましくない社会的な結果を生み出すスマート・シティ技術の採用を後押ししてしまう。

本章ではさらなる議論の要素として、「アーキテクチャ」と呼ばれる、テクノロジーの技術的・政治的な取り決めについて紹介する。アーキテクチャに関連する問題は、テクノロジーの目的や成果――このアルゴリズムは何をすべきなのか？　このアルゴリズムは正確か？――を超えて、その構造をも含むものとなる。このテクノロジーは、いかなる手段で目的を達成すべきなのか？　誰がそれを制御すべきなのか？　どのようにして対価を支払うべきなのか？

これらの問いに対する回答は、いずれも大きな影響を及ぼす可能性がある。テクノロジーによる社会的・政治的な関係性の構築は、テクノロジーが提供する機能よりもさらに重大なものになりうるのだ。したがって、新しいテクノロジーを開発・採用する際には、「その〔技術〕システムを構築することによって、暗に形作られる社会契約について検討しなければならない。」そうラングドン・ウィナーは主張している。「私たちの社会は、社会工学的なシステムを次々に採用することによって、政治哲学者たちが人間同士の秩序について問いかけてきた、最も重要な問いのいくつかに答えているのだ」と彼は指摘する。「プラトンとアリストテレスは、政治社会の最良の形態とは何かという問いを投げかけた。」いま我々は、「我々が構築したい社会に適合するのは、どのような形態のテクノロジーなのか」と問う必要がある。[1]

現代の都市に導入されるテクノロジーは、我々がそれを認識しているかどうかにかかわらず、次の世紀の社会契約を決定する上で重要な役割を果たすことになるだろう。現在のところ、スマート・シティのアーキテクチャは根源的に非民主主義的である。多くのテクノロジーが、個人のデータを収集し、民間所有の不透明なアルゴリズムを使うことで、人の人生を左右するような決定を行っている。その過程で、大きな情報と権力の非対称が生み出されているのだ。政府や企業の立場は、監視や分析の対象となった人々よりも有利なものとなる。そうして社会に、無力感や抑圧感が醸成されてゆく。スマート・シティは、監視、企業利益、そして社会統制を強めるための秘密の道具になっているのである。

新しいテクノロジーの活用を望む都市政府は、テクノロジーを構造化する際に、責任ある監視役として、また公共の管理者として、公平性と基本的権利を守るために行動しなければならない。スマート・シティは、スマート・シティが提示する不愉快な妥協案を受け入れる必要はない。より民主的なアプローチによる、テクノロジーの活用は可能なのだから。

高速なインターネットへの公平なアクセスは、民主主義社会の必需品となった。インターネットにアクセスできなければ、仕事に応募したり、医療にアクセスしたり、他の人とつながったりすることは、不可能ではないにしても非常に困難である。しかし、インターネットの高額な契約料金のために、低所得者や低所得世帯の多くが信頼できるブロードバンド環境を手に入れられていない。例えばデトロイト市では住民の四〇%がブロードバンドを利用できない状態にある。[2] ニューヨーク市では二三%だ。[3]

二〇一六年、ニューヨーク市は、あらゆる都市の手本となるようなデジタル格差の解決策を発見したかのように見えた。LinkNYCは、市内の至る所に設置された七五〇〇台以上のインターネット接続されたキオスクを通じて、無料の公衆Wi-Fiを提供するプログラムである（二〇一八年一一月現在、一七四二台が設置されている）。[4] プログラムの立ち上げにあたり、ビル・デブラシオ市長はこう宣言した。「LinkNYCは、不平等を正し、すべてのニューヨーカーが二一世紀の最も重要なツールにアクセスできるようにするという目標に、私たちを少し近づけてくれたのです。」驚くべきは、行政がこのサービスの提供に一セントも支出していないということだろう。事実、ニューヨーク市はこのプログラムが、二〇二五年までに五億ドル以上の歳入を市にもたらすと予想している。[5]

この取り組みは、多くのスマート・シティ技術と同様、重要な社会問題に対して、善意による技術的な解決策を提供しているかのように思える。しかしLinkNYCという仕組みの裏には、ずっと陰湿な現実が潜んでいるのだ。

＊＊＊

LinkNYCのメリットと財政的な謳い文句は、どこか都合が良すぎるように思える。では、このプログラムの運営費はどのようにして調達されているのだろうか？　これらのキオスクは、アルファベット（グーグルの親会社）の子会社であるサイドウォーク・ラボ（Sidewalk Labs）によって所有・運営されている。同社はサービスを利用するすべての人のデータを収集し、収益化することによって、この取り組みの費用を賄おうと計画しているのである。サイドウォーク・ラボの創業者でCEOのダン・ドクトロフが、二〇一六年に一般聴衆に向けて語ったように、同社は「大儲け」を期待している。[6]

LinkNYC のキオスクにはセンサーが搭載されており、Wi-Fi ネットワークに接続するあらゆるデバイスから、膨大な量のデータを集めている。位置情報やオペレーティングシステムだけでなく、MACアドレス（インターネット接続を補助するための、デバイス固有の識別子）もその対象だ。[7] サイドウォーク・ラボは、これらのデータは単なる「技術情報（Technical Information）」だと主張している。しかしその一方で、氏名やメールアドレスといった「個人識別可能情報（PII: Personally Identifiable Information）」も収集しているのである（ネットワークへの接続の際に要求される）。[8] 同社の区別は、PIIが含まれているかどうかにのみ焦点を当てる、既存のプライバシー基準に従ったものだ。PIIとは、名前、住所、社会保障番号など、それだけで個人を特定することができる情報を指す。PIIを含むデータは機密情報とみなされ、PIIを含まないデータは機密情報とはみなされない。[9]

人間の目からすれば、これは理にかなった区別だ。結局のところ、MACアドレスは一二桁の英数字にすぎない。機械で処理された、解読不可能な文字列のように思える。しかし、データに氏名が含まれておらず、解読が困難だからといって、人物に関する情報が存在していないというわけではない。たしかに、たったひとつのデータ――ある時間、ある場所の携帯電話に紐づいたMACアドレス――だけでは、持ち主の身元や機密情報が明らかになることはないだろう。しかし、収集された何百万ものデー

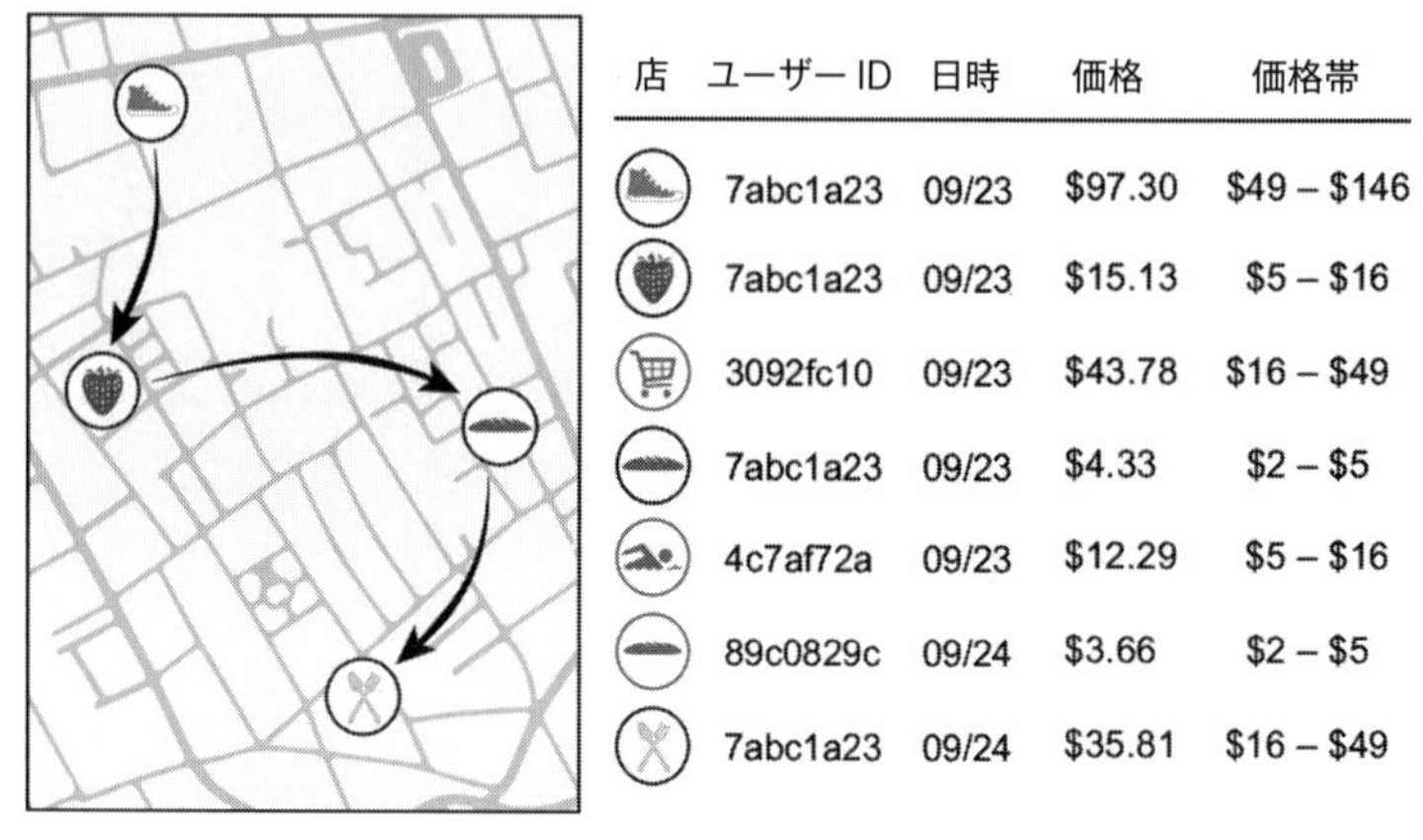

店	ユーザー ID	日時	価格	価格帯
	7abc1a23	09/23	$97.30	$49 – $146
	7abc1a23	09/23	$15.13	$5 – $16
	3092fc10	09/23	$43.78	$16 – $49
	7abc1a23	09/23	$4.33	$2 – $5
	4c7af72a	09/23	$12.29	$5 – $16
	89c0829c	09/24	$3.66	$2 – $5
	7abc1a23	09/24	$35.81	$16 – $49

図 5.1　個人識別可能情報（PII）を含まないにもかかわらず、個人に関する情報を含んでいる行動データの典型例。ある人物に関連する記録を全て調べることで、その人物の行動を推測することができる。上の地図は、ユーザー ID「7abc1a23」が割り振られた人物の行動を表している。
（出典：Yves-Alexandre de Montjoye, Laura Radaelli, Vivek Kumar Singh, and Alex "Sandy" Pentland, "Unique in the Shopping Mall: On the Reidentifiability of Credit Card Metadata," Science 347, no. 6221 (2015): 537. Reprinted with permission from AAAS.）

タを、最新の分析技術と組み合わせれば、データから人々の動きを追跡したり、生活の様子を推測したりすることができるのだ。

それぞれの記録単体では問題ないように思えても、データを集めさえすれば、高い精度の情報がもたらされる。人の行動は驚くほどに個別的だからだ。大規模に収集されたデータは、こうした〔人間の行動の〕特徴を捉えてしまう。コンピュータ科学者のイヴ＝アレクサンドル・ドモンジョイが、この現象を実証する研究を行っている。研究は、一〇〇万人以上を対象とする携帯電話の位置情報とクレジットカード取引が納められた、ふたつのデータセットの分析によって行われた[10]。ドモンジョイらは、データセットにはPIIが含まれていなかった——匿名化された識別情報（MACアドレス）が納められていただけだった——にもかかわらず、個人を特定し、その行動の多くを知ることが可能であることを明らかにした。驚くべきことに、どこにいたか、いつそこにいたかを示すデータを四つ揃えるだけで、実に九〇%以上の人々を一意に識別することができたのである。

ドモンジョイの分析は、粒度の細かい行動データが持つプライバシー上のリスクに対して新たな光を当てるものだ。しかし、匿名データから人々に関する多くのことがらが明らかになったのはこれが初めてではない。一九九七年、マサチューセッツ州のウィリアム・ウェルド知事が、研究を目的に州職員の医療記録を公開した時のことだ。彼は情報の匿名化を約束していた。しかし数日後、ウェルドのもとに手紙が届く。その手紙に記載されていたのは、公開されたデータから抜粋された彼自身の健康記録であった。[11] その封筒は、当時マサチューセッツ工科大学の大学院生だったラターニャ・スウィーニーから送られたものだった。彼女は医療記録と公開されている有権者リストを、両データセットに含まれる情報（生年月日など）を使って照合することで、ウェルドのファイルを特定したのである。[12]

他の多くのデータセットも、同じような再特定のリスクを抱えている。二〇一三年、ニューヨーク市が地元のタクシー移動に関する匿名データを公開した時のことだ。あるデータサイエンティストが乗車と降車のパターンを分析し、マンハッタンのストリップクラブの常連客数名の名前を特定してしまったのである。[13] 同じ方法で、モスクで祈りを捧げる人、夜遅くまで働く人、ゲイバーを訪れる人、化学療法を受けている人などを特定することができる。別のデータサイエンティストは、ロンドンの自転車シェア事業における同様のデータを使用して、複数の個人の移動パターンを明らかにし、彼らがどこに住んでいるか、どこで働いているかを推定して見せた。[14]

こうした危険性は、匿名化されたはずのデータから、個人のアイデンティティや行動が明らかになってしまうことだけに留まるものではない。データと人工知能を組み合わせれば、データセットに明示的に含まれていない大量の個人情報を推測することが可能になる。例えば、あなたがどこに行ったことがあるのかに関する詳細な情報があれば、あなたが誰と知り合いなのか、次にどこへ行くのかを予測することができる。[15] 機械学習アルゴリズムは、インスタグラムに投稿された写真をもとに、その人がうつ状態にあるかどうかをアルゴリズムで検出することができる。[16] フェイスブックの「いいね！」などの、一見日常的な行動に関するデータは、性的アイデンティティ、人種、政治的所属、さらには両親が結婚しているかどうかまでも明らかにすることができる。[17]

アルゴリズムが、匿名で無害なはずのデータを使って個人を特定し、分析する可能性があるということ。それは市民に対するLinkNYCの著しいプライバシー侵害を浮き彫りにするだけでなく、それを可能にしている定義上のトリックをも明らかにしている。サイドウォーク・ラボは「技術情報」を匿名の情報かのように見せかけているが、実際にはそれは、同社が堂々と保護を約束している「個人識別情報」よりも、はるかに機密性の高い情報なのである。言い換えれば、LinkNYCのプライバシーポリシーは、「何かを約束していると思わせておいて、実際には何でもできるようになっている」[18] のだと、ある弁護士は述べる。同社の動機は利益だ。データが詳細であればあるほど、サイドウォーク・ラボは収益化が可能になる。

プライバシー上のリスクを認識した多くのニューヨーカーたちが、LinkNYCに対する懸念を表明している。[19] ニューヨーク市民自由連盟の常務理事はこう述べる。「無料の公衆Ｗｉ‐Ｆｉはこの街にとってかけがえのない資源になり得るものです。しかしニューヨーカーは、そこにあまりに多くの制約がかけられていることを知る必要があります。」[20]

こうした広範なデータ収集とそれに伴う情報が、社会を脅かす方法には二つの種類がある——プライバシー研究者のダニエル・ソローヴは、『デジタル人間（*The Digital Person*）』の中でそう指摘している。最も懸念されるのは広域監視である。政府や企業があなたのあらゆる行動を監視し、秘密を暴露する。赤信号を無視した人全員を捕まえることさえできるようになるといったものだ。こうした懸念は、ジョージ・オーウェルの一九四九年の小説『一九八四年』に登場する全体主義的な政府、「ビッグブラザー」のイメージから生まれた、プライバシーに関する根強い文化的観念から来るものである。あらゆる人々の生活の、最も個人的な領域を監視し、ささいな反対意見でさえも罰することで、ビッグブラザーは社会の行動をコントロールする。オーウェルの影響を受けた我々は、プライバシーについて考える際、一般的に「秘密のパラダイム」に従っているとソローヴは記している。自分の秘密が監視されたり、暴露されたりする時に、プライバシーが侵害されるという考え方だ。これによって人々は（「萎縮効果」によって）自己検閲を行ったり、それがもたらす結末を黙認したりしてしまう。[21]

『一九八四年』が掻き立てる恐怖は、プライバシーが市民の自由を維持するために不可欠である理由の多くを捉えている。活動家のディレイ・マッケソンは次のように説明する。「政府には、反対意見を封じ込めるために、活動家を監視してきた長い歴史があります。ほとんどの人がかなりのデジタル・フットプリント〔SNSへの投稿や作成したアカウント、ウェブサイトの閲覧履歴など、インターネットの利用を通じて残される個人記録の総称〕を残すようになった現代においても、同じ行為が見られるのです。」[22] 例えば一九六〇年代のFBIは、脅しや嫌がらせのために、キング牧師のような公民権運動家を重点的に監視していた。[23] 連邦政府や地方の法律執行機関はこの歴史を繰り返すかのように、ブラック・ライブズ・マター〔黒人への構造的差別に対する反対運動〕を通じて警察の暴力に抗議した人々の身元や行動を監視している。[24]

しかしながら、プライバシー侵害がもたらすリスクのすべてをビッグブラザーで説明することはできない。すでに見てきたように、今日のデータ収集のかなりの部分は、秘密でも違法でもなく、恥ずかしくもないような情報を対象にしている。実際、これらのデータの多くは無意味で匿名化されたもののように思える。誰かのシェア自転車での移動記録や、フェイスブックの「いいね!」が収集され、集計され、分析されることの弊害を、「秘密のパラダイム」で説明することはできない。ソローヴが解説するように、今日の多くのデータ活用は「個性を抑圧するのではなく、研究し、利用すること」を目的としている。[25]

ソローヴは、現代におけるデータ収集と利用のあり方の多くを、二〇世紀のもうひとつの小説のテーマになぞらえている。一九二五年に発表された、フランツ・カフカの『審判』だ。三〇歳の誕生日、目を覚ました主人公のヨーゼフ・Kは、部屋に二人の男がいることに気づく。男たちは、お前は逮捕されたのだと宣告する。しかし自分が何をしたのか、どの機関によって逮捕されたのか、彼は何も知らされないのである。この小説では、謎の法廷の正体と、その法廷が持つ彼にまつわるデータを明らかにしようとするヨーゼフの試みが、失敗に終わる様が描かれる。三一歳の誕生日、彼はその正体を知ることなく、裁判所のエージェントによって殺害されてしまうのである。ソローヴはこう説明する。「自分の人生の詳細を記した膨大な書類を、官僚的な組織に管理されたときの個人の無力感、フラストレーション、脆さ。『審判』はそれを捉えています。」同書はそれによって、「データベースが生み出す権力関係の範囲、性質、効果を捉えているのです」。[26]

現代の人々はヨーゼフと同様に、どのような個人データが収集され、誰が所有し、どのように利用されているのかについてほとんど理解しておらず、コントロールすることもできていない。より多くのデータが収集され、政府や企業によって使用されるようになるにつれ、プライバシーは再定義されようとしている——単一の情報が明らかにする秘密によってではなく、比較的機密性の低い大量のデータが可能にする推論、そしてその推論が与える力によって。例えばフェイスブックは、ニュースフィードのアルゴリズムを調整することで、ユーザーの気分や投票率に影響を与えることができる。[27] OKCupid は、プロフィールのマッチスコアを変更することで、特定の人物がデートにこぎつける確率に影響を与えることができる。[28] 癌に関するウェブサイトを閲覧しているかどうかがわかれば、保険医療サービスは保険適用を拒否することができる。[29]

データ収集はあらゆる人々に関係する。しかし、プライバシーの低下によって最も深刻な影響を被るのは、貧困層とマイノリティだ。高所得者に比べてプライバシーに対する関心が高いにもかかわらず、多くの低所得者はプライバシー設定や規約に関する知識を持っておらず、追跡範囲を十分に減らすことができていない。[30] ブラック・ライブズ・マターのような人種差別反対運動の活動家たちが監視の対象となり、不法移民たちが強制送還の憂き目にあっている。こうしたことを考えると、マイノリティたちは、政府に特定され、追跡されることによる悪影響を最も受けやすいと言える。

さらに、社会経済的地位が最も低い人々は、福祉と引き換えに、政府の監視を受け入れる以外手がないという場合もある。福祉事務所では、電子給付金振込 (EBT: Electronic Benefits Transfer) カードを使用することで、より広範かつ密接に受給者の行動を監視している。政治学者のヴァージニア・ユーバンクスが説明するように、こうした技術的慣習は「利用者の自主性、可能性、移動方法を著しく制限している」。[31]

息苦しいほどの監視は、政府が提供するサービスの長きにわたる特徴であった。政治学者のジョン・ギリアムは、二〇〇一年に出版された『貧民監督官 (*Overseers of the Poor*)』の中で、政府が生活保護受給者をどれほど厳しく監視しているかについてまとめている。サービスを受ける資格があるかどうか、その他多くの要件を満たしているかどうかを確認するため、延々と続く書類作成や、不正防止担当官との面談が行われるのだ。政府は、ギリアムが研究したアパラチア地域の「生活保護下の母親達」の日常生活における自由を厳しく制限していた。その監視と執拗な眼差しは、「［母親たちが］家族のニーズを満たす能力を阻害」する「手間と劣化」につながっていた。母親たちは制約的なルールを守ることを強いられる。同時に、生きるためにはそれらを破るしかないと気づいてしまう。彼女たちは監視を、自らの秘密が侵されることとしてではなく、「生活に対して、持てたはずの自律性とコントロールの大部分」が失われることとして経験するのだ。ある人物が説明するように、「生活保護を受けている間はずっと、刑務所にいるのと同じなのです」。[32]

また貧困層やマイノリティは、民間企業との取引の中で、プライバシーの欠如が引き起こす損害の影響を最も受けやすい存在でもある。個々人にまつわる企業の意思決定がオンライン上の行動やソーシャルネットワークから得たデータに基づいたものになってゆくにつれ、社会経済的に恵まれないグループは、クレジット、仕事、住宅、医療から、差別禁止法を回避する形で不当に排除される可能性がある。[33] 低賃金の職場では、無許可の行動を発見するために、従業員のキーボード操作、位置情報、電子メール、ネット閲覧を監視している。それが解雇につながる恐れもある。[34] データブローカーが作成したプロファイル（「困窮している高齢者」や「都市流動層」など）により、企業は略奪的貸付〔詐欺的な貸付行為〕や詐欺の被害に遭いやすい人々を正確に標的にすることができるようになる。[35]

ユーバンクスによる二〇一八年の書籍が示したように、こうしたプライバシー侵害とアルゴリズムは、AIという言葉に新たな解釈をもたらしている。「人工知能（Artificial Intelligence）」ではなく、「格差の自動化（Automating Inequality）」だ。[36]

＊＊＊

スマート・シティは、政府と企業によるデータ収集の大幅な拡大を象徴している。街灯からゴミ箱まで、身近なものにセンサー、カメラ、ソフトウェア、インターネット回線が埋め込まれることで、いわゆる「モノのインターネット」(IoT: Internet of Things)が作り出され、都市で起きていることに関する驚くほど正確なデータを収集することが可能になる。こうしたデータを、交通量の削減、インフラの改善、エネルギーの節約などの有益な成果を促すために使用することもできるだろう。しかしこうしたデータには、都市のあらゆる人々の行動に関する詳細な情報も含まれているのだ。

スマート・シティ技術によって、自治体はこれまで以上に簡単に個人を特定、監視することができるようになった。街灯やその他の形の「スマート」インフラ(LinkNYCキオスクのようなもの)に設置されたセンサーは、周辺のインターネット接続された端末を追跡することができる。これによって、街中の人々の動きを監視することが可能になるのだ。人や物を識別できるソフトウェアが組み合わされたカメラは、さらなる監視の脅威を生み出している。例えばロサンゼルス市では、自動ナンバープレート読み取り機(ALPRs: Automatic License Plate Readers)が毎週三〇〇万台の車両の位置を記録しており、その情報はしばしば米国の移民税関捜査局(ICE: Immigration and Customs Enforcement)の手に渡っている。[37] また説明責任を果たさせるため、警察にボディカメラ〔身体等に装着して撮影する事を目的とする小型カメラ〕の装備を求める声が高まっているが、それによって警察によるあらゆる公共空間の広域監視が引き起こされる可能性がある。映像を分析する顔認識ソフトウェアはこうしたボディカメラの製造元が開発しており、ボディカメラを管理する方針として「生体認証技術の使用を大幅に制限している」警察署はたった一カ所しかない。[38] これらを踏まえると、ボディカメラは近いうちに、警察が市民の動きを監視したり、抗議活動の参加者を特定したり、群衆をスキャンして誰に未執行の令状があるかを確認したりするために、あらゆる場所で使われるようになると考えられる。[39] オーランド市警察は、アマゾンの顔認証サービスを利用して交通カメラの映像に映る人物をリアルタイムで監視しているが、ここにも同様の技術が使われている。[40]

一方、データ収集の対象をブラウザだけでなく、物理的な空間にまで広げたいと考えている企業にとって、スマート・シティは夢のような存在だ。多くの企業はすでに、個人の自律性を制限し、人々から搾取するために必要な情報と影響力を手にしている。しかし、もしサイドウォーク・ラボのような企業がその気になれば、スマート・シティ技術は収集するデータの規模と範囲をさらに拡大することになるだろう。Ｗｉ－Ｆｉキオスク、ゴミ箱、街灯などにカメラやＭＡＣアドレスを検出するセンサーを設置した企業は、個々人の行動に関してこれまでにない知見を得ることができる。また、一般の人が知らないうちに、あるいは同意を得ないうちにデータを収集・共有している、追跡困難なデータブローカーが広く存在している。このことを踏まえると、ある企業のデータが簡単に別の企業の手に渡ってしまう可能性は十分考えられる。[41]

これらのスマート・シティ技術が導入されれば、監視されるのを回避することは事実上不可能となる。オプトアウト機会の存在を指摘することで、オンライン企業による大量のデータ収集を擁護する人は多い。自分に関わるデータが収集されるのが嫌なら、データを収集するようなウェブサイトやアプリを利用しなければよいのだと。しかし、電子メール、検索エンジン、スマートフォン、ソーシャルメディアなしでは、コミュニケーションをとったり、移動したり、就職したりすることはほとんど不可能である。これは理不尽な選択だと言えるだろう。街角のいたるところにセンサーやカメラが設置されている新興のスマート・シティでは——覚えているだろうか、ニューヨークには七五〇〇機以上のLinkNYCキオスクが設置される予定だ——、この議論はさらに倒錯した結論へと達してしまう。監視されるのを避けたければ、公共の場の利用をやめなければならないのだ。

これでは、都市部の住民はどうしようもない状態に陥ってしまう。現代のテクノロジーを使わないということは、インターネット上での公的な発表や対話ができなくなるだけでなく、政府がデータ分析の上で提供するサービスを受けられなくなるということでもある。[42] 例えば、都市がMACアドレスセンサーで人々の動きを分析してバス停の位置を決めるとしたら、スマートフォンを持っていない人（あるいは、監視されるのを避けるために携帯電話の電源を切っている人）のニーズが見落とされることになる。他方で、スマートフォンなどの無線機器を持っている人は、監視の対象となってしまうことに悩まされなければならない。またカメラで個人を特定しているような場所では、たとえデジタル機器を捨てようとも、監視から逃れることはできないのである。

こうした状況は、すでにオンライントラッキングに対して最も脆弱な立場にある都市部の貧困層に、甚大な悪影響を与えることになるだろう。[43] LinkNYCに追跡されることを望まない裕福なニューヨーカーは、無料Ｗｉ－Ｆｉではなく個人の通信契約を利用することができる。しかし貧困層の住民には無料Ｗｉ－Ｆｉに代わるものがなく（実際、LinkNYCの目的は、お金を払う余裕のない人々にインターネット・アクセスを提供することにある）、インターネットへのアクセスと引き換えに監視を受け入れなければならない。スマート・シティでの広範なデータ収集を受け入れること——そして、オプトアウトこそが正当な選択肢であるという神話を信じること——の必然的な帰結は、「新しいタイプの社会階級の創出なのだ。操られたり支配されたりすることを恐れずに済む自由な上流階級の市民と、現行の経済システムの中で生きるためにプライバシーを放棄し続けなければならず、その過程で自分の運命をコントロールする能力を失ってしまう下流階級の市民である。」[44]

こうしてスマート・シティは、福祉関係者、警察、雇用主、データブローカーなど、都市の貧困層の生活をデータを利用して管理する人々に、監視と搾取のための新たなツールを提供する。ボディカメラの映像から抗議活動の場で身元を特定されたシングルマザーが、アルゴリズムによって生活保護の給付を失うようなフラグを立てられる可能性がある。犯罪歴のある人がよく利用する公衆Ｗｉ－Ｆｉに接続した一〇代の黒人の若者が、警察の監視対象として身元を特定される可能性がある。押収品置き場から出る際に自動ナンバープレート読み取り機で車を特定された高齢者が、略奪的貸付の標的にされる可能性がある。

スマート・シティにおけるデータ収集がもたらす公平性、自治、社会正義に関する重大なリスクは、都市行政に新たな課題と責任を課すものである。自治体は、自分たちのためにどのようなデータを収集するのかを決定するだけではない。データ収集のための新たな環境にアクセスしようとする民間企業に対する監視役としての役割も果たさなければならないのである。スマート・シティ計画の多くはLinkNYCと同様に、自治体が企業から技術を調達し、新たなサービスや改善されたサービスを提供する官民パートナーシップ制度（Public-Private Partnerships）のもとで取り組まれている。政府にとって、企業とともに働くことは、内部で開発することが難しい民間技術を活用することを可能にするものである。企業にとって、都市とのパートナーシップは、データ収集用のセンサーを公共空間の至る所に設置するという、非常に貴重な機会をもたらすものである。そのため都市政府は、新しいサービスのメリットが、企業に膨大な量の市民データの収集を許す代償に見合うものかどうかを、よく検討しなければならない。

もしそれが見合わないのであれば、そうしたコストをかけずに新しいテクノロジーの利点を得る方法を見つけなければならない。

たとえ都市が善意のもとでデータを収集していたり、テクノロジーを調達する先の民間ベンダーを信頼していたとしても、機密情報が一般市民や悪意のあるグループにさらされる可能性を考慮する必要があるのは同じである。一旦データが収集されれば、公開されたり悪用されたりする可能性が生じてしまう。ロサンゼルス市の自動ナンバープレート読み取り機のデータが移民税関捜査局と共有された事例が示すように、たとえ政府内であっても、ある行政機関が収集したデータが他の行政機関の手に渡ってしまうことがある。より詳細で機密性の高い情報の収集を可能にする新しいテクノロジーが、これらのリスクを増大させている。

過去一〇年の間に、多くの都市政府が「オープンデータ」イニシアチブを掲げてきた。これには自治体のデータセットをオンラインで公開することが含まれている。政府の透明性と説明責任を高め、市民によるイノベーションを促進するためだ。[45] こうした取り組みによって全国の都市で何千ものデータセットが公開され、乗換案内アプリ、自治体予算を調べるための便利なツール[46]、そして数え切れないほどのハッカソン（ソフトウェア開発を短期集中型で行うイベントのこと）への道が開かれた。しかしオープンデータは、時として個人の機密情報を明らかにしてしまうこともある。自治体が収集するデータの多くは、その都市にいる人々に関係するものだからだ。都市がデータを公開したことで、性的暴行の被害者や、夜間に多額の現金を持ち歩く人の身元[47]、さらには人々の医療情報や政治的所属が不用意に明らかになってしまったこともある。[48]
こうした情報開示のリスクを軽減するための戦略がないわけではない。しかしそれでも都市は、オープンデータの有用性（より詳細なデータは透明性を高め、より多くの目的に利用できる）とリスク（より詳細なデータには、より機密性の高い情報が含まれる）の間にある不可避の緊張関係に取り組まなければならない。こうしたジレンマは、自治体のデータ収集の範囲が拡大するにつれ、さらに大きなものになってゆくだろう。[49]

政府がデータを積極的に公開していない場合でも、情報が公になるのを防ぐ手段はほとんど存在しないことがほとんどだ。連邦および州の公文書管理法は、政府の透明性と説明責任の強化を目的としている。一般市民からの要請があった場合、政府は管理するデータを公開することが義務づけられている。法律には機密情報の公開を制限するための除外規定が含まれているものの、時代遅れのＰＩＩと機密性の枠組みに依拠しているため、その範囲は著しく制限されている。したがって、都市が人々の行動に関する匿名データを収集・保存することは、公開されることで人々の機密情報を明らかにしてしまうような情報を大量に抱え込んでしまうことを意味するのである。例えば、ストリップクラブの常連客を推定するために利用されたニューヨーク市のタクシー利用データは、はじめは公文書開示請求によって公開されたものだった。その後、誰でも利用できるよう、請求者の手によってオンラインで公開されている。[50]

最後に（これは政府だけでなく、企業にとっても懸念すべきことだが）、収集・保存されたデータはなんであれ、ハッキングやセキュリティ侵害によって流出する可能性がある。二〇一七年、カリフォルニア州オーシャンサイドの住民四万人分の氏名、住所、クレジットカード情報がサイバー犯罪者たちによって盗み出され、オンライン決済が勝手に行われていた。[51] その前年にはウーバーへのハッキングにより、五七〇〇万人分のユーザーのＰＩＩ（氏名、電子メールアドレス、電話番号など）が流出している。[52] 加えて、都市に関する詳細なデータを収集するために無数のＩｏＴ機器に導入された新しいセンサー群は（サイバー攻撃に対して）非常に脆弱な状態にある。[53] セキュリティ技術者のブルース・シュナイアーによれば、こうした事例は「データはすべて良いもので、多ければ多いほど優れている」という一般的な考え方を覆すものだ。彼は「データは有毒資産であり、保存は危険な行為である」とまで述べている。[54]

新しいテクノロジーの導入が避けられない中で、自治体は都市生活の管理者としての役割をこれまで以上に強く求められるようになっている。彼らは、どのようなデータを収集するのか、誰がそれにアクセスできるようにするのかを決めなければならない（同時に、一旦データが収集されると、それが他の人に公開される可能性があるという事実も考慮しなければならない）。都市は、自治体サービスをどのように運営するのかという技術的な判断だけでなく、都市生活の将来を左右するような政治的な判断をも迫られているのである。都市は、住民に対する支配を強めるのだろうか。公的な対話なしに、企業にも同様の支配力を与えるのだろうか。それとも、テクノロジーを通して社会契約を作り出し、企業や政府機関に監視されたり操作されたりすることのない都市への権利を人々に与えるのだろうか。

こうした観点から見ると、LinkNYCについて注目すべき点は、グーグル関連企業がユーザーデータを収集する代わりに無料のサービスを提供するということにではなく――結局のところ、そうしたデータを収益化することが彼らの基本的なビジネスモデルなのだが――、ニューヨーク市がそれを許し、ある地方紙が報道するように「端金」で市民のプライバシーを売り払うことになるということにある。[55] メディア理論家で『グーグル・バスに石を投げる（*Throwing Rocks at the Google Bus*）』の著者ダグラス・ラシュコフは、LinkNYCを「必要性皆無の悪魔の契約」と表現している。[56]

＊＊＊

スマート・シティにおいて非民主主義的な社会契約を生み出す恐れがあるのは、データ収集の増加だけではない。前章で見たように、都市では警察や福祉サービスのような中核的な機能にアルゴリズムを利用するケースが増えている。例えばニューヨーク市では、生徒の学校への割り当て、教師の評価、メディケイド〔医療費を一部負担する低所得者のための補助金〕における不正行為の検出、火災の防止などにアルゴリズムを使用している。[57] 一見洗練されているように見えるこうしたアルゴリズムは、万全なものでも、中立なものでもない。アルゴリズムが依拠する訓練データと、アルゴリズムの導入方法の両方に、バイアスが生じる可能性がある。

アルゴリズムが下す判断は、人の一生を左右する可能性がある。にもかかわらず、その設計や影響を評価することは非常に困難である。シカゴ市の戦略的対象者リストがわかりやすい例だ。シカゴ警察は、そのアルゴリズムがどのように機能しているのか、どのような属性を考慮しているのかについての詳細を公開するよう求める声を幾度も拒んできた。[58] 警察は予告なく人々の家の前に現れるばかりか、何によって送り込まれたのかを説明することもないのである。[59]

自治体によるアルゴリズムの導入は、都市の民主主義に重大な懸念をもたらしている。都市は多くの場合、アルゴリズムがどのように開発され、どのように機能しているのかについて、一般市民にほとんど、あるいは全く説明しない。都市が、アルゴリズムを管理するソースコードや、アルゴリズムが学習したデータを公開することはほとんどない。市民は、アルゴリズムがいつ使用されているのかさえ知らない場合がある。

多くの場合、自治体のアルゴリズムは秘匿されている。金銭的な理由で秘密保持を行う民間企業によって開発・所有されているからだ。行政機関は通常、アルゴリズムを独自に開発するために必要なリ

人文書院
刊行案内

2024,8　鴨川鼠（深川鼠）色

ザッハー＝マゾッホ集成全三巻

各巻￥11000

ザッハー＝マゾッホ 著
平野嘉彦／中澤英雄／西成彦 訳

Ⅰエロス

習俗を巧みに取り込んだストーリーテラーとしてのマゾッホの筆がさえる。本邦初訳の完全版「毛皮のヴィーナス」、「コロメアのドンジュアン」ほか全4作品を収録。

Ⅱフォークロア

ドイツ人、ポーランド人、ルーシ人、ユダヤ人が混在する土地。民族間の貧富の格差をめぐる対立。複数の言語、ガリツィアの雄大な自然描写、風土、民族、習俗、信仰を豊かに伝えるフォークロア的作品。「ハイダマク」ほか全4作品を収録。

Ⅲカルト

あるいは「草原のメシアニズム」、あるいは「農本共産主義」（ドゥルーズ）を具現する、ロシア正教の異端宗派、ユダヤ教の二つの宗派など、さまざまなカルトが蟠居する東欧のスラヴ世界。マゾッホの宗教観を如実に語る「漂泊者」ほか、5編の小説および2編の論考を収録。

◎内容見本進呈
お問い合わせフォームにて送り先をお知らせください。お一人様1部までお送りします。

※写真はイメージです

詳しい内容や収録作品等の情報は以下のQRコードからどうぞ！

■小社に直接ご注文下さる場合は、小社ホームページのカート機能にて直接注文が可能です。カート機能を使用した注文の仕方は**右のQRコード**から。

■表示は税込み価格です。

人文書院
〒612-8447 京都市伏見区竹田西内畑町 9
TEL075-603-1344／FAX075-603-1814
編集部 Twitter（X）:@jimbunshoin
営業部 Twitter（X）:@jimbunshoin_s
mail:jmsb@jimbunshoin.co.jp

新刊一覧

セクシュアリティの性売買

キャスリン・バリー 著
井上太一 訳

搾取と暴力にまみれた性売買の実態を国際規模の調査で明らかにし、その背後にあるメカニズムを父権的権力の問題として理論的に抉り出した、ラディカル・フェミニズムの名著。

¥５５００

人種の母胎

性と植民地問題からみるフランスにおけるナシオンの系譜

エルザ・ドルラン 著
ファヨル入江容子 訳

性的差異の概念化が、いかにして植民地における人種化の理論的な鋳型となり、支配を継続させる根本原理へと変貌をしたのか、その歴史を鋭く抉り出す。

¥５５００

戦後期渡米芸能人のメディア史

ナンシー梅木とその時代

大場吾郎 著

日本とアメリカにおいて音楽、映画、舞台、テレビなど活躍し、日本人女優で初のアカデミー受賞者となったナンシー梅木の知られざる生涯を初めて丹念に描き出す労作。

¥５２８０

翻訳とパラテクスト

ユングマン、アイスネル、クンデラ

阿部賢一 著

文化資本が異なる言語間の翻訳をめぐる葛藤とは？　ボヘミアにおける文芸翻訳の様相を翻訳研究の観点から明らかにする。

¥４９５０

マリア＝テレジア 上・下

「国母」の素顔

B・シュトルベルク＝リリンガー著 山下泰生／伊藤惟／根本峻瑠訳

「ハプスブルクの女帝」として、フェミニズム研究の範疇からも除外されていたマリア＝テレジア、その知られざる実像を解き明かす、第一人者による圧巻の評伝。

各¥８２５０

戦後期渡米芸能人のメディア史

ナンシー梅木とその時代

大場吾郎 著

日本とアメリカにおいて音楽、映画、舞台、テレビなど活躍し、日本人女優で初のアカデミー受賞者となったナンシー梅木の知られざる生涯を初めて丹念に描き出す労作。

¥５２８０

読書装置と知のメディア史

近代の書物をめぐる実践

新藤雄介 著

書物をめぐる様々な行為と、これまで周縁化されてきた読書装置との関係を分析し、書物と人々の歴史に新たな視座を与える力作。

¥４９５０

ゾンビの美学

植民地主義・ジェンダー・ポストヒューマン

福田安佐子 著

ゾンビの歴史を通覧し、おもに植民地主義、ジェンダー、ポストヒューマニズムの視点から重要作に映るものを仔細に分析する力作。

¥４９５０

新刊一覧

イスラーム・デジタル人文学
須永恵美子 編著
熊倉和歌子 編著

デジタル化により、新たな局面を迎えるイスラーム社会。イスラーム研究をデジタル人文学で捉え直す、気鋭研究者らによる最新の成果。

¥3520

ディスレクシア
マーガレット・J・スノウリング 著
関あゆみ 監訳
屋代通子 訳

ディスレクシア（発達性読み書き障害）に関わる生物学的、認知的、環境的要因とは何か？　ディスレクシアを正しく理解し、改善するための効果的な支援への出発点を示す。

¥2860

シェリング以後の自然哲学
イアン・ハミルトン・グラント 著
浅沼光樹 訳

シェリングを現代哲学の最前線に呼び込み、時に大胆に時に繊細に対決させ、革新的な読解へと導く。カント主義批判により思弁的実在論の始原ともなった重要作。

¥6600

一つの惑星、多数の世界
ドイツ観念論についての試論

ディペシュ・チャクラバルティ 著
篠原雅武 訳

人文科学研究の立場から人新世の議論を牽引する著者が、ラトゥール、ハラウェイ、デ・カストロなどとの対話的関係のなかで示す、新たな思想の結晶。

¥2970

近代日本の身体統制
宝塚歌劇・東宝レヴュー・ヌード

垣沼絢子 著

戦前から戦後にかけて西洋近代社会、民主主義国家の象徴とみなされた宝塚・東宝レヴューを概観し、西洋近代化する日本社会の身体感覚の変貌に迫る。

¥4950

福澤諭吉
幻の国・日本の創生

池田浩士 著

福澤諭吉の思想と実践――それは、社会と人間をどこへ導いたか？　福澤諭吉のじかの言葉に向き合うことで、その思想と実践をあらたに問い直し、功罪を問う。

¥5060

反ユダヤ主義と「過去の克服」
戦後ドイツ国民はユダヤ人とどう向き合ったのか

高橋秀寿 著

反ユダヤ主義とホロコーストの歴史的変遷を辿りながら、戦後、ドイツ人が「ユダヤ人」の存在を通してどのように「国民」を形成したのかを叙述する画期作。

¥4950

宇宙の途上で出会う
量子物理学からみる物質と意味のもつれ

カレン・バラッド 著
水田博子／南菜緒子／南晃 訳

哲学、科学論にとどまらず社会理論にも重要な示唆をもたらす21世紀の思想にその名を刻むニュー・マテリアリズムの金字塔的大著。

¥9900

今回のイチオシ本

思想としてのミュージアム

増補新装版

博物館や美術館は、社会に対してメッセージを発信し、同時に社会から読み解かれる、動的なメディアである。日本における新しいミュゼオロジーの展開を告げた画期作。旧版から十年、植民地主義の批判にさらされる現代のミュージアムについて、論じる新章を追加。

村田麻里子著
¥4180

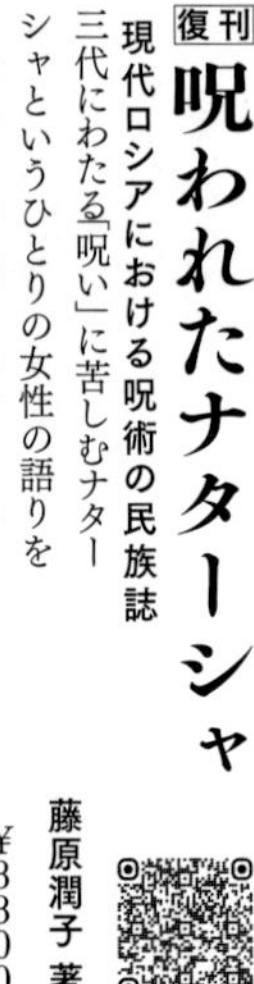

復刊

呪われたナターシャ

現代ロシアにおける呪術の民族誌

三代にわたる「呪い」に苦しむナターシャというひとりの女性の語りを出発点とし、呪術など信じていなかった人びと――研究者をふくむ――が呪術を信じるようになるプロセス、およびそれに関わる社会的背景を描いた話題作、待望の復刊！

藤原潤子 著
¥3300

超越論的存在論

ドイツ観念論についての試論

存在者へとアクセスする存在論的条件の探究。「世界は存在しない」「複数の意味の場」など、その後に展開されるテーマをはらみ、ハイデガーの仔細な読解も目を引く、哲学者マルクス・ガブリエルの本格的出発点。

マルクス・ガブリエル著
中島新／中村徳仁訳
¥4950

はじまりのテレビ

戦後マスメディアの創造と知

1950～60年代、放送草創期のテレビは無限の可能性に満ちた映像表現の実験場だった。番組、産業、制度、放送学などあらゆる側面から、初期テレビが生んだ創造と知を、膨大な資料をもとに検証する。気鋭のメディア研究者が挑んだ意欲的大作。

松山秀明 著
¥5500

ソースや技術力を持っていない。そのため、企業と契約してこうしたシステムを調達することが多い。アルゴリズムの開発を技術者に任せることには価値がある。しかしこうした新たな関係性は、意思決定の権限を一般の人々から遠ざけてしまうものでもある。

テクノロジー企業は、秘密保持契約や企業秘密を盾にとることで、[60] 自社のサービスを利用する政府がツールやその使用法に関する情報を公開することを防ごうとする。こうした企業には、Intrado社（警察が人々の「脅威スコア」を計算するために使用するソフトウェア「Beware」を開発）や、Northpointe社（将来犯罪行為に関与する可能性を予測するアルゴリズム「COMPAS」を開発。最近「equivant」としてリブランディングされた）などがある。[61] 民間企業が所有するアルゴリズムの内容を明らかにするには、公文書管理法でさえ役に立たない。例えば、とあるふたりの弁護士がPredPolに関する情報を得るために、このソフトウェアを使用しているとされる一一の警察署に公文書開示請求を行ったことがあった。回答は三つだけで、アルゴリズムやその開発についての実質的な情報を提供したものはひとつもなかった。[62]

結果として、決定方法に関する透明性や適正手続を開示することなく、政府が人々に関する重要な決定を下す可能性が生じている。エリック・ルーミスのケースを考えてみよう。二〇一三年にウィスコンシン州ラクロス市で銃撃事件に巻き込まれた車を運転していた件で逮捕された人物だ。彼は警察から逃亡した咎で有罪判決を受け、州はNorthpointe社のCOMPASアルゴリズムを使って判決プロセスへの情報提供を行った。彼に六年の判決を言い渡す際、裁判官はこう説明した。「リスク評価ツールは、あなたが再犯を犯すリスクは極めて高いと判断しています。」[63] Northpointe社が同社のアルゴリズムは企業秘密であると主張したため、アルゴリズムがどのようにしてこの予測を行ったのかを評価することは許されなかった。裁判官がこの不透明なシステムを使用したことに対する彼の異議申し立ては失敗に終わった。

ルーミスのようなケースがありふれたものになるにつれ、ソローヴの『審判』に対する言及には先見の明があったように思えてくる。カフカのヨーゼフ・Kが自分の罪も告発者もわからないまま裁判を受けたように、ルーミスは自分も裁判官も確認できないアルゴリズムに影響された判決を受けたのである。

政府がCOMPASのような民間所有のアルゴリズムを使用すれば、選挙で選ばれたわけでなければ責任を負うこともないこれらのシステムの開発者に、自治体の慣行や優先順位を決定する大きな権限が与えられてしまうことになる。アルゴリズムによる意思決定の深刻な危険性はここにある。どのようなデータを使用するのか、なにを入力要素に含めるのか、そして偽陽性と偽陰性のバランスをどのようにとるのか。第四章では、そうした判断がアルゴリズムやその効果をいかに形づくるのかを見た。こうした一見技術的な選択が、公共政策に影響を与えるのである。民間企業のアルゴリズムに基づいて政府が選択を行うことが増えるにつれ、その企業がアルゴリズムに埋め込んだ価値観や前提条件に基づく意思決定が行われることも増えてゆくだろう。例えば、将来的に犯罪を犯す可能性を予測するというNorthpointe社の選択は、刑事司法の裁定を犯罪リスクという検察的・人種的な文脈に位置付けることになる。[64]

予測に人種的な偏りがないことをいかにして保証するのか。Northpointe社がCOMPASを開発する際に行った最も重要な意思決定のひとつがそれであった。偏りのない予測を行うことは、たとえ純粋に技術的なレベルであっても、簡単なようでいて複雑である。というのも、「公正」の技術的な基準にはいくつかの選択肢が存在するからだ。同社は「較正された予測(calibrated predictions)」、すなわち、黒人と白人いずれの被告人に対しても同じ精度で予測が行われることを目指していた。これは、一見すると理にかなった選択である。しかし、二〇一六年にProPublica〔米国の報道機関のひとつ〕が明らかにしたところによると、COMPASが黒人を「ハイリスク」だと誤判定する確率は、白人を誤判定する確率の二倍におよんでいた。その結果、黒人の被告人に対する刑事判決が、正当な理由なく、より長く、より懲罰的なものになっている可能性があるという。[65] これは、COMPASに人種的な偏りがある証拠だと見なされた。おそらくNorthpointe社は「バランスのとれた分類」が達成されるように、すなわち、黒人と白人の被告人の偽陽性率が等しくなるようにアルゴリズムを最適化すべきだったのだ。そうすれば、ProPublicaが指摘した問題に対処することができただろう。しかし、その代償として新たな問題が発生する。新しいアルゴリズムでは、予測の較正を行うことができないのだ（つまり、あるグループに対して別のグループよりも高い精度の予測を行うことになる）。関心のある現象——ここでは再犯率——が不均等な割合で発生する二つのグループについて公正な予測を行おうとすると、このトレードオフは避けられない。「較正された予測」と「バランスのとれた分類」の両方を達成することは不可能なのである。[66]

要点は、COMPASが「較正された予測」を優先するという間違いを犯したかどうかということではない。公正さの定義に関しては、どちらの選択肢も他方より明らかに優れているとは言えない。実際のところ、政策決定の多くがこの種の複雑なトレードオフを含んでいる。問題は、この決定が、公務員や一般市民の意見を聞くことなく、Northpointe社のスタッフによってなされたということにある。それが、COMPASを採用したすべての司法管轄区において、刑事司法制度、ひいては人々の生活における基本的な側面を形成することになるのだ。

このように、地方自治体のアルゴリズムへの依存は、政策の立案・実施方法を大きく変えることになる。完全に透明で説明可能であったわけではないにせよ、かつては、こうした決定は政治的なものであり、民主的な意見、監視、正当性を必要とするものだと考えられていた。しかし計算システム（特に民間企業が開発したもの）によってもたらされる決定は、こうした義務を逃れてしまう。一般市民がアルゴリズムについて知っていたとしても、アルゴリズムによる決定に対して意見を述べたり、コントロールしたりすることは、多くの場合不可能である。また、たとえ意見を述べたとしても、アルゴリズムをどのように設計すべきかという問題は、「専門家」に任せるべき技術的問題と見なされることが多い。

政府が不透明で説明責任のないアルゴリズムを使用することによって生じる危険性は、スマート・シティ技術が可能にする膨大な量のデータ収集によってさらに高まっている。これまで得られなかった個人に関するデータが利用可能になると、その情報の多くが、刑事判決や重要な決定に影響するアルゴリズムに組み込まれる可能性がある。スマート・シティにおける裁判では、どこで時間を過ごしたか、夜何時まで外出したか、特定の抗議活動に参加したかといった事柄――収集されていることを知らないどころか、同意さえしていないデータ――が、あなたに下される判決に影響を与える可能性がある。

こうした様々な危険性が明らかになる中、ある都市ではアルゴリズムの導入方法を変えようとする試みが行われている。二〇一七年八月、ニューヨーク市議会議員のジェームズ・ヴァッカは、福祉サービスを対象にしたり、罰則を課したり、警察の行動を伝えるために使用される、すべてのアルゴリズムのソースコードを公開することを市の行政機関に義務付ける法案を提出した。[67]

四〇年近くニューヨーク市の行政に携わってきたヴァッカは、市民がアルゴリズムにアクセスできないということをよく理解していた。彼は長年にわたり、警察官や消防士の採用プロセスを担うアルゴリズムについて明らかにしようとしてきたが、その試みはことごとく退けられていた。[68] 提案した法案に関する公聴会で、彼は自身の動機について述べている。「市民にはアルゴリズムを使った決定がいつ行われたのかを知る権利があり、その決定がどのように行われたのかを知る権利がある。私はそう強く信じています。」彼は言う。「例えば、教育省がアルゴリズムを使って子供たちを各高校に振り分けた結果、ある子供が第六希望に割り当てられたとします。その子供と家族には、アルゴリズムがどのようにしてその判断を下したのかを知る権利があるでしょう。アルゴリズムが最も効率的な割り当てを行った結果だ、などと言われるべきではありません。何が最も効率的だと考えられているのでしょうか？　誰がそれを決めたのでしょうか？」[69]

二〇一七年一二月に市議会で承認され、二〇一八年一月にデブラシオ市長が署名したヴァッカの法案の最終版は、彼の当初のビジョンを縮小したものとなった。同法案により、市の行政機関がアルゴリズムをどのように使用しているかを調査するための「自動化された意思決定システムに関する特別委員会(automated decision systems task force)」が設置された。同委員会は、使用されているアルゴリズムに関する市民への透明性を高めること、監督対象とするアルゴリズムを定めること、アルゴリズムによる決定に関する説明を受ける機会を市民に提供すること、アルゴリズムが特定のグループに不当な影響を与えていないかどうかを評価することなど、いくらかの成果が期待できる手続きを勧告する立場につく。これらの勧告は、公開報告書として市長に提出されることになる。[70]

この新法はいまだ多くの課題を残しているが――特別委員会は単に勧告を行うことができるだけで、特に企業秘密の保護に熱心な企業を相手にする場合には、公開を強制する力はほとんどない[71]――、アルゴリズムの開発・導入方法について都市に責任を持たせる政策の機運を高める意味では、建設的なスタートだと言える。また同じくらい重要なこととして、ヴァッカの努力によって世論の変化が促されたことが挙げられる。絶対的な神託としてではなく、社会的に構築された、政治的意思決定のための間違いを犯しやすい装置として、アルゴリズムを捉えるようになったのである。このような変化は、スマート・イナフ・シティの開発に不可欠なものだ。

＊＊＊

アルゴリズムやデータ収集に関する自治体の決定は、開発、取得、導入のあり方について市民が声をあげることを可能にする、民主的な審議に基づいて行われなければならない。こうした取り組みは、スマート・イナフ・シティの生活を向上させるためのテクノロジーの採用を妨げるどころか、むしろ助けることになるだろう。

シカゴ市のArray of Things (AoT) プロジェクトは、プライバシー保護のために市民を巻き込むことの価値を明らかにしている。ＡｏＴはシカゴ市、シカゴ大学、アルゴンヌ国立研究所の共同研究（二〇一四年に開始）の成果であり、「都市の『フィットネストラッカー』」として設計されている。[72] このプロジェクトは最終的に、シカゴ市全域で空気の状態、歩行者や車の交通量、気温などを観測する数百のセンサーで構成されることになる。例えば、高速道路が通っているある地域では、データを参考に樹木が最も必要な場所やバス停の位置を決めることで、子供たちの喘息の発生率を減らしたいと考えている。[73]

ＡｏＴは見かけ上、LinkNYCとよく似たもののように思える。膨大なデータ収集が可能なセンサーを大規模に導入するものだからだ。データが責任を持って収集・管理されると信じてくれる人の数が少なければ、ＡｏＴは市民の反発を招いていただろう。しかしシカゴ市は、ニューヨーク市とは異なるアプローチでこのセンサー・ネットワークを導入した。個人情報を収集しないようセンサーを設計すると同時に、その実現方法を共有し、優先順位を共同で決めてゆくために、市民を直接巻き込むことにしたのだ。これは、ＡｏＴ自体の所有・運営方式が可能にしたことでもある。LinkNYCは民間企業によって運営されているため、利益を最大化するしくみにならざるを得ない。これに対し、ＡｏＴは政府や学術機関によって運営されているため、収益ではなく公共の利益を生み出すことに重点が置かれているのだ。

シカゴ市は、公共のプライバシーの保護をＡｏＴのアーキテクチャにおける重要な要素として位置付けている。ＡｏＴ導入の初期計画を策定する際、市は地域のプライバシーとセキュリティの専門家からなる委員会を招集した。システムがどのようにデータを収集・保存するのかについて、第三者の視点からの評価を得るためだ。その後、ＡｏＴがどのように機能するのか、プログラムがどのようにプライバシーを保護するのか、そしてセンサーがどのように生活環境を改善するのかを、シカゴ市の幅広い人々に説明するための公開会議を開催している。[74] またプライバシーに関する市民の懸念をＡｏＴに反映させるため、市はプライバシーポリシーの草案を公開し、パブリックコメントを求めた。この草案には五〇件以上の問い合わせがよせられた。市はそのすべてに回答し、プログラムの最終的なプライバシーポリシーへと反映させている。[75]

こうした働きかけによって、市は市民のプライバシーに関する懸念を把握し、責任を持ってその解決に取り組むことができるようになった。例えば大きな懸念のひとつに、センサーに搭載されたカメラで画像を収集し、人々の行動を長時間に渡って監視するのではないか、というものがあった。市の意図するところではなかったが——（画像解析ソフトウェアを用いて）交通量を測ることが目的だった——、カメラから収集した画像が悪用される可能性は確かにあった。映像の収集はプライバシー侵害につながる恐れがあるばかりか、ＡｏＴプロジェクト全体に対する住民の反対を煽ることになりかねない。

そこでシカゴ市は解決策を考案した。プロジェクトの目的を達成する上で必要最小限の情報だけを収集・保存するという、「データ最小化」の手法を用いたのだ。データ最小化にはいくつかの形がありうるが、一般的な方法としては、余計な情報を完全に無視する（例えば、位置情報をそもそも収集しない）ものと、意図的に曖昧なデータを用いる（郵便番号を位置情報の代わりに使う）もののふたつがある。[76] 市に必要だったのは画像から算出される交通量だけであり、カメラの映像自体を保存する必要はなかった。AoTのセンサーは、交通量を計算し、その値だけをサーバーに送信して保存した後、すぐに画像を削除するような仕様に変更された。[77]

スマート・イナフ・シティへの最先端技術の導入を可能にするために、都市はいかにして市民参加とデータ最小化を統合すればよいのか――シカゴ市におけるAoTの開発が示しているのはそれである。新たなテクノロジーがもたらす社会の様相が民主的に決定され、望まれるものになることを保証するべく、市はAoTの実装方法に市民の意見を反映した。懸念が示されると、AoTチームは、必要なデータだけを収集し、それ以上のデータは収集しない方法を見つけ出した。市民の意思やプライバシーを損なうことなく、分析目標を達成できるようにしたのだ。もしこのような方法を取っていなければ、プロジェクト全体が市民の反対によって頓挫していたかもしれない。

シカゴ市がAoTを開発していたのと同じころ、シアトル市は、新しいテクノロジーを導入する際になぜプライバシーを保護しなければならないのかを身をもって知ることになった。二〇一三年一一月、シアトル市は国土安全保障省からの二七〇万ドルの助成を受けて、港湾から侵入してくる潜在的な脅威を監視するためのセンサー・カメラ網を設置した。この新しいテクノロジーの導入や活用について、ほとんど説明を受けていなかった一般市民は、無線センサーが無線機器の動きを記録して個人を監視できることに気付き、すぐさま不安を覚えた。ところがシアトル警察は、新しいセンサーがどのように使用されるのかという質問に対して、「まだ方針が決まっていたため、質問に答えるのは避けたい」と答えたのである。シアトル市は個人のプライバシーを甘く見ており、不当な監視を防ぐために必要な予防措置を講じていないのではないか。そうした疑惑から、緊張感はさらに高まった。[78]市民の反対が増していった結果、そのセンサーでは人々を監視できないことが明らかになったにもかかわらず、警察はプログラムの中止を決めた。[79]

この無様な技術導入の顛末は「とても良い教訓になりました。」シアトル市の最高技術責任者、マイケル・マットミラーはこう振り返る。[80]テクノロジーとリスクに関する知識が不足していたことも原因のひとつだろう。市はこれらの新しいセンサーを、そのアーキテクチャが公の優先事項と一致しているかどうかを考慮することなく導入してしまったのである。「テクノロジーの仕組みや潜在的なプライバシー侵害に関する教育を受けていない人は、テクノロジーの結果にばかり注目してしまいがちで、手段については見逃してしまうことが多いのです。」マットミラーはそう指摘する。さらに言えば、一般市民への働きかけが不十分なままでテクノロジーを導入することは、一般市民がどれほどプライバシーを大切にしているのかを市が十分に理解していない、ということと同義である。ＰＩＩに基づく既存のプライバシー法が時代遅れになり、プライバシーに関する社会的概念が更新され、新しいテクノロジーによって増え続けるデータの収集が可能になっている。にもかかわらず、都市にはどのレベルのデータ収集が適切かを教えてくれる、信頼できる指針が存在していないのである。プライバシー侵害を伴うデータ収集に対する市民の懸念をうけて、シアトル市が新しいプログラムを停止したことで、要点は明確になった。技術的な専門知識、高度なプライバシーポリシー、そしてプライバシー・リスクに対処するための公的な対話がなければ、データ収集を伴うテクノロジーを使って、自治体の運営や都市生活を改善することはほとんど不可能だろう。

「市民との間に生まれた溝を解消したい。」そう考えたマットミラーは、地域の技術者、弁護士、代議士で構成されるプライバシー諮問委員会(Privacy Advisory Committee)を設立した。この委員会の仕事は、データ収集に関する市民の優先事項や懸念事項を共有し、プライバシーを保護する方法を市が開発するよう指導することだ。委員会は一連の公開会議を通じて、透明性、説明責任、最小限のデータ収集に関わる六つのプライバシー原則を策定した。[81] 市が個人情報を収集・利用する際の指針となることを意図したものだ。二〇一五年、市がこれらの原則を具現化した万全なプライバシーポリシーを策定するにあたり、同委員会はこれを支援することになった。[82] プライバシー諮問委員会はこうした取り組みを通じて、「コミュニティの意向とベストプラクティスが、我々のプライバシープログラムに確実に反映されるよう動いたのです」とマットミラーは述べる。

シアトル市のプライバシーポリシーの要点は、個人データの収集を伴う新たなプロジェクトを立ち上げるたびに、「プライバシー影響評価(Privacy Impact Assessment)」を実施することを義務付けていることにある。市は必ずリスク・ベネフィット分析を行い、個人のプライバシーにもたらされる潜在的なリスクと有用性を天秤にかけなければならない。その目的は、プロジェクトを失敗させることなく、予想されるリスクを積極的に指摘し、軽減することにある。そうすることで、公共の福祉を向上させる責任と、市民の自由を守る責任のバランスを市が取れるようにするのだ。これらの評価は、市のプロジェクトがプライバシー原則を遵守しているかどうかを確認するのに役立つものである。〔リスクと有用性の〕調整は一般的に、データの収集、保存、共有の方法を変更して、機密情報の収集と公開を減らすという形で行われる。

マットミラーはまた、プライバシー上のリスクとそれを軽減する方法に関する市の職員の教育を重視している。各部門がプライバシー侵害を認識し、防止するために、市は「プライバシー・チャンピオン」の肩書きを持って働く職員を全ての部門で指名した。彼らがプライバシー影響評価を取りまとめ、市のプライバシー原則に従うためのベストプラクティスを同僚たちに教育するのである。またマットミラーと彼のチームが、最新の開発動向や新たなプライバシーリスクについて市の職員に最新情報を知らせる必要がある場合、その情報を各部門へ周知するのを支援するのも彼らである。さらに二〇一七年、シアトル市は最高プライバシー責任者 (Chief Privacy Officer) を採用することで、プライバシーへの取り組みの制度化をさらに推し進めた。これにより、市は全米で初めて、市全体でプライバシーを管理する権限を持つ人物を持つ都市のひとつとなった。[83]

これらの取り組みによりシアトル市は、一般市民のデータを収集する必要のある新しいテクノロジーを導入する際に、慎重かつ責任を持った対応を行うことが可能になった。それが試される機会は、シアトル市交通局 (SDOT: Seattle Department of Transpoetation) がさまざまな場所の車の流れや移動時間を測定するべく、一〇〇〇個のセンサーを導入した時に訪れた。同局は、街中の無線機器の動きを（MACアドレスを介して）追跡することで、これまで公務員が入手できなかったデータを取得し、渋滞の解消に役立つパターンを見つけようとしていたのである。

シアトル市は新たなプライバシー・プログラムによって、このテクノロジーのコストとメリットを慎重かつ率直に検討することができるようになっていた。まずマットミラーと彼のチームは、交通の円滑化の代償として過度の監視がもたらされることのないよう、シアトル市交通局や技術ベンダーとの協議を行った。このテクノロジーが有しているいくつかのプライバシーリスクを指摘したのち、個人の特定と追跡を困難にするようなデータ最小化を実施するようベンダーに働きかけた。また、港湾周辺に警戒網を導入したときのように裏方に徹するのをやめ、市は何に取り組んでいるのかを、その理由と共に積極的に発信するようにした。マットミラーはこのテクノロジーに関して、市民に次のように説明している。「もしあなたがグーグル・マップを愛用していて、赤色や黄色、緑色の線で車の流れを表示したり、渋滞を回避するルートを探したりするのが好きだとしましょう。そうした地図に情報を提供するためには、データを収集する必要があるのです。私たちはまた、この方法がプライバシー侵害を可能な限り抑えた方法だと考えています。それが気に入らないという場合には、あなたの携帯電話を追跡対象から除外するためのウェブサイトを用意しています。」

最も大きなプライバシー上のリスクを軽減し、取り組みの目的を説明することによって、市は市民の怒りではなく支持を集めることができたとマットミラーは指摘する。「自分たちが取り組んでいることの価値をわかりやすく伝え、プライバシー上の脅威に関する透明性を持ち、それらの脅威をどのように緩和したかを示すこと。そうすることで、〔市民との〕信頼関係を築くことができるのです。」

しかし、都市が誠意を持って行動するだけでは不十分である。自治体のテクノロジーに対する、公的な監視が制度化されなければならない。市がデータをどのように収集し、どのように使用するかを市民がコントロールできるようにするため、シアトル市は二〇一七年に監視監督条例を制定した。法案の段階では、〔市の〕すべての部門に対し、監視技術を導入する前に公聴会を開催して市議会の承認を得ること、監視技術をどのように使用しているかを公に説明すること、プライバシーと公平性への影響に関して、あらゆる監視技術を評価することを求めている。[84] こうしてこの条例は、シアトル市が監視技術

（ハードウェア、ソフトウェアを問わず）を取得・導入する際に、市民や選挙で選ばれた議員によるしっかりとした審議に従うことを保証するものとなった。これは米国の都市に広がっている不透明な意思決定とは異なるものだ。例えば二〇一六年、ある地元紙は、シアトル市警が二年間、市民に通知することなくソーシャルメディア監視ソフトウェアを使用していたことを報じた。[85] 同様にニューオリンズ市警は、公的な調達プロセスを経ることなく、予測警備アルゴリズムを数年に渡って使用していた。しかも市議会議員でさえ、事態を把握できていなかったのである。[86] シアトル市と同様、こうした傾向に対抗するために、全米の数十の都市（ミシシッピ州のハティスバーグ市からオークランド市まで）が同様の監視条例を可決したり、策定したりしようとしている。[87] スマート・シティをスマート・イナフ・シティに変えるための、最も重要な戦術のひとつとしての機運が高まっているのである。

スマート・イナフ・シティは、テクノロジーによって新しいサービスを提供し、日常生活を向上させると同時に、民主的な社会契約を育むことができる。シカゴ市とシアトル市は、どのようなデータを収集するかという一見技術的な決定が、実際には市民の自由や社会的正義に大きな影響を与える政治的な決定であることを認識することによってそれを示している。これらの成果は、プライバシーとイノベーションが二律背反であるかのように思われがちな、テック・ゴーグルを通した見方とは対照的である。その世界観によれば、スマートになるということは、データを収集・分析して効率を上げることを意味する。プライバシーや自由を守るためにデータ収集量を減らす必要があるならば、スマート・シティはプライバシーや自由のないものにならざるを得ない。

しかしスマート・イナフ・シティにおけるプライバシーは、自由と公平性を維持するために不可欠な人の権利である。プライバシーの保護は、新しいテクノロジーの使用を妨げるのではなく、むしろ可能にする。オバマ大統領の下でホワイトハウス行政管理予算局のプライバシー担当上級顧問を務めたマーク・グローマンはこう説明する。「十分なリソースと機能を備えたプライバシー・プログラムであれば、イノベーションを促進し、（…）行政機関が新しい技術に対応することを可能にするでしょう。」[88]

スマート・シティが最大限の効率性を追求するために可能な限り多くのデータを収集する一方、ダム・シティ〔まぬけな都市〕は一切のデータを収集しない。これらに対し、スマート・イナフ・シティがデータを収集するのは、データ収集に対する市民の支持を得て、なおかつプライバシー保護政策を確立した後である。スマート・イナフ・シティが問うのは、「どのようなデータを収集すべきか」や「どのくらいのデータを収集すべきか」ではない。「市民の期待や権利を侵すことなく、データを利用しながら、政策目標を達成するにはどうすればよいか」である。

＊＊＊

二〇一四年、ボストン市長新都市メカニクス室の共同設立者で共同取締役のナイジェル・ジェイコブのもとに、地元のエンジニアから一本の電話がかかってきた。「私は駐車場の問題をずっと研究してきましたが、実はとても簡単ことだったんです！」彼は興奮気味にジェイコブに話した。そのエンジニアは、路上で駐車場所を探すときのフラストレーション（と、それがもたらす交通渋滞）を最小限に抑える解決策を開発していた。駐車場の予約と支払いを行うアプリだ。家を出る前に駐車場所をリクエストすると、金属製の杭が飛び出して、到着するまでスペースを確保する。「単純なリソースの配分の問題ですよ」と、そのエンジニアは説明した。[89]

これが実際にうまくいくかどうか——つまり駐車場を見つけやすくなるかどうか——は、問題ではないとジェイコブは言う。「私たちは、公共の場所を占拠する権利は誰にもないのだと説明しました。そこには社会契約があるのです。話しているうちに、彼はそれがずっと曖昧なものなのだと理解し始めました。」駐車場の効率を上げることが、個人に公共スペースを予約する権利を与えることを意味するのであれば、ジェイコブは興味を示さない。

ジェイコブの話に登場する人物は、技術者の典型例である。誰かにとっての効率や利便性を重視する彼らは、それらの目標がどのように達成されるのかを考えようとはしない。目的としての効率性は、どんな手段も正当化してしまう——あるいは手段（およびその副産物）を軽視してしまう。都市がこうした論理を鵜呑みにしてしまい、広範囲におよぶ影響を考慮しないケースがあまりにも多いことをジェイコブは認めている。「私たちには、問題に対して間違った技術を導入してきた長い実績があります。それは、アーキテクチャの政治性について考えてこなかったからなのです」と彼は嘆く。

取得したテクノロジーがどのように動作するのかを自治体が考慮していない場合、そのテクノロジーの背後にある企業がアーキテクチャを決定することになる。都市がテクノロジーを導入する際には、こうした設計上の選択が、人々、企業、政府の間の社会契約に影響を与えることになる。企業は都市を「スマート」にするという名目で、自社の利益のために機密データを収集する不透明なテクノロジーを販売している。あたかもそれが、自社製品が機能する唯一の方法であるかのように。政府は、詳細を公表することなく、そうした技術を導入してしまうことが多い。

これらは、新しいテクノロジーに対する需要がもたらす必然的な結果ではない。そのテクノロジーを開発し、コントロールする人々が望んだ政治的な取り決めなのである。しかし、シカゴ市やシアトル市が実証しているように、その代わりとなるより民主的なアーキテクチャは存在する。市民に関する大量のデータを取得せずに、人々の生活向上に寄与するようなセンサーを広範囲に配備することは可能なのだ。同様に、ニューヨーク市での特別委員会の創設、シアトル市やその他の都市での監視規制条例の制定は、ブラックボックスな都市へと変化してゆく傾向を逆転させるための、明確な道筋を自治体に示している。

自治体は、市民に関する情報の監視役として、また市民のプライバシーの管理人として、自分たちに与えられた力と責任を受け入れなければならない。スマート・イナフ・シティは、この新しい役割によって、あらゆる新技術を天の恵みかのように受け入れるのではなく、技術設計の潜在的なリスクを検討し、警察による監視や搾取的な企業活動に動機づけられたアーキテクチャを拒否することを余儀なくされている。

企業からテクノロジーを調達する際、自治体のリーダーは、ツールで達成できることを超えて、プライバシーと透明性に関するより民主的な政策のあり方を勝ち取るために、その影響力を行使しなければならない。結局のところ、都市がテクノロジー企業を必要としている以上に、テクノロジー企業が都市を必要としているのだ。自治体は新しいツールやソフトウェアから情報や効率性を得ることができるかもしれない。しかし我々は今や、効率性はアーバニズムの繁栄にとって最も重要な要素などではないことを知っている。一方で企業は、自分たちの製品を購入してくれる相手を必要としているのである。このような状況だからこそ、都市はマーケット・メイカーとしての役割を果たし、スマート・シティ技術の方向性を個別的にも集団的にも示してゆくことができる。二〇一七年には二一の最高データ責任者の組合がオープンデータポータルを開発する企業のためのガイドラインを発表し、五〇の市長がネット中立性を支持するための共同書簡を連邦通信委員会に提出している。[90] バロセロナ市はこの点でも先駆的な存在である。複数の大手テクノロジーベンダーとの契約を再構築し、データの所有権と管理権を強化しているのだ。[91]

都市政府がこうした行動を取らなければ、テクノロジー企業が都市生活に対して不透明で責任能力を持たない私的権力を持ち続ける可能性がある。すでにウーバーやサイドウォーク・ラボのような企業は都市の状況について自治体よりもはるかに多くのデータを保有しているし、Northpointe社のような企業は非常に重要な意思決定を行うためのアルゴリズムを開発している。スマート・シティ企業がさらなる投資と利益を得れば、資金力のない自治体に対してさらなる影響力を持つことになるだろう。LinkNYCのようなスマート・シティの取り組みが都市にとって魅力的である理由の一部は、地方自治体が自ら公共サービスを提供するためのリソースを有していない事に起因している。二一世紀の都市住民が、テクノロジーの生産と使用に対する民主的なコントロールを備えたスマート・イナフ・シティを手に入れる権利を有するためには、自治体が企業に対する権限を主張し、そのために必要なリソースの提供を受けるとともに、自治体自身もより民主的にならなければならない。

スマート・シティ化を急ぐことによって、新たな知見や効率性が得られるのかもしれない。しかしその代償として、政府や企業がデータを収集し、不透明な決断を下すことで、個人に対して計り知れない力を振りかざすような都市が生まれることになる。貧困層やマイノリティの住民が最も虐げられることになるだろう。そう、都市の責任の大部分は、効果的なサービスを提供すると同時に、財源を賢く使うことにあるのだ。こうした目標を達成するためのテクノロジーを、その影響を十分に考慮せずむやみに追求することは、重大な職務怠慢であるといえよう。これまで見てきたように、新しいテクノロジーのメリットは非現実的なものであることが多い。よく考えずに導入してしまえば、解決どころか問題を引き起こしてしまう可能性がある。

しかし都市は、市民への配慮を怠ることなく、テクノロジーを慎重に扱うことができる。次の章で見てゆくように、テクノロジーは、都市の福祉を向上させるための自治体のイノベーションにおける重要な役割を果たすことができる。しかしそれは、望ましい成果に向けてテクノロジーを導くための、意味のある制度改革や政策改革に基づいた場合に限られるのである。

6

革新的な都市

都市行政における技術的変化と非技術的変化の関係

スマート・シティの最大の魅力は、イノベーションが約束されているという点にある。スマート・シティは最先端のテクノロジーを駆使して、自治体の業務を変革する。効率性と同様、イノベーションにも、価値中立性と最適化という漠然とした魅力がある。それに抵抗するのは難しい。都市を変革するかわりに、停滞させておきたいなどと誰が考えるだろうか。

サイドウォーク・ラボのホームページを見てみよう。そこでは「イノベーション」という言葉が五回も使われている〔二〇一八年一〇月時点〕。同社は「イノベーションに投資」することで「都市イノベーションを加速」し、「イノベーションを鼓舞するインフラ」を提供する。そして「トロント市〔最も野心的なプロジェクトが行われている場所。第7章参照〕を都市イノベーションのための世界的なハブにする」と約束している。[1] また「私たちの使命は、都市イノベーションのプロセスを加速することだ」と宣言している。[2] サイドウォーク・ラボにとっては、テクノロジー以上に、イノベーションこそが重要な商品なのだ。この意味でイノベーションは、「最適化」や「効率化」といったスマート・シティにまつわるバズワードと同じである。漠然としているが、中立的で有益な目標。企業が自社のアジェンダを推進するためによく謳うものだ。

都市が新しいアイデア、政策、実践、ツールの恩恵を受けられることに疑いの余地はない。しかし、サイドウォーク・ラボのようなスマート・シティ推進派の迷走は、イノベーションとテクノロジーを同一視していること、彼らの言葉を借りれば、「生活の質を向上させるための都市の再構築」には「都市環境を変革するための情報技術の進歩」が不可欠であると結論づけている点に原因がある。[3]

この章では、こうした考え方がいかに誤ったものであるのかを見てゆくことにしよう。それが間違っているのは、テクノロジーだけでは難解な社会的・政治的問題を解決できないからというだけではない。我々がここまで見てきた、しかし未だ完全には明らかになっていない都市行政の特性のためである。テクノロジーから利益を得るためには、政策や慣習を改革し、制度上の障壁を乗り越えなければならない。本章では、いくつかの都市——特にニューヨーク市、サンフランシスコ市、シアトル市——のケーススタディを紹介する。ガバナンスと都市生活をデータを用いて改善する上では避けられない、困難なプロセスが明らかになるだろう。テクノロジーとイノベーションの間には、技術至上主義者たちの認識や賞賛とは全く異なる関係があることがわかるはずだ。

＊＊＊

二〇一五年七月、ニューヨーク市公衆衛生当局は、サウスブロンクスでレジオネラ症（急性型の肺炎）の発生を確認した。すでに七人が死亡し、さらに数十人が感染。直ちに対処しなければ、この病気はブロンクス区全域からニューヨーク市全域へと広がり、何百万人もの人々の健康を脅かす可能性があった。

市の保健精神衛生局（DOHMH: Department of Health and Mental Hygiene）は、レジオネラ菌が潜伏している場所をすぐに突き止めた。大規模な建物の屋上で、空調システムを支えている冷却塔だ。これはレジオネラ症の一般的な感染源であり、特にエアコンの使用量が増える夏場に発生する。汚染された冷却塔の除染を行った保健精神衛生局のスタッフは、病気が他の建物で発生するのを防ぐためには、市全体で検査を行う必要があると判断した。市議会は市に対して、対応チームを結成し、すべての冷却塔の迅速な登録と除染を行うことを命じた。

これは米国で最も人口の多いこの都市にとって、多くの点でいつも通りの出来事だったといえる。ニューヨーク市危機管理局（NYCEM: NYC Emergency Management）が率いる市の各部門は、ハリケーンやテロ攻撃から市全域の停電に至るまで、危機対応における調整事に長けている。しかし、レジオネラ症の場合は、行政機関が連携するだけでは十分ではなかった――市は同時に、複数のデータソースを連携させなければならなかったのである。危機対応を行う上で、いくつかの深刻な問題が浮上した。ニューヨーク市には何基の冷却塔があるのか？　どこにあるのか？　誰が所有しているのか？　レジオネラ菌はどこの冷却塔で発生しているのか？　これらの問いは、簡単に答えられるようなものではなかった。冷却塔を設置している建物はごく一部に過ぎない。しかもニューヨーク市には、冷却塔の場所や所有者に関する包括的なデータベースが存在しなかったのである。

危機が顕在化して一週間後の金曜午後、市長室はアーメン・ラ・マシャリキに助けを求めた。ニューヨーク市の最高分析責任者を務める人物だ。

「壮絶な規模の緊急事態であったことがわかるでしょう」マシャリキは振り返る。「政府機関としてなすべきは、ニューヨーカーたちを守ることでした。」すべての冷却塔を迅速に特定し、検査することができなければ、レジオネラ症が制御不能なまでに広がる可能性があった。この緊急事態を特に困難なものにしたのは、「誰も考えたことの無かったデータセット」が必要だったからだとマシャリキは付け加える。「市役所や建物局の誰も、『冷却塔に関わる緊急事態が発生するかもしれない。冷却塔のデータセットを最高の状態にしなければ』とは言わないでしょう。それは事実上、どこにも存在しないデータセットでした。私たちはそれを集めなければならなかったのです。」[4]

ニューヨーカーにとっては幸運なことに、マシャリキのユニークな個人的・職業的経験はこの瞬間のために準備されていた。ブルックリンの中流階級の家庭に育ったマシャリキは、両親の影響を強く受けていた。父親はベトナム戦争の退役軍人で、他の退役軍人を支援する非営利団体を設立した社会活動家だった。母親はＩＢＭの人事担当役員の職についていたため、マシャリキは史上初のパーソナル・コンピュータをいくつか手に入れることができた。子供の頃はコンピュータやビデオゲームに夢中で――ドンキー・コングのプログラミング方法を学ぶのが待ちきれなかった――、母親は学校の休み時間に彼をオフィスに連れてくることを習慣にしていた。母親は独学でＢＡＳＩＣ（初期のプログラミング言語）の書き方を学び、息子が小学四年生の頃に教え始めた。

マシャリキは大学で計算機科学を学んだ後、シカゴのモトローラ社に就職した。彼は双方向無線機のセキュリティプロトコルを開発しており、二〇〇一年九月一一日にツインタワーが爆破されたときにはすでに成功を収めていた。しかしその翌日、仕事が再開され、オフィスが通常通りに機能し始めると、マシャリキは自分の仕事が世界にどのような影響を与えているのかについて疑問を抱き始めた。「世界を変えるようなことが起きても、自分の仕事が変わらないのであれば、答えは明らかだ。自分の仕事は、世界になんの影響も与えていない。」彼はそう結論づけた。

現在のスマートフォンにつながる技術を開発していたマシャリキだったが、最先端の技術を開発しているだけでは、もはや満足できなくなっていた。活動家の父に倣い、その日のうちに「これからやることは、はっきりとインパクトのあるものでなければならない」と決意した。

その後の一〇年間の大半を医学の領域で過ごし、手術ロボット用のソフトウェアを開発したり、がん治療のデータを分析したりして過ごした彼は、二〇一二年に人事管理局（OPM: Office of Person Management）のホワイトハウス・フェローとして行政の世界に飛び込んだ。コンピュータサイエンティストとして初めてホワイトハウス・フェローになったマシャリキは、自分の技術的専門知識が政府のあらゆる問題の解決に役立つという、向こうみずな自信とともにホワイトハウスへと入った。「入庁したときは、『私が誰よりも優れた存在になるんだ』と思っていました。」彼は振り返る。アルゴリズムを使って「みなさんのやり方を変革し、問題に対する考え方を一変させます」と宣言したあるスピーチを思い出して、彼は震え上がった。「私はここで、スーパーヒーローになれると確信していたのです。」彼は言う。「そして、『なぜ皆これを突き詰めようとしないのだろうか？』と、周囲を見回したのを覚えています。」

言い換えれば、マシャリキは典型的な技術者として政府に入ったわけだ。最先端の技術こそが、政府が抱える多くの課題の解決策であり、技術的な専門知識を提供することで自分が救世主になれると信じていた。しかし、ＯＰＭでの彼の最初の努力は失敗に終わる。彼が主張する解決策やアプローチは、政府のニーズとあまり合っていなかった。彼はあらゆる状況で、問題を理解することよりも、技術を振りかざすことを重視しすぎていたのだ。

マシャリキは笑いながら振り返る。「言うまでもなく、私は何度も、さまざまな形でお尻を叩かれることになりました。」彼の考えた迅速かつ明白な解決策をもたらすテクノロジーは、いつも却下されてしまっていた。マシャリキの同僚たちはそうした技術の検討を既に済ませ、彼らのニーズには対応できないと判断していたのだ。

こうした経験を経て、マシャリキはテック・ゴーグルを外すことができた。行政の問題をテクノロジーで解決することは、当初考えていたよりもはるかに困難で複雑なことだと気づくことができたのだ。彼は、これまでテクノロジーの問題だと思っていた問題が、実は組織の能力やニーズに関係していること、それに対処するための鍵は、テクノロジーを構築することではなく、人々や組織と協力して取り組むことにあると気づいた。また、イノベーションを阻む存在として悪名高い官僚主義が、悪いアイデアの実現を阻んでいることにも気がついた。彼の予想に反して、システムを吹き飛ばしてしまうより、システムの中で働く方が生産的だったのである。行政に対する猜疑心は薄れ、「公務員に対する高いレベルの畏敬の念」が彼の中に残った。

マシャリキは二〇一三年にOPMの最高技術責任者に任命され、連邦政府の退職プロセスをデジタル化するという大規模なプロジェクトの責任者に任命された。一年前であれば、最高のソフトウェアを見つけ、それを採用するよう同僚を説得することに集中していただろう。しかし今や、成功するには人を集め、組織のニーズに焦点を当てることが必要だと把握していた。彼は考慮しなければならない数多くの要素を挙げる。「人間関係を構築しなければなりません。合意を得なければなりません。影響を与えなければならない相手を見つけなければなりません。知見を提供してもらう相手を見つけなければなりません。」彼はまた、組織の他の人々の専門知識を否定すべきではないことも把握している。同僚たちがこのプロジェクトに大きな疑問を抱く中、彼はこう強調した。「私たちは、仕事のやり方を指図しに来たのではありません。あなたを助け、あなたの仕事のやり方を学び、あなたに力を貸すために来たのです。」彼の人間中心のアプローチは大きな成功を収めた。六カ月を超えるころになると、チームはOPMがそれまでの一五年間で達成した以上の成果を上げたのだ。

マシャリキは二〇一四年にOPMを退職し、ニューヨーク市のチーフアナリティクスオフィサー兼、市長室データアナリティクス部門（MODA: Mayor's Office of Data Analytics）のディレクターに就任した。前年に設立されたばかりの、自治体の分析部門である。OPMで行政改革におけるテクノロジーの限界と可能性について学んだ彼は、「世界最大級の都市のデータ担当者になる」という挑戦を熱望していた。「それに挑戦したいと思わない人がいるでしょうか？」人生で最も過酷な役割になることはわかっていた。しかし今になって、彼は次のように語る。「それがどれほど困難なものになるのか、〔当時は〕全く想像できていなかったのです。」

レジオネラ症の感染爆発が起きたのは、彼が入庁してまだ九カ月目のことだった。その仕事の規模の大きさと緻密さは圧倒的なものだった。ニューヨーク市には一〇〇万軒以上の建物がある。限られた人的資源と財政的資源のなかで、冷却塔の点検に一軒一軒足を運んでいては何年もかかり、バクテリアの繁殖を許してしまう。しかし、ニューヨーク市は包括的な調査をしなければならない。「すべての〔冷却塔付きの〕建物を発見したという確信が、九八％では意味がありません。「一〇〇％の確信が必要なのです。」彼の仕事は、データと分析を使って、冷却塔が付いている可能性の高い建物を探し出し、検査と除染チームが重点的に取り組むべき対象を特定することで、検査のペースを加速させることだった。

しかし、市のすべてのデータを統合して全体像を把握することは、予想以上に困難だった。例えば、当初は財務局（DOF: Department of Finance）が必要なデータを持っていると思われていた。同局は、冷却塔を設置している建物の一部を税控除の対象としていたからだ。しかし、このデータセットにはすべての冷却塔が含まれているわけではなく、建物の所有者の名前や連絡先も含まれていなかった。冷却塔の存在確認、登録、検査に必要な情報だけが登録されていたのだ。また、建築局（DOB: Department of Buildings）は建物の所有者に関する情報を収集していたが、同局が住所で建物を識別していたのに対し、財務局は区画税で識別していたため、ふたつのデータセットを統合するのは非常に困難だった。加えて、建築局は冷却塔を使用している建物の数を記録していたため、複数の建物にサービスを提供している冷却塔や、複数の冷却塔からサービス提供をうけている建物の存在が見落とされていた。ＭＯＤＡの最初の仕事はこうした不完全なデータを統合することだったが、苦心の末に完成したのは、冷却塔とその所有者の不完全なリストだけだった。

こうしたデータの齟齬やばらつきは、都市行政ではよく見られるものだ。多くの部門が名目上は関連のあるデータを収集しているにもかかわらず、それぞれ異なる情報として解釈し、文書化している。異なる部門が収集したデータ同士が、統合できるように設計されていることはほとんどない。各行政部門はそれぞれのニーズやミッションに合わせて作成された、独自のＩＴシステムとデータ構造を有している。これは日常業務を容易にするものではあるものの、複数部門のデータを統合する必要がある作業を妨げるもとにもなる。

「市の実態を集計する方法が幾通りもあることに気付いていない人が多いのです。」マシャリキは説明する。「同じものを数えているようでいて、ふたつの行政機関が異なる対象を集計し、異なる方法で市の指導者に報告していることがよくあるものです。ＭＯＤＡのようなチームがいなければ、大混乱になりかねません。」

多くのデータソースを必要とする今回の危機では、そうしたミスは許されない。建築局は、建物の所有者が冷却塔を登録することができるウェブサイトを作成した。市の３１１コールセンターは、建物の所有者に連絡して冷却塔の有無を尋ねた。ニューヨーク市危機管理局は、市民の意識向上キャンペーンの一環として、市内をくまなく調査した。消防士は市内を巡回し、建物に冷却塔があるかどうかを調査した。保健精神衛生局は、特定された冷却塔を検査、除染した。

MODAは、これらの迅速な取り組みをまとめる役割を果たした。毎朝七時になると、MODAは各機関に対して、その日に支援や検査のリソースが最も必要になる場所を伝える。各部門は、これらの作業を一日かけて行い、データを記録してゆく。午後一一時までには、MODAは各部門から進捗状況の報告を受ける。その時点で対応の進捗状況を評価し、翌日の各機関のタスクを決定する。マシャリキと彼のチームは、眠れない夜に慣れてしまった。

MODAの次のステップは、これらのバラバラで不完全な情報を統合して、ニューヨーク市内のすべての冷却塔を迅速かつ正確に特定することだった。危機対応の初期段階では、市の検査・清掃チームが訪問した建物のうち、冷却塔が設置されていたのは一〇%に過ぎず、支援活動は膨大な時間を浪費していた。このような低い発見率では、一〇〇万軒以上の建物があるニューヨーク市ではすべての冷却塔を見つけるのに何年もかかる可能性がある。そこでMODAは機械学習アルゴリズムの開発に着手した。すでに冷却塔が設置されていると確認された建物の特徴を参照することで、冷却塔が設置されている可能性の高い建物を特定するというものだ。

高度なデータ解析が必要になるにもかかわらず、これを純粋な技術的課題として扱っているうちは、MODAの成功はなかっただろう。幸いなことにマシャリキと彼のチームは、自分たちのアルゴリズムの最適化だけに集中するのではなく、自治体の他の行政機関との協力を絶やさなかった。MODAが最初に作成した冷却塔設置場所の候補地リストには、七万軒の建物が含まれていた。スタート地点としては良かったものの、さらに多くの人が病気にかかったり、悪化したりするのを防ぐには、検査すべき建物の数が多すぎた。しかし、このリストを見ていた数人の消防士が、分析が見落としていた重要な項目に気付く。七階建て以下の建物には冷却塔を設置してはいけないという消防法の規定である。ＭＯＤＡがこの情報をアルゴリズムに組み込んだところ、候補地リストは半分にまで減少した。

「機械学習アルゴリズムには、そんなことはわからないでしょう。」マシャリキは説明する。「もし彼らが『ああいう建物に行く必要は無い』と言ってくれていなければ、大量のデータと格闘する羽目になっていたはずです。」彼が若い頃であれば、高度なアルゴリズムで窮地を脱しようとしただろう。しかしこの時マシャリキは、データやテクノロジーだけではすべての問題を解決できないことを理解していた。だからこそ、命を救うための正確で精密なデータが必要となっている時期でさえ、データベースや分析の領域を超えて、可能な限り多くの現場の知見に手を伸ばしていたのだ。マシャリキは言う。「あなたが機械学習アルゴリズムを携えてやってきたとしても、切り札になるのはいつだって、実際に仕事をしている人々の知恵なのです。」

ＭＯＤＡの機械学習アルゴリズムは、他の機関から得られた知識を利用して、冷却塔を八〇％の精度で特定した。これは、分析を導入する前の発見率の八倍にあたる。このアルゴリズムは、ニューヨーク市が数週間以内にニューヨーク市内のすべての冷却塔を特定、検査、除染する際のガイドとなった。感染は八月中旬までに食い止められた。犠牲者は非常に多かったが——発症者は一三八名、死亡者は一六名に及び、ニューヨーク市の歴史上最大のレジオネラ症の流行となった。[5] ——、ＭＯＤＡが可能にした効率的な対応がなければ、被害はもっと深刻なものになっていただろう。

＊＊＊

マシャリキによれば、レジオネラ症の感染爆発は「ゲームチェンジャー」だったという。対応作業中に発生した課題は、データの質と実用性の間の大きなギャップを浮き彫りにした。これは将来、ニューヨーク市を麻痺させる可能性がある。次に緊急事態が生じたときには――彼はそれが起きると確信していた――、ニューヨーク市はより効果的かつ効率的に対応する必要がある。消防署には、データ収集のために街中を歩き回る余裕がないかもしれない。データセット間の調整に一日を費やしていては、対応の遅れだけでなく、危機の拡大を招いてしまうかもしれない。

マシャリキは、ニューヨーク市が特定のデータセットを整えたり、新しいタイプの情報を収集したりするだけでは不十分だと気付いた。次の緊急事態が何であるか、どのような情報が不可欠なのかを正確に予測すること――彼はこれを「未知の未知」と呼んでいる――は不可能であると知っていたからだ。代わりにニューヨーク市の自治体部門は、データインフラを改善し、一般的なデータスキルを身につけ、あらゆる目的のためにデータにアクセスし、解釈し、利用できるようにしなければならない。

マシャリキは、市が既に用いていた戦略を参考にすることにした。ニューヨーク市危機管理局の仕事の一つに、エマージェンシー・ドリル（emergency drills）（市の緊急事態を想定した消防訓練のようなもの）を実施するというものがある。エマージェンシー・ドリルでは、複数の行政機関が、熱波、沿岸部での暴風雨、吹雪などの緊急事態に対する対応を訓練する。こうした訓練は、少ないリスクでサービスや連携における課題を見つける機会となる。実際の緊急事態が発生したときに、市の行政機関が行動し、協力する準備をしておくのだ。ニューヨーク市危機管理局に倣って、マシャリキは「データ・ドリル（data drills)」と呼ばれる同様の訓練プログラムを開発した。各部門がデータを共有し、分析を使って緊急時の自治体の対応をサポートする訓練を行うというものだ。

二〇一六年六月に行われた最初のデータ・ドリルでは、一二の行政機関が集まり、ブルックリン地区の停電という課題に取り組んだ。この地域のすべてのエレベーターが停止。人々は建物内で動けなくなり、救助を必要としている。市の各担当部門は、複数の行政機関のデータを統合してこの地域のすべてのエレベーターの位置を特定し、エレベーター内で負傷者が出る可能性が高い建物を予測。それらの場所に緊急対応車両を迅速に派遣するための出動戦略を策定することが求められた。数カ月後に行われた次のデータ・ドリルでは、沿岸部で発生した暴風雨を想定し、災害後の検査で得られた新しいデータと既存のデータベースを統合して、被害状況を把握することが求められた。データの共有に重点を置いた三回目のデータ・ドリルでは、自治体関係者が目まぐるしく変化する危機の中で、異なる部門のデータにアクセスして利用する方法を訓練した。[6]

各部門が関連する情報を管理・理解できなければ、ニューヨーク市の業務や生活をデータを使って改善することはできない。MODAが、こうした訓練が必要だと考えるのはそのためだ。データ・ドリルは様々な状況でデータを扱う機会を作ることで、より効果的で影響力のあるデータ利用へとニューヨーク市の職員を後押しすることができる。各部門は、他の機関が収集した情報がどのようなものであるか、また、他の機関がそれを利用できるように自分たちのデータをどのように準備すればよいのかを学ぶ。これらの取り組みをさらに支援するために、MODAはデータの解釈とアクセスを容易にする技術的なツールを開発している。チームの最初の主要なプロジェクトは、七つの行政機関の建物に関するデータを一つのインタラクティブなシステムに統合する、総合的な建築情報ツールキットだった。これにより各部門は、建物に関する異なる行政機関の相反する情報を苦労して理解しなければならないという負担から解放された。またデータ・ドリルは、緊急時の対応や日常業務の改善のためのデータ分析や活用に関する各部門のスキルアップにも役立っている。これらの実践、プロセス、ツールが市役所に浸透することで、MODAは各部門がより効果的にニューヨーク市民にサービスを提供できるよう支援することができるようになった。例えばあるプロジェクトでは、家賃規制のあるアパートにおける家主の嫌がらせや不正な立退通告を住宅保全開発局が未然に防ぐことに、機械学習を用いて貢献した。

マシャリキのデータ・ドリルは、どうすれば都市がスマート・イナフになれるのかを例示し、そのメリットを説明するものである。将来、どのようなデータやアルゴリズムが必要になるかを正確に予測することは不可能だ。都市はあまりにも複雑である。しかし、問題の種類や、データの利用に伴って発生する課題は確実に予測することができる。不正確、あるいは不完全で管理不十分なデータセット、部門間でのデータの相互運用性の欠如、データセット間での情報の統合ができないことなどだ。これらは本質的にはテクノロジーの問題ではない。しかし新しいテクノロジーを効果的に使用するためには、これらの問題に対処する必要があるのだ。

ジョンソン郡（第4章参照）でも見られたように、こうした問題は普遍的に生じている。自治体の部門や行政機関は、それぞれほとんど独立した組織として運営されているからだ。各部門は、他の部門がどのようなデータを持っているかを考慮することなく、それぞれの業務や責務に適したデータを収集している。ふたつの行政機関が都市の同じ側面を注視していたとしても、照合が困難な方法で情報を記録している可能性がある。またデータはこれまで、当初の目的を超えた分析にまで用いられるリソースとは見なされてこなかった。そのため、データに品質基準を設けて運用したり、各部局のコンピュータに

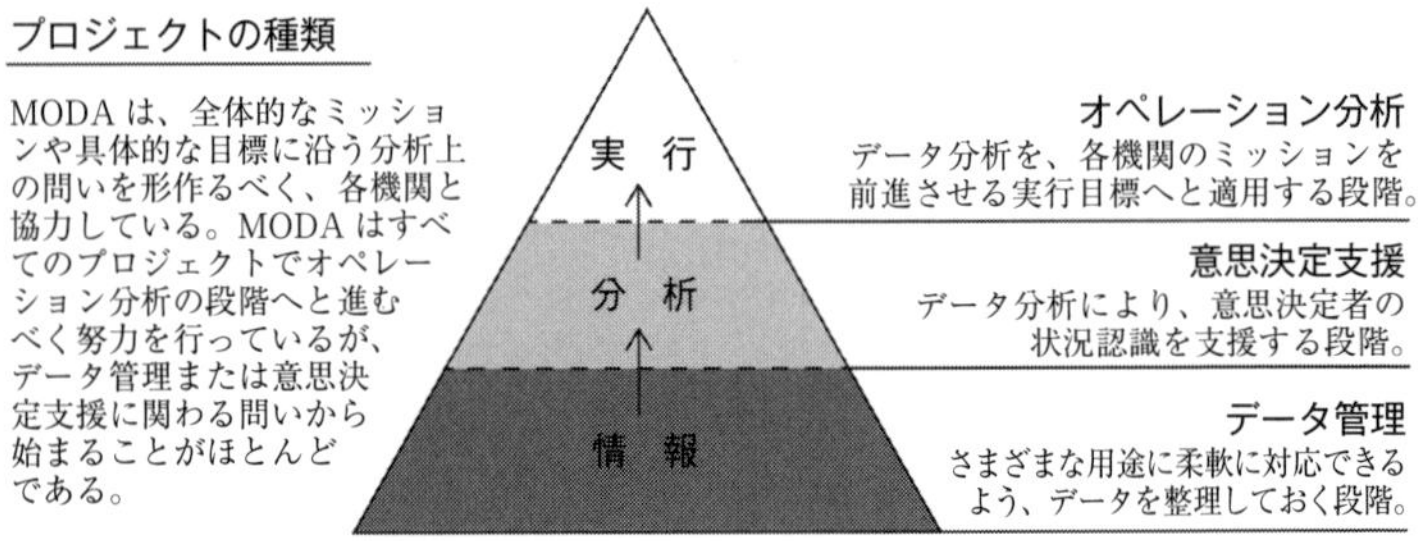

プロジェクトの種類

MODAは、全体的なミッションや具体的な目標に沿う分析上の問いを形作るべく、各機関と協力している。MODAはすべてのプロジェクトでオペレーション分析の段階へと進むべく努力を行っているが、データ管理または意思決定支援に関わる問いから始まることがほとんどである。

実　行

分　析

情　報

オペレーション分析
データ分析を、各機関のミッションを前進させる実行目標へと適用する段階。

意思決定支援
データ分析により、意思決定者の状況認識を支援する段階。

データ管理
さまざまな用途に柔軟に対応できるよう、データを整理しておく段階。

図 6.1　ニューヨーク市長のデータ分析室が戦略の指針に置くプロジェクト・ピラミッド
(出典：NYC Analytics, "Mayor's Office of Data Analytics (MODA)," p. 1, http://www1.nyc.gov/assets/analytics/downloads/pdf/MODA-project-process.pdf.)

保管されているデータセットを公開したりする理由自体が、歴史的にほとんど存在していないのである。さらに、自治体の職員は一般的にデータ分析のトレーニングを受けておらず、テクノロジーを使って仕事を改善したり、変更したりしようとする外部からの試みには警戒心を抱くことが多い。

　サンフランシスコ市では、最高データ責任者のジョイ・ボナグロが、データをより価値あるリソースに変えるべく、これらの障害を克服する役割を担っている。ボナグロは、バズワードに流されない、淡々とした態度で、テック・ゴーグルの誘惑にうまく抵抗している。彼女の最終的な目標はサンフランシスコ市におけるテクノロジーの効果的な利活用にある。にもかかわらずこうした抵抗活動が必要になるのは、彼女が直面する課題が主に人や政策に関連しているからだ。

　デザインのバックグラウンドを持つボナグロは、テクノロジーの力よりも、テクノロジーを利用する人々のニーズに気を配っている。また、自称「ハーバード・ビジネス・レビュー」オタクの彼女は、都市行政のような複雑な官僚機構を扱うことにも慣れている。彼女はこうした見方を持つことで、誇大広告にとらわれることなく、自分の街を改善するためのデータ活用に集中することができている。「スマート・シティは、テクノロジー中心主義的かつ技術主導なものです。それが良い戦略になることはほとんどありません」と彼女は言う。「私たちがデータサイエンスに取り組むのは、クールになるためではありません。私たちは、これが使うべきツールであると証明したいのです。」[7]

二〇一四年に最高データ責任者に就任して以来、ボナグロは――彼女のチームであるDataSFと共に――、市役所全体のデータインフラとガバナンスの体系化を使命としてきた。彼女らはまず、すべての部門にデータ目録の作成と共有を依頼し、管理しているすべてのデータソースとデータセットをカタログ化することを要求した。二〇一五年三月までに、五二の部門のうち三六の部門が完全なデータ目録を完成させ、二〇一八年一〇月現在、九一六のデータセットがカタログ化されている。[8]

DataSFの次のステップは、これらのデータセットを部門の垣根を越えてアクセスできるようにすることであった。これらのデータセットの多くは、サンフランシスコ市のオープン・データ・ポータルで公開されることになった。煩雑な手続きや、データ共有に関する契約を結んだりすることなく、どの部門の人でも（一般の人でも）データセットにアクセスできるようになったのだ。目録に追加されたデータセットのうち、半数以上がオープンデータとして公開されている。一般に公開できないような機密性の高いデータセットについては、必要に応じてデータ共有に関する契約を結ぶことにしている。ただし、そのプロセスは困難を極める。地域のすべての医療・福祉サービス機関が相互連携できるようにするためのある契約のケースでは、締結までに一年以上の時間を要している。[9]

DataSFの次のステップは、市のデータが分析を行う上で十分に質の高いものであるかどうかを確認することだった。この取り組みは現在も継続中だ。これは、データセットが正確かつ最新の状態で、一貫性があり、完全なものでなければならないことを意味している。例えば、記録に欠落のある、数年間更新されていない冷却塔のデータセットがあったとしても、ほとんど役に立たないだろう。しかし、行政データを分析に利用することはほとんどないため、市の職員はこうした性質を気にかけるような訓練を受けていない。そこでボナグロは、データの質の維持と向上を行う方法の教育に取り組んでいる。二〇一七年、DataSF は『質の高いデータを確保する方法 (*How to Ensure Quality Data*)』と題した手引書を発表した。手引書に付随するワークシートでは、職員がデータの質を評価し、改善するために必要な手順が説明されている。[10] また DataSF は、データセットの整合性や信頼性を評価する手法であるデータ・プロファイリングに関するトレーニングを各部門に対して行っている。各部門が所有するデータの限界を示してやると、効果はすぐに現れたとボナグロは述べる。「ある部門のデータをプロファイリングして、会議に持ち込んでみたのです。彼らは目を見張っていましたよ。自分たちのデータをそうやって見たことがなかったのです。」データの質の低さにショックを受けたその部門のスタッフたちは、DataSF の新しい品質ガイドに従うようになった。DataSF はまた、データセット間での記録の照合や統計の集計を容易にするため、日付や場所といった一般的な情報について、市共通の基準を作成している。[11]

よく整備され、アクセスしやすく、高品質なデータのエコシステムを構築するには、サンフランシスコ市役所全体の何年にもおよぶ作業が必要だった。しかしまだ、更なる努力のための基礎ができたに過ぎない。データが付加価値をもたらすのは、各部門によるより良いサービスとガバナンス提供に、実際に役立ってからだ。ボナグロはこのことを念頭に置いて、各部門がデータを使った業務改善を行うためのトレーニングを重視するようになった。

そのためには、ボナグロのマネジメントとユーザーデザインの経験——そして彼女の謙虚な性格——

が不可欠である。もしDataSFが、データにすべての答えがあると謳って各部門に働きかけていたとしたら、「笑われるどころか、無視されていたでしょう」と彼女は述べる。彼らはDataSFとの連携を拒否したはずだ。「関係の構築に焦点を当てる必要があります。」彼女は付け加える。「彼らは自分たちの仕事を十分承知しています。彼らから学ばなければならないことがたくさんあるのです。」

ボナグロは、データの高度な利用方法を、最初から各部門に押し付けてはならないということも理解している。結局のところ、新しい方法で意思決定を行うには、大幅な業務の変更が必要になる。また、データやアルゴリズムに慣れていなければ、テクノロジーで業務を改善できるという提案を、脅しや侮辱に感じるスタッフもいるだろう。その一部は、既存の業務や専門知識を軽視した技術主義者との、苦い経験によるものかもしれない。彼女はこうした壁を認識した上で、各部門のニーズを知ろうと努力し、「現場で人に会う」よう努めている。彼女は市の監査役と協力して、「市全体のデータスキルと能力を高める」ための、データ・アカデミーというプログラムを作成した。これにはデータベースの使用、データの可視化、情報ダッシュボードの作成などのスキルを教えるコースが含まれている。「私たちはゲートウェイ・ドラッグ〔より強い薬物に接する前段階でふれる、軽度な薬物〕という言葉を使って考えています。データ・アカデミーはゲートウェイ・ドラッグなのです」と彼女は言う。「つまり、『データ利用の連鎖』へと誘うための、連続したストーリーになっているのです。」

これらの戦術により、ボナグロは市内のほぼすべての部門とのパートナーシップを築くことができた。データの利用に熱心な部門もあれば、変化や外からの影響に抵抗する部門もある。そこで彼女は、各部門の優先事項やニーズに対応した小さなプロジェクトから手をつけることにしている。データの価値を示すと同時に、彼女の誠実な意思を示すためだ。「簡単には答えられないとあなたが感じる、重要な質問はなんですか。あるいは、何度も繰り返し訊かれていると感じる、重要な質問は何ですか。」彼女はこのような質問に対する回答から、関心のある分析指標を追跡・可視化するためのダッシュボードを作成する。データへのアクセスや解釈が困難な、非効率的な報告方法から脱却させることで、データがいかに業務を改善できるかを示すのだ。

ボナグロは、最初の会議の時間の大半を、彼女に怒鳴りつけることに使ったある部門のことを振り返る。彼女はその部門の要望に気を配り続け、スタッフと協力して、パフォーマンスのモニタリングに役立ついくつかのダッシュボードを開発した。すると、その部門はすぐに彼女を受け入れたのだ。それ以来、データを活用することでパフォーマンスを飛躍的に向上させている。「それが彼らの次のレベルへのステップアップにつながるのです」彼女は説明する。「何かを解決したからこそ、次のステップに進むための、信頼の基礎が作られるのです。では、どうすればそうした課題を発見することができるのでしょうか？　ユーザー・リサーチとデザイン思考 (design thinking) を通じて、です。技術思考 (technology thinking) を通じてではないのです。」

行政部門がデータを貴重なリソースとして認識したとしても、やるべきことはまだ数多く残っている。どのような分析指標を、モニタリングと最適化の対象として選択するのか。それが困難かつ重大な作業であることは繰り返し指摘してきた。政府内でデータを利用しようとする善意の努力の多くは失敗に終わる。膨大なデータを、目標を適切に捉える分析指標へと統合することができないからだ。「分析指標とは厄介なものです。ほとんどはひどいものです」とボナグロは述べ、間違った分析指標を選択すれば、「間違った方向に物事を進めてしまいます」と付け加える。

彼女によれば、業務の背後にある物量やプロセスに関連した分析指標を追跡しているにもかかわらず、それらの業務が実際に与える影響や、期待される成果を行政部門が見落としていることがあまりにも多いという。彼女は、各部門に昨年のサービス提供数を尋ねるかわりに、「良いサービスを提供できたか？　その結果、何が起こったのか？」を問う。本章の次のセクションで説明するように、サービスがもたらす影響よりも、サービスを提供した人数に重点を置くような福祉機関は衰退してゆくだろう。そこでDataSFでは、各部門がそれぞれの業務や目標に合わせて分析指標を設計できるよう、データ・アカデミー・コースを設計している。このコースでは、分析指標が複数のカテゴリーに分類されている。どれだけのことができたか（量）、どれだけうまくできたか（質）、その結果誰がより良い影響を受けているか（インパクト）の三つだ。

ボナグロは、これらの作業が、都市行政におけるデータ活用の最も高度な段階、すなわち機械学習を活用して業務を改善するための「肥沃な土壌」を作り出していると考えている。二〇一七年、DataSFは各部門のデータサイエンス活用を支援するプログラムを立ち上げた。いくつかの部門がすぐに名乗りを上げた。[12]公衆衛生局は、WIC (Women, Infants, and Children)（低所得の妊婦、母親になったばかりの女性、幼い子供たちにサービスを提供する連邦政府のプログラム）から脱落してしまう母親を特定するための予測モデルを構築した。これにより、プログラムの障害を特定し、女性とその子供をよりよく支援するための改革を行うことができる。[13]別のプロジェクトでは、市長室住宅地域開発部門 (Mayor's Office of Housing and Community Development) が、異常ないし違法と思われる立ち退き通告を検出するアルゴリズムを作成。市の立ち退き防止サービスを介入させることで、住民が家に住み続けられるようにした。[14]

ボナグロのサンフランシスコ市での取り組みは、マシャリキのニューヨーク市での取り組みとよく似ている。両者をスマート・イナフ・シティの模範的なリーダーたらしめているのは、技術的なスキルではない。技術的な見識と、自治体のニーズや業務を、しっかりと統合するその能力だ。スマート・シティを推進する人々は、機械学習アルゴリズムがもたらす価値に注目する。しかしそうしたメリットを実現するためには、データ目録の作成、部門間のギャップの解消、データを管理・利用するためのスタッフのトレーニングなど、長期にわたる困難なガバナンスや、制度の変革プロセスが必要となる。

それでも、データからの洞察を社会的なインパクトに結びつけるには、技術至上主義者たちがしばしば不満をぶつけるような従来型の行政業務が不可欠である。例えばニューヨーク市では、MODAが提供した貴重な情報と分析力が、レジオネラ症の感染爆発への対応に役立った。しかし、分析だけで危機を解決することはできなかっただろう。ニューヨーク市危機管理局は複数の行政機関の業務を調整していた。消防署は建物の冷却塔の調査を行っていた。保健精神衛生局は冷却塔の検査と洗浄を行っていた。こうした活動は、レジオネラ症の蔓延を抑えるために不可欠なものだった。たしかにMODAはこうした活動を直接支援していた。しかし病気の拡大を防ぐために、最終的に必要だったのは、他の行政機関の働きと専門知識だったのだ。

「MODAがスーパースターであるかのような印象を与えたくないのです。」レジオネラ症の感染爆発について話した後で、マシャリキは述べた。[15]「データと分析は問題を解決するものではありません。あなたの街で実際に問題を解決する人々を支援し、そこに付加価値を与えるものです。ニューヨークで冷却塔を見つけることは、干し草の山の中から針を探すようなものでした。MODAの仕事は針を探すことではありません。私たちの仕事は干し草の山を燃やして、実際に仕事をしている人たちが針を見つけやすくすることだったのです。」[16]

MODAやDataSFのようなチームは非常に重要である。データ管理の不備や各行政機関の連携不足は、いかなる善意の取り組みも台無しにしてしまうからだ。シアトル市で起きたことがまさにそれだった。〔市の〕厚生局（HSD: Human Services Department）は、ホームレス化を抑制しようとする試みと、その結果との間に、大きなギャップが存在することを発見している。

＊＊＊

二〇一五年、シアトル市のホームレス人口は一万人を超えた。そのうち約四〇〇〇人が路上生活者である。二〇一三年に比べて三八％の増加であり、シアトル市の路上生活者数は四年連続で増加していることになる。[17] 毎年数十人のホームレスが死亡し、何千人もの子供たちがホームレスになっている。[18] ホームレス解消のための一〇年計画（二〇〇五年開始）が終了した時点で、シアトル市が直面している状況が「かつてないほど悪い」ことは明らかだった。[19] 地域のリーダーたちは緊急事態を宣言した。

シャキラ・ボールディンのようなシアトル市のホームレスの母親にとって、自分と息子のためのサービスを利用することはいつも苦労続きであった。「プログラムに電話をしても、満員だったり、空きがなかったり、私と幼い子供を受け入れることができなかったり」、彼女は振り返る。地域のサービス事業者は、ボールディン一家が安全に暮らし、ホームレス状態から抜け出すために必要なサポートを提供するためのリソースや連携を欠いていた。「私は息子を、本当に不安定な環境で育てなければなりませんでした」彼女は言う。「私たちは床に敷いたマットの上で寝ていたのです。行くあてもありませんでした。」[20]

地域のセーフティーネットを維持する上で主要な役割を果たしてきたHSDは、抜本的な改革の必要性を理解していた。シアトル市はホームレスシェルターやその他のプログラムを直接運営しているわけではないが、シェルターや衛生センター、食事プログラムなどのサービスを運営するため、地域の団体――「サービス事業者」――に資金を提供している。ＨＳＤは毎年五五〇〇万ドルをホームレス支援事業に費やしていたが、ボールディンのような家族への支援は抜け落ちていた。ＨＳＤは、事業がどのような状況にあるのか、どこに不足があるのかを明らかにするため、ホームレス支援事業への投資を詳細に分析することにした。[21]

ＨＳＤ副局長のジェイソン・ジョンソンは、「これらの投資がどう機能しているのか、徹底的に調査する必要がありました」と述べている。「私たちは実体を常に把握できているわけではないと気づきました。あるプログラムがホームレス状態から人々を脱却させることに成功しているかどうかがわかるようなレベルの情報は、必ずしも得られていなかったのです。そこに発見がありました。」彼は述べる。「私たちは、これらの投資やプログラムが個人に与えている影響の全容を把握できていませんでした。私たちにはそれが必要だったのです。」[22]

自分たちの活動が実際に人々の生活にどのような影響を与えているのか、どのプログラムが効果的なサービスを提供しているのかを把握することすらできないことを知ったＨＳＤは、ホームレス支援プログラムに関するデータは非常に不完全であることに気付いた。[23] 情報は三つのデータシステムに分割されており、重複したデータ入力を余儀なくされていた。サービスとその影響に関するまとまった概要が捉えにくくなっていたのだ。また、ＨＳＤがデータの必要性や価値を明確に説明していなかったために、サービス事業者が報告する情報は不完全で信頼性の低いものになってしまっていた。これにより、ＨＳＤのデータに対する関心はさらに低下し、サービス事業者の報告方法の不備が正当化されてしまうという負のスパイラルに陥っていた。

貧弱なデータ管理によって、ＨＳＤはホームレスに関する簡単な質問にも答えることができなくなっていた。一回の炊き出しで何人に食事が提供されたのかを知るためには、マネージャーが一〇人の専門家と連携し、別々のスプレッドシートから手動で数字を計上しなければならなかった。サービスを受けた後、どの家族が居住先を得て、ホームレス状態から脱しているのかといった、より重要な問いに答えることは不可能な状態だった。「資金援助する側としてもサービスを提供する側としても、単に数字やデータを集計して報告するだけのために、あまりにも多くのエネルギーが費やされていました」とジョンソンは振り返る。

ＨＳＤがホームレス支援事業に関するデータ無しに活動していたと言っているわけではない。「データはたくさん寄せられていました。」しかしほとんどが「どれだけの人にサービスを提供したかや、その人たちの属性といった『ざっくりした集計』を束ねただけのものだったのです」とジョンソンは説明する。

「シアトル市の成果はパッチワークのようにバラバラになってしまっていました。」ハーバード大学ガバメント・パフォーマンス・ラボの特別研究員で、ＨＳＤによるホームレス支援事業の評価と見直しを支援した、クリスティーナ・グローバー＝ロイバルは述べる。[24] 市はプログラムの評価を体系的に行っていなかった。シャワーの使用状況、サービスを受けた人の数、配布された食料の量、住宅を取得した数など、様々な基準を用いていたのだ。同じ種類のサービス（例えば、市内全域にある緊急避難所）であっても、異なる基準によって評価されていることが多くあった。そのため、ＨＳＤは「サービス提供のモデルが同じであっても、プログラム間のパフォーマンスを比較することができなかったのです」と彼女は説明する。

サービス事業者もまた、このシステムの下で苦労していたと彼女は付け加える。「同じプログラムを提供するサービス事業者が、二つのシェルターを運営している場合がままあります。しかしシェルターごとに、市への報告事項が異なることがあったのです。サービス事業者にとってみれば、自分たちが何を達成しようとしているのかがわかりません。シアトル市には、ホームレス支援プログラム全体で一貫した成果を監督してもらう必要がありました。」

シアトル市は、サービス事業者に対して何を達成したいのかを明確にしていなかった。そのため、各サービス事業者が、それぞれ異なる目標に向かって活動していたのだ。「私たちは、自分たちが達成しようとしている成果を、いつも明確にしていたわけではありませんでした。」ジョンソンは振り返る。「私たちは、誰もが自分や家族が永久に居むことのできる住居に手に入れようとしているという前提で活動していましたが、現実のサービスは必ずしもそうなってはいませんでした。サービスは、人々が生存リスクを管理し、軽減することを支援するものではありました。しかし、彼らを入居させて、ホームレス状態を積極的に解消しようとするものではなかったのです。」

シアトル市はこの状況を改善するために、地域のサービス事業者との契約の構造と管理方法を改革する必要があった。「正直言って、契約こそが唯一のツールだったように思います」とジョンソンは述べる。「サービスの提供、データの収集方法、パフォーマンスの評価方法を変えるために、他に実施できることはなかったのです。唯一のツールが契約でした。」

政府との契約は、競争入札というプロセスを経て結ばれる。シアトル市が福祉サービスを提供することを決定すると、シアトルは企業や非営利団体にプロポーザル（ないし「入札」）を求める。シアトル市はこれらを審査し、最も優れた（一般的には、明示的か否かにかかわらず、最低価格の提案と定義されている）プロポーザルを提出した団体を選ぶ。その後、シアトルは落札者と契約を結び、その団体がプログラムやサービスを提供することと引き換えに資金を提供する。

シアトル市だけがこうした契約に依存しているわけではない。全米の政府は、最も重要な業務の多くを契約に頼っている――ボストン市革新技術局（Department of Innovation and Technology）の調達担当、ローラ・メルルはそう説明する。「契約は、あらゆるアウトプットのためのインプットなのです」と彼女は述べる。「多くの人々は、政府が中核的なサービスをゼロから提供しているわけではないということを知りません。」道路の舗装からウェブサイトのデザインまでが、「実際には、民間企業との協力のもとに行われています。私たちの役割は多くの場合、パートナーを選び、民間企業が提供する商品やサービスとともに契約を管理することなのです。」[25] ある試算によると、平均して都市の予算の半分が、商品やサービスの調達に費やされているという。[26]

契約とは、言い換えれば、政府の政策ビジョンを現実のものにするためのツールである。「たくさんの頭のよい人々が、たくさんの素晴らしいアイデアを持っています。しかし、それを実現するにはどうすればよいのでしょうか？」メルルは問う。「素晴らしいアイデアなるものが何であれ、それを人々のために意図通り機能するものへと変換する方法が契約なのです。」効果的な契約は、政府の意義あるプログラムを強化することができる。しかし契約の構成や管理が不十分であれば、綿密に設計された政策でさえも失敗させてしまうことがあるのだ。

残念ながら、競争入札と契約は一般に事務的で退屈なものと思われている。人々の目が向くのは事後の結果ばかりだ。[27] 調達プロセスは規制が厳格なため、政府が受け取るプロポーザルの質と量を大幅に低下させてしまうという魅力的とは言えない特徴がある。また、政府の契約は、望ましい成果にインセンティブを置くような構成にはなっていない。一般的には、価格の安さと基本的なコンプライアンスに重点を置いて管理されている。

シアトル市では長い間、契約の管理が行き届いていなかった。HSDがホームレス支援事業の契約を見直したところ、定義の不十分な目標やプログラムが長年にわたって蓄積されていることがわかった。六〇のホームレス向けサービス事業者と、二〇〇以上の契約を結んでいたのである。[28] これまでHSDは、サービスを拡大したり、新しいサービスを提供したりしようとするたびに、市議会から資金を調達し、地域のサービス事業者と新しく契約を結んできた。これらの契約はその後、一度も再契約や再編成を行ってこなかった。結果として契約が入り乱れることになり、サービスの提供や評価は困難になっていった。グローバー＝ロイバルはこう説明する。「長い歴史を持つサービス事業者が、多岐にわたる契約を結んでいました。市議会が過去一〇年から一五年に渡って行ってきた予算配分に基づくものです。」中には一〇年以上前の契約もあった。サービス事業者の中には、非常によく似たサービスのために、多数の契約を結んでいるところもあった。

グローバー＝ロイバルが言うところの「事務上の悪夢」が、サービス事業者が人々のニーズに効果的に対応することを困難にしていた。「サービス事業者は、必ずしもこれらのプログラムを別々に考えていたわけではありません。」しかしどのようなサービスが最も効果的なのかにかかわらず、スタッフの時間やその他のリソースをそれぞれの契約に従って厳格に配分しなければならなくなっていたのである。さらに、初回の調達以後、契約が調整されることはなかったため、地域社会の変化するニーズにサービスを適応させることができていなかった。彼女は言う。「あまり使われていないシェルターもあれば、頻繁に利用されているシェルターもあります。しかし現在の方法では、各シェルターは、HSDが最初のプロポーザルを行ったときの規模に制限されてしまっています。しかもそれは五年から一〇年も前のプロポーザルによるものなのです。」

ジョンソンは、地域のYWCA（Young Women's Christian Association）（キリスト教女子青年会）を「この問題の象徴」だと指摘する。YWCAはホームレス問題に対処するために、一九の個別の契約を長年にわたって結んでいた。これらの契約の管理のために、YWCAでは三人の専任スタッフが、市ではさらに四人のスタッフが必要となっていた。さらに重要なのは、これらの契約によって生じた人為的な障壁によって、YWCAの支援を必要としている人々に対する効果的なサービスの提供が妨げられていたということである。シャキラ・ボールディンとその息子には、家族向けに作られたプログラムを適用することができたはずだ。しかし、YWCAがプログラムに割り当てられた資金を使い切っていた場合、別のプログラムから未使用の資金を割り当てることはできないことになっていた。それらは別々の契約で管理されているからだ。彼らは、助けを得られないまま放置されることになるのである。

HSDはこうした問題に対処するために新しいアプローチを開発した。「ポートフォリオ契約」と呼ばれるもので、別々に結ばれていた契約を統合し、より柔軟に資金を配分できるようにしたものである。これにより、サービスごとに逐一契約を結ぶかわりに、一つの契約で複数のサービスを提供することができるようになった。試験的に行われた取り組みでは、二六あった契約（年間八五〇万ドル分）を、わずか八つに統合することができた。[29] ジョンソンによれば、これが「勝利への契機」となったという。「それぞれの組織が、市からの援助を、それを最も必要としている人に柔軟に分配することができるようになったのです。」

ポートフォリオ契約の導入により、サービス事業者があまりにも多くの契約に縛られ、負担を強いられるという問題は解決した。しかしそれでもなお、市はホームレス状態の人々や家族を住宅に入居させるという共通の目標に向かってサービス事業者が努力しているのかどうかを確かめなければならなかった。HSDは、サービス事業者が成果基準を達成した場合に、それに報いるというインセンティブを契約書に盛り込むことで、これを実現しようと考えた。

しかし、シアトル市が単独でできることは限られている。福祉サービスを直接提供しているわけではないし、市は地域にいくつかある社会福祉事業基金のひとつにすぎない。キング郡（シアトル市内の自治体）や、地域のユナイテッド・ウェイ〔米国の慈善福祉団体〕もまた、サービス事業者に資金を提供しているのだ。仮に市が明確な成果指標を設定して契約を結んだとしても、事業の半分近くは他のふたつの資金提供者から委託されたものになる。もし別々の目的を追求し続けたなら、福祉サービスはバラバラで効果のないものになってしまうだろう。地域のサービス事業者に首尾一貫した目標を提示するためには、市の目標を他の主要なステークホルダーと擦り合わせる必要があった。

一年以上をかけて――ジョンソンは「何回会議を開いたか。思い出したくも無い」と振り返る――市、郡、ユナイテッド・ウェイ、そして政治家たちは、長期的な成果を重視したホームレス支援事業のための共通目標を策定した。中でも特に重要とされたのは、ホームレスを恒久的な住まいに入居させ、路上生活への後戻りを防ぐことである。またアフリカ系アメリカ人やLGBTQの人々は、これまで十分なサービスを受けてこなかった。そこでもう一つの重要な目標は、すべてのホームレス層がニーズに応じたサービスを確実に受けられるようにすることとされた。またステークホルダーたちは、サービス事業者が事業に関するより正確で包括的なデータを収集することを望んでいた。現在、三つの福祉サービス基金はすべて、契約のなかに、こうした目標と結びつけられたインセンティブを盛り込んでいる。

ＨＳＤでは、新たな契約の導入に伴い、サービス事業者が目標に向けて適切な進捗を達成しているかどうかを確認するための、月一回のミーティングを実施している。サービス事業者が規制を守っているかどうかのチェックは、これまでほとんどなされていなかった。業績が良好であろうとなかろうと、ＨＳＤは事業者の活動をほとんど把握しておらず、影響力も持っていなかったのである。今では、「サービス事業者の業績が悪ければ、それを改善するための話し合いが毎月行われるようになりました」とジョンソンは言う。（新たに収集したデータにもとづく）こうした対話は、すでに市とサービス事業者によるリソースと優先順位の調整に一役買っている。例えば、〔サービス提供から〕こぼれ落ちてしまった世帯を特定し、彼らに合わせた支援計画を立てるといったことだ。

柔軟なポートフォリオ契約を結び、明確な目標を設定し、より良いデータを収集すること。これによってシアトル市は、地域のホームレス人口を減少させ、彼らが直面している困難を軽減するための能力を大きく拡大した。「実際のパフォーマンスに関するデータを手に入れたことで、何が人々のために機能していて、何が機能していないのかを把握することができるようになりました。」グローバー＝ロイバルはこう説明した上で、ＨＳＤはすでに、人々が実際にどのようにサービスを利用しているのか、どのサービス事業者が最も成果をあげているのかについて、多くのことを学んでいると付け加える。

まだまだやらなければならないことは山積しているが——根本的な課題を特定するには、さらなるリソースと新たな政策が必要だ——、ここでの成果は、ホームレス状態の人々やその家族の生活に直接影響を与えつつある。二〇一八年の第１四半期には、市のホームレス支援事業への投資によって、住まいに入居したり、住居を維持し続けることができた人々が三〇〇〇世帯以上に及んだ。二〇一七年の第１

四半期に比べて、六九％の増加である。[30] 事実、シャキラ・ボールディン一家が住まいを手に入れたのは、HSDがポートフォリオ契約とパフォーマンスに応じたインセンティブを試行してから、わずか六カ月後のことだった。「この気持ちは説明しようもありません。」彼女は言う。「毎朝目が覚めると、私と子供がひとつ屋根の下に住めている事に感謝するんです。未来は明るいと感じます。[31]」

＊＊＊

スマート・シティの最大かつ最も悪質なトリックのひとつは、イノベーションの役割と意味を悪用していることにある。第一に、ダム・シティ（まぬけな都市）の象徴として既存の慣習を切り捨て、イノベーションを台頭させようとしている。第二に、イノベーションを、何かをより技術的にすることだと定義している。

本章では、そうした論理を覆すために、スマート・イナフ・シティを実現し、維持するためには何が必要なのかを詳細に考察した。重要なイノベーションは、クラウドではなく、グラウンド（地上）で起きるのだ。都市におけるイノベーションとは、新しいテクノロジーを採用することではない。テクノロジー以外の変化や専門知識と連携して、テクノロジーを導入することである（もちろん、テクノロジーを全く伴わないイノベーションであっても構わない）。都市は、データを有意義で実用的なものにするために、制度上の多くの障壁を乗り越えなければならない。MODAとDataSFには、最適な機械学習アルゴリズムを見つける必要などなかった。かわりに必要だったのは、各部門のサイロを壊し、データ目録を管理するための新しい習慣を作り、スタッフを訓練して新しいスキルを身に付けさせることだった。

シアトル市は、イノベーションが単に「新しいテクノロジーを使う」だけのものではないことを意識することの利点を明快に示している。自治体は非常に複雑な構造の中で運営されている。その権限や能力は限られており、他の多くの組織と連携しなければならない。しかし、スマート・シティの技術は、そのような構造を念頭に置いて設計されているわけではない。テクノロジーだけに焦点を当てていては、ホームレス支援事業を改善することはできない。ジェイソン・ジョンソンは、ホームレス問題に対処するための「唯一のツール」として契約の改革を位置付けた。また彼は、社会福祉事業に対する複数の資金提供者を、共通の目標の下に団結させるために必要だった一年におよぶ会議の重要性を強調している。我々はいまや、都市が実際に直面している差し迫った課題の多くに対して、テクノロジーは無力であることをはっきりと理解している。確かにシアトル市がプログラムを評価し、リソースの必要な場所を特定する上で、データは役に立っている。しかしより体系的な改革なくして、それが影響を与えることはなかっただろう。

またテクノロジーだけでは、答えはおろか、問いさえも生み出すことはできない。都市はまず何を優先させるべきかを決定した上で（これは明らかに政治的な課題である）、データとアルゴリズムを使ってパフォーマンスを評価し、改善しなければならない。ワイアード誌が「データの洪水によって科学的方法は時代遅れ」になり、「理論の終焉」が訪れると約束したのは有名だ。[32] しかし無限ともいえるデータの時代にあって、むしろ理論の重要性はかつてないほど高まっている。かつては最小限のデータしか収集できず、分析能力もほとんどなかった。データ活用に関する選択の余地はほとんどなかったのだ。しかし現在では、膨大なデータを収集した上で、最先端の分析手法を用いることができる。分析と応用に関する選択肢の数は圧倒的な規模に及んでいる。都市政策やプログラムの評価に徹底された基礎がなければ、都市は間違った問いを立て、間違った答えを追いかけ、行き詰りを迎えることになるだろう。例えばシアトル市には、ホームレス支援事業に関する多くのデータがあった。しかし最終的な目標に向けて、データ収集と分析を導く戦略が欠けていたのだ。

「データサイエンスの要は、良い問いを立てることです。」そうジョイ・ボナグロは述べる。都市行政がデータを効果的に利用するためには、都市が直面している多くの課題のうち、データを有効活用できるのはどれなのかを見極める必要がある。さらに、データを使って業務を改善するには、派手なアルゴリズムを開発するのではなく、自治体職員のニーズに合わせたアルゴリズムを考えて実装することが重要になることが多い。そのためボナグロは、技術的な専門知識以上のものをチームづくりに求めている。「データサイエンティストを採用する際には、単に機械学習を操作するだけの人にはなりたくないという人材を求めています。さまざまなテクニックを駆使して、楽しく仕事ができる人を必要としています。私たちが抱えている問題の多くは、機械学習の問題ではないのです。」

シカゴ市の最高データ責任者トム・シェンクも、チームの採用にあたって同じ優先順位を設けている。「他の部門とうまく連携できるデータサイエンティストや研究者を見つけることが課題です。それこそが重要なのです。」彼は指摘する。「それが苦手な研究者はたくさんいます。私たちは、単に統計を取るだけでなく、マネージャーと一緒に部屋に籠り、彼らが知る必要のあるすべての情報を見つけることができる人を探し出す必要があるのです。」[33]

シカゴ市のデータサイエンスプロジェクトのひとつは、まさにこうした現地調査と関係構築によるものだった。数年前、彼はシカゴ公衆衛生局（CDPH: Chicago Department of Public Health）と協力して、公共衛生を脅かす恐れのある地域のレストランや食料品店を積極的に特定してゆくことになった。もし彼が、どのレストランが公衆衛生規則に違反する可能性が高いかを予測できれば——まさに機械学習が得意とするタスクである――、食品衛生監視員（「サニタリアン」と呼ばれる）をそれらの場所に向かわせることにより、ＣＤＰＨの限られたリソースを最大限に活用することができる。

技術的なレベルでは、プロジェクトは簡単なものに思える。過去の食品検査を参照し、安全でない店舗の指標を特定する機械学習モデルを開発すればよい。しかしシェンクは、このプロジェクトがそれほど単純なものではないと理解していた。自分がほとんど知らないような複雑な業務を行う大規模な行政機関について学び、その日常業務に組み込むことができるアルゴリズムを開発・導入する必要があったからだ。彼は洗練されたアルゴリズムを作ることだけに焦点を当てるかわりに、集中的な研究に取り組む覚悟を決めた。

ＣＤＰＨの食品検査マネージャーにこのプロジェクトの話を持ちかけるにあたり、彼は共同作業の成功のためにはＣＤＰＨの目標と業務内容を深く理解する必要があるのだと強調した。「非常に初歩的に思えるような質問をたくさんさせてもらいます。」当時シェンクは彼女に告げた。このような調査は、行政でデータサイエンスをうまく利用するためには不可欠なのだと彼は説明する。「行政部門が重要だと思っていないことが見逃されてしまうことはよくあります。彼らのプロセスの中ではありふれたことだからです。しかしそれが、私たちが統計モデリングを行う上では非常に重要になります。統計を取ること自体は難しいものではありません。私たちはクライアントとの会話にほとんどの時間を費やし、統計に適用できるようあらゆることを理解するように努めています。」

しかし、機械学習モデルがいったん動作するようになっても、もう一つの重要なステップを踏まなければならない。評価実験だ。政策分析と医学研究のバックグラウンドを持つシェンクは、モデルを導入する前にテストを行うことが重要だと知っていた。「私たちが正しいと考えているロジックと、実際の世界で起こることとの間には隔たりがあることを理解しているのです。」彼は述べる。「実際に機能するかどうかを確認するためにも、実験を行う必要があります。」

シェンクは二重盲検試験を計画した。食品を適切な温度で加熱・冷蔵していないといった「重大な違反」をサニタリアンたちが発見する上で、彼のアルゴリズムが実際に役立つかどうかを評価するためだ。内部テストとシミュレーションの結果、彼は、機械学習のアプローチが重要な違反を発見する効率を劇的に向上させるだろうと予想していた。しかし、試験の結果、このアルゴリズムはごくわずかな改善しかもたらさないことがわかったのである。「何が起こっているのかを掘り下げて突き止めるのに、長い時間がかかりました」とシェンクは振り返りかえる。

期待と現実の間には大きなギャップがあった。最善の努力を尽くしてはいたが、アルゴリズムを設計する際に食品検査プロセスの重要な側面を見落としたに違いないとシェンクは考えた。彼は、何を見落としていたのかを突き止めるため、ＣＤＰＨの食品検査マネージャーのところへと戻ることにした。すると彼女は会話の中で、すべてのサニタリアンが数年ぶりに新しい地域に再配属されたばかりであることに偶然ふれたのだ。これこそ、シェンクが求めていた手がかりだった。サニタリアンたちは、それぞれ微妙に異なる基準で違反の有無を判断していたのである。彼は違反の有無を予測する上で重要な要素だと考えていたもの――郵便番号――が、実はサニタリアンの違いを反映しているにすぎないことに気づいた。彼はサニタリアンたちに特定の郵便番号が割り当てられている事を知らなかったために、モデル化の際にこの点を考慮していなかったのである。

アルゴリズムの失敗については失望したものの、シェンクはこの実験は成功だったと考えた。彼のモデルの前提が、ＣＤＰＨの実務と乖離していたことがわかったからだ。彼はアルゴリズムを更新し、数カ月後に別の実験を行った。今回の実験では顕著な改善が見られた。あるシミュレーションによれば、予測モデルを使用することで、CDPHによる重大な食品安全違反の早期発見を二六％改善できる可能性があるとわかった。CDPHが予測モデルの推薦に従っていれば、重大な違反を平均して一週間早く発見できたことだろう。[34] シェンクとCDPHは、この結果を持って初めて、モデルの導入に自信を持つことができた。このモデルは二〇一四年から実際に使用されており、サニタリアンたちに検査場所を案内している。

ボストン市の市長室新都市メカニクス室（MONUM: The Mayor's Office of New Urban Mechanics）は、科学と研究にさらに鋭く焦点を当てた活動を展開している。MONUMの共同設立者兼共同代表のナイジェル・ジェイコブは次のように述べる。「長年にわたり、私たちはデータ主導型になることの必要性について話し合ってきました。それが、私たちがさらに探求すべき重要な方向性の一つであることは明らかです。ただし、その先のステップがあります。私たちは、導入する政策に関する考え方や戦略的ビジョンの策定方法を、科学主導型へと移行する必要があるのです。パターンを探すためのデータマイニングだけでは不十分です。問題の根本原因を理解し、問題に対処するための政策を制定する必要があります。」[35]

二〇一八年四月、MONUMは二五四の質問からなる「市民調査アジェンダ（Civic Research Agenda）」を発表した。これに対する回答は、すべてのボストン市民の生活を向上させるための市の取り組みへと反映される。これらの質問は、大きなもの（「人々がボストン市に望む未来について、どうすれば全体的な理解を得ることができるか」）から小さなもの（「建設コストを下げるために何ができるか」）まで、技術的なもの（「テクノロジーは、街全体で長年続いている不平等を永続化させたり、解決したりする上で、どのような役割を果たしているか」）から技術的でないもの（「住宅建設に対するコミュニティの反対運動の根底にあるものは何か」）まで、多岐にわたる。[36]

ＭＯＮＵＭの市民調査ディレクター、キム・ルーカスは、自治体プロジェクトがエビデンスと実証された市民のニーズに基づいたものであることを確認するためには、これらすべてが必要だと述べる。「現実の問題を理解しないまま、正しい質問をせず、正しい情報を得る方法も理解していない。それでは解決には至りません。」彼女はこう説明する。「研究とは、問いを立て、正しい情報を得ることです。何かを発見したなら、次のステップは、それを使って何かを実行に移すことです。」[37]

研究に基づいて行動することで、ボストン市はテック・ゴーグルの危険性を回避している。「テクノロジーは素晴らしいツールですが、それが答えではありません。」彼女は述べる。「テクノロジーは、より効率的に答えを得るためのツールなのです。」彼女は研究、すなわち「正しい質問に答えるための正しいツールを見つける」ことに集中している。「そもそも正しい質問をしていないのであれば、テクノロジーが正しいアプローチであるかどうかを知ることはできません。正しいかもしれませんし、そうではないかもしれないのです。」

ここで再び、本書の中心的なメッセージへと戻ろう。都市はテクノロジーの問題ではない。現代の最も差し迫った都市の課題の多くを、テクノロジーで解決することはできない。都市には派手な新しいテクノロジーが必要なのではない。適切な質問をし、住民が直面している問題を理解し、それらの問題にどう対処するかを創造的に考える必要があるのだ。テクノロジーがこれらの取り組みを助けることもある。しかしテクノロジーだけで解決策を生み出すことはできない。

今となっては明らかなことだが、技術的手段によって社会を理解し、最適化することができるという確信は、過去数年間どころか、過去数世紀にわたって驚くほど持続している。本書の結論を述べる次章では、そうした確信の変遷について考えることにしよう。過去と現在の共通点や、社会を合理化しようとする歴史的な試みがどのように失敗してきたかを探ることで、スマート・シティがなぜ失敗するのかが明らかになる。最後に、こうした誤った狭い考え方に陥らないためにはどうすればよいのか、我々が学んだ教訓をまとめ、スマート・イナフ・シティの開発を導くフレームワークを提供することで、本書を締めくくることにする。

7 スマート・イナフ・シティ　過去からの教訓と未来にむけたフレームワーク

ここまで、我々はスマート・シティが結んできた約束の多くを否定し、テック・ゴーグルがもたらす予想外の結果を明らかにしてきた。しかし、いまだいくつかの疑問が残っている。今日のテクノロジーには多くの点で目を見張るものがある。これまで不透明だった現象に関するデータを収集することが可能になった。かつては予測不可能と思われていた結果を予測することが可能になった。かつてない規模で、他者と交流することが可能になった。サイドウォーク・ラボの創業者でCEOのダン・ドクトロフが主張するように、蒸気機関、電力網、自動車などがもたらした革命に匹敵する規模で、「デジタル技術が都市生活に革命をもたらす」ことは可能なのではないだろうか[1]

確かにその通りである。しかし、革命がテクノロジーに起因するものだからといって、その主たる影響が技術的なものであるとは限らない。スマート・シティのために設計されたデジタル技術は、自治体のガバナンスと都市生活を大きく変えることになるだろう。我々は、都市がデジタル技術を導入していく際、テクノロジーそのものが目的にならないよう見守らなければならない。それは技術的な理由――例えば、効率を最大化するために最先端のツールを導入するといったこと――からではない。スマート・シティを支える技術的なインフラは、二一世紀の都市の社会的・政治的なインフラを決定するための長い道のりを歩むことになるからである。

ドクトロフが語る革命的技術のうち、最も新しいのもの——自動車——は、驚くほど破壊的な技術であった。都市に対して必然的に悪影響をもたらす技術というわけではないかもしれない。しかし自動車こそが都市の発展の鍵であるという態度は悲惨なものであった。自動車メーカーや石油会社は「モーター・エイジ」を推進し、社会的に最適な効率性を提供するという名目で企業プロパガンダを宣伝した。よりスムーズな交通が普遍的に望ましいという考えのもと、都市は他のすべてを犠牲にして、効率的な自動車の流れをサポートするよう再構築されたのだ。彼らは過去半世紀の大半を費やして、これらの過ちを取り戻そうとしている。

今日、テクノロジー企業は、新しい形の企業プロパガンダとしてスマート・シティを宣伝している。ドクトロフが約束するように、デジタル技術が自動車と同じような革命をもたらすとすれば——スマート・シティの時代が「モーター・エイジ」のようなものだとすれば——、それは都市を破壊する、ただの茶番劇になってしまうだろう。

モーター・エイジは、テック・ゴーグルを装着したユートピア主義者たちが、最新の科学や技術に固執し、複雑な社会的・政治的問題を最適化可能な技術的問題に矮小化したときに生じる弊害の一例に過ぎない。実際、今日のスマート・シティをめぐる言説は、スマート・シティに特有のものとして提示されているにもかかわらず、過去に支持されてきた信念や価値観、特に二〇世紀のハイモダンな都市計画家達に支持されてきたものと同じものを反映している。彼らはスマート・シティよりも前に、最新の科学技術の発展が、差し迫った都市問題を解決するためのツールを提供してくれると信じていた。そうしてハイモダニストたちは、狭い視野の中で都市を最適化しようとすることで、自分たちが解決しようとしている問題を歪めてしまったのである。これは歴史の例外ではない。テクノロジーの種類にかかわらず、テック・ゴーグルに触発された改革がもたらす必然的な結果である。合理性と効率性を念頭に置いて社会を最適化するためには、複雑な生態系を単純化された計画へと還元しなければならない。それは多くの場合、取り返しのつかない損害をもたらすことになるのだ。

ハイモダンな都市計画の信用ならない比喩表現や計画の名残が、スマート・シティのなかで頭角を現し、都市生活の未来を危うくしている。かつてのテクノロジーや科学的方法に本質的な欠陥や悪意があったわけではなかったように、現代のデータやアルゴリズムに本質的な欠陥や悪意があるというわけではない。問題はむしろ、都市のような生態系が、完全に合理化するにはあまりにも複雑で、そうした試みが長期的な損害をもたらすことが多いという点にある。テクノロジー全般を恐れる必要はない。しかし歴史が示すように、科学技術が歴史や政治を飛び越えて最適な社会を実現するという大胆なビジョンを掲げる人々には警戒しなければならない。歴史は、テック・ゴーグルの影響下で作られた世界は望ましくないものであるということを教えてくれる。代わりに我々は、テック・ゴーグルの影響を受けない代替的なビジョン、スマート・イナフ・シティを追求しなければならない。

＊　＊　＊

一九世紀の変わり目のドイツが、過剰に合理化された計画の限界に関する教訓を提供してくれる。木材不足が経済を脅かすようになったとき、官僚たちは木材生産量を最大化すべく、地域の森林を厳密に管理するようになった。新しい数学的技術を用いることで、科学者たちは環境を監視し、樹木の大きさと樹齢から生産される木材の量を計算することができるようになった。[2]

ところが、自然の複雑さがゆく手を阻む。無秩序に散らばった木々を測定するのは困難を極めた。また他の野生動物が数多く生息していたために、樹木をより大きく早く成長させるための栄養分は枯渇していた。しかしドイツ人たちは、木材の収量を最適化して利益を増大させるため、より合理的で管理可能な森林の育成に力を注いだ。木々を伐採し、新たな木々を列状に整然と植えることで、自然環境を木材生産に必要な部分だけに単純化したのだ。かつては下草が生い茂り、さまざまな樹齢や種類の木々が無秩序に混在していた場所。そこに手入れの行き届いた一様な木々の列が、開けた小道に沿って伸びていったのである。

その成果は、当初は目を見張るものだった。木材の生産量は急増し、経済は活性化。ドイツ流の林業は世界中に広がっていった。森林の視覚的な秩序は、そのままそれを管理する官僚的な秩序を意味するようになっていった。しかし、一世代、二世代と樹木が成長した後、おおよそ一〇〇年が経過すると、どの森でも生産量が激減していったのである。中には完全に枯れてしまった森もあった。

政治学者のジェームズ・C・スコットが『国家のように見ること(*Seeing Like a State*)』の中で語っているように、この物語は、ドイツの森林の衰退の原因が、説明のつかない生態系の崩壊ではなく、初期のテック・ゴーグル・サイクルによるものであったことを示すものである。最初に、テック・ゴーグル。数学的分析という新しい科学的手法に触発されたドイツの官僚たちは、森林を測定可能で操作可能なものにすることが、木材生産を向上させる鍵であると確信していた。次に、テクノロジー。ドイツ人たちはこのビジョンを実現するために、管理不能かつ理解不能な雑木林から、商業用の木材を生産するための規則正しい工場へと森林を変えた。そして最後に、強化。これらの実践が世界的に評価されるようになると、「自然」を「天然資源」として商品化する新たな社会概念によって、テック・ゴーグルの視点が定着していった。例えばスコットは次のように記している。「膨大な用途を持つ実際の木は、木材や薪の量を表す抽象的な木へと置き換えられていった。」[3]

木の成長を最適化するというドイツの近視眼的なアプローチは、本質的な要素を無視し、切り捨ててしまっていた。文字通り、木を見て森を見ずの状態だったのである。木の成長に最適化された合理的な森林を作るためには、木材生産の科学的モデルから茂みや植物、鳥や虫を排除するだけでなく、それらを〔実際の〕森林からほとんど完全に排除する必要があった。このような行為は、狭い視野で世界を再構築することがもたらす必然的な帰結である。測定されないものは、不要で有害なものとして排除される。こうした方法は、当初は効率的な木の成長を促したかのように見えた。しかし森林を脆いモノカルチャーの環境に変え、栄養豊富な土壌を維持したり、病気や悪天候による破壊から守ったりするための生物多様性を失わせてしまったのだ。多大な努力にもかかわらず、ドイツ人たちはこれらの森林を完全に復活させることはできなかった。

スコットにとって森林のたとえ話は、「道具としての価値を持つひとつの要素を取り出すために、非常に複雑で十分に理解できていない関係性とプロセスの集合体をバラバラにしてしまうことの危険性を示すもの」である。[4] テック・ゴーグルの狭い視野からは、目的に対する最適化が可能かのように見えるのかもしれない。しかし、そのように見えるのは、テック・ゴーグルが生態系を最適化可能なものへと単純化し、歪めてしまうからだ。こうしたビジョンに基づいて行動すれば、確かに何かが最適化されることになるだろう。しかしそれは意図したものではないかもしれないし、予期せぬ、取り返しのつかないダメージを生むかもしれない。これこそがテック・ゴーグルが持つ根本的な危険性である。我々はそれを、幾度も目の当たりにしてきた。

残念ながら、このような近視眼的で失敗した計画の存在は、森林に限ったことではない。ドイツの森林経営者たちを駆り立てた破壊的かつ還元主義的な考え方は、その後、社会改良に取り組む多くの改革者たちの原動力となったのである。

そうした考え方の顕著な例が、一九世紀から二〇世紀初頭の科学技術の信じ難いほどの進歩に続いて現れた、ハイモダニズムのイデオロギーである。この間、人類は空を飛び、相対性理論や量子力学を発見し、家庭に電力を持ち込み、電話や内燃機関を発明した。ワクチン接種から長距離輸送まで、驚くべき進歩をとげた科学技術は、それまで困難だった無数の難問を解決した。

しかし、ハイモダニズムはこうした科学技術に対する〔世の中からの〕幅広い期待によって生み出されたものではなかった。代わりにスコットが説明するように、ハイモダニストの一派は科学的推論に対する広範かつ壮大な信仰心を胸に、「社会生活のあらゆる側面を合理的かつ工学的に設計すれば、人類の状況を改善することができる」と信じていたのである。[5] なにより危険だったのは、科学的知識によって、他のあらゆる判断に勝る社会改革を行う特権が自分たちには与えられていると、彼らが思い込んでいたことだ。彼らは、公共の場での議論や政治的利害は、彼らが導き出す理想的な解決策を妨げたり、歪めたりするだけだと考えていた。科学的なアプローチによって社会問題に対する最適な解決策を導き出すことができるならば、政治はもはや必要ないと信じていたのだ。実際、彼らの多くは、ユートピア的なビジョンを完全に実現するためには、既存の居住地を捨てなければならないと主張していた。新しく最適な社会は白紙の状態から始めることでしか獲得できないのだと。

スコットによれば、ハイモダンの愛好家たちの本質的な特質は、「合理的な秩序を、極めて視覚的な美学によって捉えている」点にある。「彼らにとって、効率的で合理的に組織化された都市、村、農場は、幾何学的な意味で規則正しく整然と見える都市であった。」[6]ただの視覚的な秩序ではない。重視されていたのは、世界を上空から観察したとき特有の秩序である。二〇世紀にこうした視点の魅力が高まったのは、ヘリコプターや飛行機の発達があったからだと彼は指摘する。神のように上空から世界を見下ろすことで、多くのハイモダニストたちが全知全能の感覚を感じていたのだ。

都市計画は、ハイモダニストたちが最も影響力を持っていた領域のひとつであり、そのイデオロギーの限界が最も明らかになった領域でもある。こうした考え方の最初期の提唱者に、イギリスの都市計画家エベネザー・ハワードがいる。一九〇二年、ハワードは『明日の田園都市（*Garden Citirs of To-Morrow*）』を発表し、「混雑していて、風通しが悪く、無計画で、使い勝手の悪い、不健康な都市」の台頭を嘆いた。[7]彼はあらゆる施設が適切な場所に配置された、新しいタイプの合理的なコミュニティとして、「田園都市」を提案した。田園都市の中心には大きな庭園があり、その周囲を市役所や図書館などの公共施設が取り囲んでいる。さらに中心から離れた大通り沿いには、学校や遊び場、礼拝堂などが並ぶ。街の外環には、工場や倉庫などの施設が計画される。

ハワードは、田園都市の社会福祉を最大化するにはどうすればよいのかを、数式を用いて具体的に示した。住宅と雇用の適切なバランス、遊び場、学校、オープンスペースなどのアメニティの必要性、さらには最適な人口規模などである。これらの公式は、田園都市の人口が定員（約三万人から五万人）を超え、数マイル先に新しい周辺都市の開発が必要になる場合の判断指標をも与えていた。[8]

ハワードは、田園都市には過去からの抜本的な脱却が必要だと考えていた。彼はロンドンに救済の余地は無いと考え、それよりも「新しい土地で大胆な計画を始めたほうが、より良い結果が得られる」と訴えた。「現代の科学的方法」がより良い方法を約束しているにもかかわらず、時代遅れの都市に住み続けることは、現代の天文学に頑なに抵抗して、反証された地動説にしがみつくようなものだと主張したのである。[9]

しかし、彼はただの始まりに過ぎなかった。スイス系フランス人の建築家ル・コルビュジエ（シャルル＝エドゥアール・ジャンヌレ）ほど、ハイモダンな都市計画の考え方とその危険性をよく表している人物はいない。彼はハワードのユートピア的な夢物語をさらに極端にしたような人物である。彼はパリを「ダンテの地獄絵図」と蔑み、一九三三年に『輝く都市（*Radiant City*）』を提案した。それは「組織化された秩序ある実体」をなす「垂直田園都市」であった。[10]

ル・コルビュジエは、当時の数多くの科学技術の進歩の中でも、特に飛行機に関心を寄せていた。一九三五年に発表した賛歌『飛行機』の中で彼は、上空からの視点を「我々の感覚に加えられた新しい機能」と表現している。にもかかわらず、「運命の地としての都市」を上空から見た彼は狼狽してしまっていた。「飛行機は都市を、古い、朽ち果てた、恐ろしい、病んだものだと告発している。」[11]しかし彼には、再出発の道しかなかったのである。「我々は、今のような混乱した状況には、微塵も配慮しないようにしなければならない。そこには何の解決策もない」と彼は記している。「唯一なすべきことは、一枚の白紙を手にして、今日の生活に関する計算を行うこと、図解を描くこと、そして現実に着手することだ。」[12]

ル・コルビュジエは彼の『輝く都市』を、「完璧な効率と合理化」の場所と称した。彼は、直線的かつデカルト的な論理に基づいて、都市に蔓延していた「互いに無関係な機能の人為的な混ぜ合わせ」に取って代わる、機能の厳密な分離を実現した都市を設計したのである。「公園の中のタワー」と呼ばれる形式の近隣住区は、広大な空き地に囲まれた超高層ビルで構成されていた。住宅、工場、ショッピングセンターなどの施設は、それぞれ指定された場所に配置された。さらに、買い物や食事の準備に伴う非効率を軽減するため、彼は温かい食事を直接人々のもとに届けるケータリングサービスの集中化を構想していた。[13] 彼は、住宅地と工業地帯の間の移動を最小限にするために、工場労働者が家族と別の場所に住むことさえ提案したのである。[14]

もちろん、これらはすべて最新の科学的手法によって最適化されたものである。ル・コルビュジエは住民のニーズ――居住空間から遊び場、日照条件まで――を正確に把握し、そのニーズに合わせて資源を配分するという、「驚異的に正しい」計画を考案した。彼はこのアプローチによって、「人間の真理以外は何も考慮しない」、都市の「正しく、現実的で、正確な計画」を生み出すことができたと宣言している。[15]

それは彼にとって、自分の計画が「議論の余地のないもの」であり、政治を超えたものであることを意味していた。「この計画は、市長室や市役所の熱狂からも、有権者の叫びからも、社会の犠牲者の嘆きからも遠く離れて策定されたものである。この計画は、穏やかで明晰な頭脳によって描かれている。」彼は、「輝く都市」が理想的な社会のための唯一の解決策であり、政治家、法律家、一般市民がその創造を妨げることは許されないと考えていたのだ。[16]

ル・コルビュジエ自身が都市の建設に関わる機会は少なかった。しかし、彼のビジョンに沿って開発された空間は、ハイモダニズムによる都市計画の限界と危険性を示している。

彼の夢であった、白紙の上に立ち上げられたユートピア都市は、ブラジルの首都ブラジリアで実現した。一九六〇年、ブラジリアは何もない土地に、建築家のルシオ・コスタとオスカー・ニーマイヤーに

図 7.1　ブラジリアの南ウイング。住宅用のスーパークアドラのグリッドを含んでいる。
（出典：Photograph by Eric Royer Stoner, "Escala residencial," Brasília, Brazil (August 2007).）

よって、輝く都市の形式で設計された。この都市では、住宅、仕事、レクリエーション、行政などの分野ごとに、厳密な空間分離が行われていた。自己完結型のスーパークアドラ（スーパーブロック）には、集合住宅のほか、学校や小売店などの施設が入っており、住民ひとりあたりの緑地面積を二五平方メートル確保するというユネスコの基準など、住民にとって「理想的」と思われる条件に合わせて建設されていた。[17]

しかし、ル・コルビュジエの計算が輝く都市で予測していたとおり、ブラジリアは健康的で平等主義的である代わりに、退屈で気のめいる場所となった。人類学者のジェームズ・ホルストンが『モダニストの都市（*The Modernist City*）』の中で記述しているように、そうした都市の状況は「意図していたものとは矛盾するものだった。」住民たちは、ブラジリアに住むことがもたらすトラウマを表現するために、「『ブラジリアの居住者 (*brasil(ia)-itis*)』を意味するブラジライト (brasilite) という表現を造りだした」という。かつての首都リオデジャネイロでは、通りや広場が「社交の場」となり、祭りや子供たちの遊び、大人たちの交流が行われていたのに対し、ブラジリアは「人混みのない都市」となった。[18] ブラジリアの都市デザインは、平等性を生み出すどころか、ただ匿名性を生み出しただけだったのである。実際、エリートたちがブラジリアの経済的機会と生活水準を高く評価していたにもかかわらず、都市を建設した労働者たちは政府から疎んじられ、服従させられていた。ブラジリアは、政治的対立と労働者の反乱を通して社会的・空間的に隔離された都市となり、人口の大部分が都市周辺の無計画な違法居住地に住むようになった。

ハイモダンな都市計画への偏愛はアメリカへと伝わり、ロバート・モーゼスがその代表格となった。ハワードやル・コルビュジエのように、モーゼスは単一の機能と視覚的な秩序への欲求に大きく突き動かされていた。伝記作家のロバート・カロによると、モーゼスの「膨大な創造的エネルギーは、清潔さ、秩序、開放感というビジョン――高速道路のような清潔さや開放感――に燃えていたが、汚れや騒音――彼は電車の汚れや騒音などを連想していた――には反発していた」という。[19] そのためモーゼスは、無数のパークウェイを建設する一方で、公共交通機関を充実させようとする試みには強く抵抗していた。また、ル・コルビュジエのように、自分の計画が社会的に最適なものであり、従来の公的な意思決定を超越したものであると信じていた彼は、住民の意見を無視し、強引な方法で自らのビジョンを実現していったことで悪名高い。

モーゼスはまた、ニューヨーク市の都市再生の取り組みを監督していた。モーゼスの下で建設された公営住宅の多くは(他の多くの米国の都市と同様に)、ル・コルビュジエの「公園の中のタワー」の形式で建設された。資金不足や政治的な怠慢があったにせよ、これらの複合施設（ブルックリンのフォート・グリーン・ハウスなど）のブラジリア風のデザインは、ジャーナリストのハリソン・ソールズベリーが「新しいゲットー」「人間の掃き溜め」と呼んだものをもたらしてしまった。[20] さらに、善意からなされていると思われていたこれらのプロジェクトは、低所得の黒人居住者を大量に移住させる大義名分にもなっていたのである。[21] これをうけてジェームズ・ボールドウィン（アメリカの黒人作家、公民権運動家）は、「都市再生が意味するのは、（…）黒人の排除である」と断言している。[22]

ハワード、ル・コルビュジエ、モーゼスの信念とデザインには、テック・ゴーグルの影響力が染みついている。この三人は、秩序と効率を過剰に信頼し、都市の本質を歪め、民主主義を否定した。彼らは、自分たちが、複雑なトレードオフを伴い、正当な意見同士の食い違いが生じる可能性のある政治的な決定を下しているのではなく、客観的な答えのある技術的な問題を解決しているのだと考えていた。特にル・コルビュジエは、自分が人間の存在に対する唯一無二の解決策を開発したと信じていた。しかし彼は、何が効率的であるべきかという問題（効率的であることが価値のある目標であるかどうかは別として）が、規範的な問題であるということを認識していなかったのである。

こうしたイデオロギーは、ハイモダンの夢に基づく都市や開発が、住みやすく公平な都市環境を作ることができなかった理由を説明するものだ。都市計画家たちは、都市の価値は合理的な組織化と効率的な物資・サービス提供にあるという誤った認識に基づいて、これらを最大化するための揺るぎない計画を行った。しかし、木材生産量を最適化をするために、ドイツの森林からほとんどの動植物——森を森たらしめるものたち——を排除したように、ハイモダニズムのビジョンに沿って理想的な都市を創造するためには、複合用途、群衆、伝統といった、都市を都市たらしめる要素の多くを排除しなければならなかったのである。ブラジリアやニューヨーク市が、デザインの欠陥に加えて政治的な対立に悩まされていたという事実は、ハイモダニストが危うく見落としがちなことがらを強調するものである。巧みな技術的計画であっても、政治を排除することはできないのだ。

ジェイン・ジェイコブスは、一九六一年の『アメリカ大都市の死と生（*The Death and Life of Great American Cities*）』の中で、これらの計画を「都市の略奪」だと述べ、トップダウンで表面的に合理的な計画を批判した。ジェイコブスの非難の原動力は、ハイモダニズムが「都市とはどういう種類の問題か」を誤解しているということにあった。彼女は視覚的に計画された秩序の優位性を否定し、代わりに都市に住む人々の生きた経験を重視することで、ハイモダンな都市計画家たちが「混沌」や「路地の生活における無秩序」として認識していたものが、実際には「複雑で高度に発達した秩序の形を表している」ことを明らかにした。彼女は都市に住む人々を、単に効率的な食料配給や、科学的に定められた量の公園や住居を必要とする抽象的なエージェントとしてではなく、「相互に複雑に結びつき、確実に理解可能な関係」に携わっている人々として捉えたのだ。[23]

ジェイコブスは、都市はそれまでの二世紀の間に見出された方程式で解決できるような「単純さ」や「無秩序な複雑さ」の問題ではないと結論づけた。それどころか、彼女は都市を無数の相互に関連した構成要素でみたされた「組織化された複雑さ」の生態系と見なし、現代の数学的手法によるシステム化や最適化が不向きな対象だと考えたのである。[24]

しかし、当時のテック・ゴーグルは、ハイモダニストたちの方法によって鍛えられていた。そのため、ル・コルビュジエやモーゼスといった人々は、彼らの数学的な枠組みの範疇を超えたものを認識することができなかったのである。彼らの単純化されたアーバニズムの概念は、活気に満ちたコミュニティを育む特徴を排除し、ジェイコブスが「反都市(anti-city)」[25]と呼んだものを生み出すことになった。

＊＊＊

歴史の教訓を念頭に置くと、スマート・シティはもはや明るい新しい未来を象徴するものではなく、むしろ、すでに追求され、非難されてきたイデオロギーに向かって逆行しているように見える。今日謳われているビジョンに使われている言葉でさえ、過去を想起させるものが目立つ。ル・コルビュジエは『輝く都市』を「調和のとれた叙情的な都市」と称賛した。同じように、MITのセンサブル・シティ・ラボは、信号を省略したスマートな交差点を「車線が調和して合流」するのを助ける「オーケストラの指揮者」と表現している。[26]もしル・コルビュジェがまだ生きていたなら、スマート・シティを最も積極的に推進する人物のひとりになっていただろうと思わずにはいられない。

ハイモダンなアーバニズムとスマート・シティの主な違いは、過去数十年の科学技術の進歩に触発されて、テック・ゴーグルが進化してきた点にある。二〇世紀の都市のユートピア的なビジョンは、飛行という新しい能力を使って上空から都市を構想することで、視覚的な秩序を優先した。これに対し、スマート・シティのユートピア的なビジョンは、データ収集と分析という新しい能力を使ってコンピュータから都市を構想し、デジタルな秩序を優先している。前世紀には、物理科学の新しい手法があらゆる社会問題を解決すると信じられていたが、今日ではスマート・シティの三種の神器に信頼が置かれている。ビッグデータ、機械学習、ＩｏＴである。

問題をジェイン・ジェイコブスの言葉で言いかえるならば、テック・ゴーグルを覗き込んでいる人々は、またしても「都市とはどういう種類の問題か」を誤解している。スマート・シティの理想主義者

図 7.2　サイドウォーク・ラボが作成した、コンピュータからみた都市を示すダイアグラム。色付きの線は建物や車のセンサーから発せられたもので、コンピュータの知覚を表す。抽象化された箱（図中唯一の実線）は、人や車を示している。このスマート・シティのユートピア的ビジョンに示されたデジタルな秩序は、20 世紀のユートピア的ビジョンが有していた視覚的秩序と呼応している（図 7.1）。
（出典：Sidewalk Labs, "Vision Sections of RFP Submission" (October 17, 2017), p. 71, https://sidewalktoronto.ca/wp-content/uploads/2017/10/Sidewalk-Labs-Vision-Sections-of-RFP-Submission.pd）

たちは、都市を組織化された複雑さの問題として、あるいは都市生活の根本的な社会的・政治的課題として扱うのではなく、センサー、データ、アルゴリズムを用いて最適化できる抽象的な技術的プロセスとして表現する。アプリやアルゴリズムに還元することのできないアーバニズムの無数の側面に目を向けようとしない彼らは、現代の「反都市」の化身をつくり出しかねない。

例えば、テクノロジー企業の日立は、都市を「電気、水道、公共交通などの社会インフラと、住宅、オフィス、商業施設などの多様な施設を備え、生活する上で便利な場所」と表現している。[27] スマート・シティ技術を開発している Living PlanIT 社は、「都市には『オペレーティング・システム』が必要だ」と主張している。[28] シリコンバレーのテック産業の先陣を切るスタートアップ・アクセラレーターの Y コンビネーターは、スマート・シティの構築に向けた取り組みにおける主要な問題は、「都市を何に対して最適化すべきか」だと書いている。[29]

Yコンビネーターによるもうひとつの声明は、テック・ゴーグル越しに見える都市の有様を正確に捉えている。「私たちの目標は、既存の法律の制約の中で、可能な限り最高の都市をデザインすることです。」[30]最適化問題かのごとく書かれたこの一文は、同社がスマート・シティに対して、技術者の視点からどのようにアプローチしているのかを示すものだ。「可能な限り最高の都市」を作りたいという表現は、客観的に最適な都市が存在するという同社の近視眼的な信念を露呈させるものであり、都市の政治、歴史、文化、そして都市住民の、多様かつしばしば相反する欲求やニーズを見落としている（実際、シリコンバレーの富に浸っているYコンビネーターという企業が、その富によって失われつつある多くのコミュニティと「最高」の定義を共有しているとは想像しがたい）。最後に、Yコンビネーターが都市を妨げる唯一の制約として「既存の法律」を挙げていることは、都市の課題と進歩に対する信じがたいほどに狭くて近視眼的な認識を浮き彫りにしている。この論理によれば、既存の都市の欠陥は資源の制限や社会的対立とは無関係となる。関係するのは、情報や資源を管理するための時代遅れのモデルに基づいた法律だ。ル・コルビュジエは「現行の規制をすべて無視した」と誇らしげに宣言した。同社の法律を軽視する姿勢は、こうした前世代のユートピア的な都市開発に呼応している。[31]

このことは、技術至上主義者たちが、都市を効率的な移動手段やサービス提供のための抽象的な舞台装置に過ぎないと認識していることを強く示唆している。つまり、技術者たちは、ゼロからスマート・シティを構築したいという願望を持ち続けているのだ。アラブ首長国連邦のマスダール市や韓国のソンド市のような初期のスマート・シティのほとんどが、いまだに荒廃した状況と重大な課題に直面している。ブラジリアのような白紙から作られた初期の都市が、同様の失敗をしたことは言うまでもない。にもかかわらず、現代の技術者たちはこの問題への果敢な取り組みを続けている。[32] Yコンビネーターは「白紙の状態からであれば、驚くような取り組みが可能だ」と熱心に主張している。[33]

サイドウォーク・ラボはこうした考え方をさらに推し進めている。歴史や場所の制約を受けずにスマート・シティを構築することは可能だというだけでなく、社会にとっても最善の利益をもたらすものだと主張しているのだ。ダン・ドクトロフは、「イノベーションを起こす能力と、人々や建物が実際に存在していることの間には、逆相関の関係がある」と述べている。[34] 二〇一七年、同社はこのビジョンに基づく大胆な行動を見せた。トロント市にある一二エーカーの海沿いの未開発区画を、「世界で初めて、インターネットから作られた居住区」として開発するためのパートナーシップを発表したのだ。[35]

こうした野望の最も悪質な側面は、それらが価値中立的で普遍的に望ましいものとして提示されていることにある。都市を技術や最適化の問題として捉え、効率化できるものだけに目を向けることで、技術者は技術的な解決策を社会的に最適なものと同一視するようになる。このような考え方は、都市に存在する（あるいは都市を育む）多様な視点やニーズに対する評価を押し下げてしまう。ル・コルビュジエが、彼の「議論の余地のない」計画は「人間の真理以外は何も考慮しない」と信じていたように、[36] サイドウォーク・ラボは「ユビキタスな接続性を基盤にデザインされた」新しい都市が「都市の好ましい要素を増やし、不要な要素を削った場所」になると約束している。[37] すなわち、あらゆる歴史の前例に反して、都市のあるべき姿に関する明白な単一のモデルが存在し、テクノロジーによって都市のガバナンスと生活の難題から免れることができるという前提を置いているのである。

しかしサイドウォーク・ラボのトロント・プロジェクトは、開発の一年目にして政治的な論争に巻き込まれている。デジタルキオスク（LinkNYCのようなもの）は同社が行うデータ収集の一角に過ぎないと知ったトロント市の住民たちは、どのようなデータが収集・使用されるのかについて、より多くの情報を求めている。このプロジェクトにはまた、公共サービスの管理と所有権を、選挙で選ばれたわけでもない、説明責任を追及できない民間企業に移すものなのではないかという不安がつきまとっている。企業の取り組みは、規制緩和によって守られることになる。サイドウォーク・ラボは、このプロジェクトの開発にはコミュニティを参加させると同社の方針を説明してきた。しかし、何度かの公開会議を経ても同社は計画の詳細をほとんど公表していない。ある地元の技術者は「一般市民の参画プロセスは収集がつかなくなっている」と断言している。[38] さらに、プロジェクトのタイムラインが非常に速く進むことから、一般市民がその開発に影響を及ぼすことはほぼ不可能になっている。サイドウォーク・ラボのトロント地区は、確かにテクノロジーを核とした新しいタイプのアーバニズムを体現しているのかもしれない。しかし「都市の好ましい要素を増やす」ようなアーバニズムにはなっていない。それどころか、責任のない意思決定、民営化された公共サービス、政治的議論の希薄化など、他の多くの都市を悩ませてきた問題が山積することになるだろう。

簡単に言えば、ユートピア的な技術的解決策では、都市が必要とする答えを提供することはできないということだ。

ボストン市の最高情報責任者ジャシャ・フランクリン＝ホッジは、二〇一七年に開催されたＩｏＴに関する国際会議の中で、「私が『スマート・ウォッシング』と呼んでいるものの中には、実際的な危険性を有しているがゆえに、本当の意味での投資を必要としているものもあります」と述べた。「私たちは、『テクノロジーという魔法の粉を適当に撒いておけば、問題はたちどころに解決するだろう』と言うことがあります。しかし多くの場合、そのテクノロジーがどのようにして有意義な成果を有権者にもたらすのかという疑問には、実際には答えられないのです。」[39]

ボストン市の彼の同僚、ナイジェル・ジェイコブも同様の不満を抱いている。彼は振り返る。「ベンダーからはこれまで何度も、『この技術を購入しさえすれば、あなたの街のあらゆる問題を解決します』という誇大な営業を持ちかけられてきました。」そして毎回、ボストン市は提案されたテクノロジーに対して強気になれない理由を説明してきたのだと彼は言う。しかし、反対意見が聞き入れられることはほとんどなかった。「時には、企業がより良い提案を再提案しにくることもありました。しかしそうでないことの方が多かったのです。企業は、質問をぶつけてこない都市のほうへと行ってしまうのです。」[40]

憤慨したジェイコブと彼のチームは、よくある回答をひとつの文書にまとめ、企業や技術者と共有できるようにすることにした。二〇一六年九月、彼らは『ボストン・スマート・シティ・プレイブック (*Boston Smart City Playbook*)』を発表し、『人間中心的で、問題主導型で、責任ある』テクノロジーを導入する」というボストン市の意向を表明したのだ。[41]

「これまでのところ」と前置きしつつ、プレイブックはこう始まる。「ここボストン市で実施された多くの『スマート・シティ』に関する試験的プロジェクトは、艶やかなプレゼンテーションで終わるばかりで、みな肩をすくめてきました。次に何をすればいいのか、技術やデータがどのようにして新しいサービスや改善につながるのか、誰も本当にはわかっていないのです。」そうしてプレイブックは、六つの率直な助言を挙げてゆく。それは次のように始まる。

1.「営業をよこすのはやめよう。:(…)都市について知っている人、私たちの都市の労働者と同じ目線でいたいと思っている人、住民と話をしたいと思っている人をよこしてください。」

2.「実際の課題を、実際の人々のために解決しよう。…(…)このことはいつもうやむやにされてしまっているように感じます。(…)あなたが取り組んでいる『課題』が本当に課題であると、どうすればわかるというのでしょうか。」

3.「効率を求めるのをやめよう。…(…)すでに住民にどのようなサービスを提供すべきかがわかっていて、それをただ安くすればよい。『効率』に焦点を当てるということはそういうことです。残念ながら、そのようにはなってはいないのです。」[42]

スマート・シティは目標ではなく、むしろ邪魔なものである。そうしたボストン市の感覚をこのプレイブックは表している。「私たちは人々の価値観をとても重視しています。とりわけ、実際の課題を、実際の人々のために解決しようとしています。」フランクリン＝ホッジは説明する。「私たちのスマート・シティ戦略は、あくまでも都市戦略です。それは公平な社会、経済発展のための戦略、持続可能性を考えることなのです。もし私が、都市として抱えている本当のニーズや課題に直接結びつかないスマート・シティ戦略を策定しているのであれば、私は自分の仕事をしていないということになります。」[43]

ボストン市の見解は、技術者が都市行政と都市住民のニーズに寄り添うことの必要性を強調するものである。ジェイン・ジェイコブズは、都市は都市計画家によるトップダウンな図学的秩序の概念ではなく、住民の生活体験に基づいて設計されるべきだと考えた。同様にジェイコブとフランクリン＝ホッジは、都市はエンジニアの計算上の秩序の概念に従うのではなく、住民の真のニーズに基づいてテクノロジーを採用すべきだと考えている。

デジタル・テクノロジーが常に問題含みだというわけではない。しかし、新しいテクノロジーを使って最適な都市を作ることが可能であるというテック・ゴーグル越しの視点は、民主的かつ公平に都市を改善する機会から注意を逸らし、これを覆してしまう。その名の通り、スマート・シティは「スマート」であることを目標としており——まるでより良いデータとテクノロジーが社会に本質的な利益をもたらすかのように——、テクノロジーを強化することを都市のアジェンダとしているが、そうすることの意味合いや、追求しうる様々な代替目標を十分に考慮していない。Yコンビネーターが「都市を何に対して最適化すべきか」と問う時、そこでは最適化が都市生活を改善するための主要なツールとして前提されており、最適化問題に還元できない多くの問題が無視されている。こうした考え方は、現状維持を持続させ、他のより重要な改革を阻害してしまう傾向にある。

スマート・イナフ・シティは、スマートになる目的は何かという根本的な疑問を投げかけることで、その論理を再構築する。スマート・イナフ・シティでは、「スマート」になることは目的ではなく手段である。そうすることによって、テクノロジーが対応する社会的ニーズに焦点を当てることが可能となるのだ。ボストン市が実証しているように、それは「実際の人々のための実際の問題」を軽減することができる場合にのみ、テクノロジーを採用することを意味する。

これは米国内外の都市にとって、本質的なパラダイムシフトとなる。本書では米国内の動向に焦点を当ててきた。しかし同様の傾向や機会、課題の多くは世界各地に存在する。シンガポールは世界に先駆けて自動運転車を導入し、史上初の自走式タクシーを取り入れた。[44] エチオピアのアディスアベバは、深刻な駐車場不足に対処するために「スマート・パーキング・システム」を導入している。[45] 参加型予算はブラジルで生まれ、現在までに何百もの都市に採用されてきた（自治体の予算に占める割合は米国よりも大きいことが多い）。[46] ブラジルは、オンラインとオフラインを統合した参加型予算のリーダー的存在である。[47]

中国の新疆ウイグル自治区は、大量の個人データを利用した予測警備プラットフォームを積極的に導入しており、[48]ウォール・ストリート・ジャーナル誌は「地球上で最も厳重に監視されている場所のひとつ」と評している。[49]二〇一七年、ロンドンは最低限の広報活動だけでInLinkUKキオスク（LinkNYCプログラムのほぼ完璧なレプリカ）の導入を開始し、[50]地下鉄駅に無数のセンサーを設置して通勤者の行動を追跡している。[51]バルセロナ市は都市全体でＩｏＴをいくつか導入してきたが、[52]そのすべてで、ハイテク企業の力を抑制し、アルゴリズムの利活用の際の透明性を確保し、データの所有権と管理権を市民に移すための参加型プロセスの開発を先導してきた。[53]こうした取り組みは枚挙にいとまがない。世界中の都市が、テクノロジーの新しい利用方法を、試行錯誤しながら開拓している。これらの取り組みを、スマートな都市ではなく、スマート・イナフな都市の理想に向かって押し進める責任は、我々全員にある。

＊＊＊

コロンバス市での出生前医療から、ヴァレーホ市での参加型予算、ジョンソン郡での能動的な福祉サービス、シアトル市での監視技術に関わる条例、ニューヨーク市でのデータ・ドリルに至るまで、我々はスマート・イナフ・シティを作るための構成要素を数多く検討してきた。これらの取り組みを支援し、さらに発展させるべく、私は本書の中で登場した、スマート・イナフ・シティのための五つの重要な原則をまとめた。不完全なものではあるが、このリストが、より住みやすく、民主的で、公正で、責任感があり、革新的な都市のためのアジェンダを示す一助となることを願っている。

1　単純化された問題を解決するのではなく、複雑な問題に取り組むこと

社会的・政治的課題に対する単純化された概念には、常にテック・ゴーグルが付随している。ドイツの森林政策、ハイモダニズムの都市計画、モーター・エイジの歴史は、こうした考え方が持つ破壊的な性質を実証するものだ。自然の複雑さを見落としたり、根絶しようと努力したりすることは、作られた問題のための「解決策」につながる。それはたいてい、より多くの問題を生み出すものだ。

残念ながら、スマート・シティを取り巻く夢や希望にも、同じように単純化された概念が蔓延している。例えば自動運転車は、都市のユートピアを実現するかのように思える。しかしそれは、技術者がより良い都市の特徴として、効率的な車の移動に焦点を当てているからにすぎない。技術者は自動運転車の利点を過大評価する一方で、他の改革手法を無視してしまっている。交通機関に関連する多くの課題やトレードオフ、あるいは円滑な交通と他の目標とのバランスをとる必要性を認識していないからだ。彼らが提案するエレガントな解決策は、交通機関の問題を最適化可能な問題に単純化した上で提示されているのである。

これとは対照的に、スマート・イナフ・シティは、都市問題の複雑さを包括的に把握することで、テクノロジーの限界と可能性をよりよく理解している。スマート・コロンバスのチームは、利便性の問題として移動手段に焦点を当てることはしなかった。不平等などの他の課題と相互に関連したものとして認識していたのだ。さらに調査を通じて多様な地域の人々が実際に直面している交通障害を把握し、人為的な単純さの罠に陥るのを免れている。そうすることで、コロンバス市は当初の単純な概念を超えて、

住民が直面している真の問題を解決するための効果的なモビリティ改革を行うことができたのだ。カーラ・バイロは、「私たちは、もっと全体的な視点から物事を見る必要があったのです」と説明している。[54] ひとつのテクノロジーや政策改革だけで、移動手段や公平性に関わる問題を取り除くことはできない。しかしコロンバス市の努力によって、住民が直面する日々の課題を軽減することはできるのである。

2 テクノロジーに合わせて目標や価値観を決めるのではなく、社会のニーズに応え、政策を進めるためにテクノロジーを導入すること

これこそが、ボストン市のフランクリン＝ホッジの提言の核心である。スマート・シティ戦略は、より広範な都市戦略と一致するものであるべきだ。スマート・イナフ・シティは、明確な政策目標と長期的な計画努力によって推進される。価値観を向上させるためのツールとしてテクノロジーを採用することもしばしばあるが、テクノロジーがその目標を決定することはない。

一方、テック・ゴーグル（ひいてはテック・ゴーグルの循環プロセス）は、テクノロジーの論理と能力に基づいて都市のイノベーションを形作る。市民参加と民主主義における現代の課題に対処するために、都市政府や技術者たちは、オンライン・プラットフォーム、ソーシャル・ネットワーク、311アプリなど、数え切れないほどのテクノロジーを提案してきた。これらはすべて、政治とガバナンスをよりシンプルかつ効率的にすることを目指している。しかし、権力と政治は最適化の問題ではない。「スマート」になることで、民主主義を解決することはできないのだ。例えば、311アプリは街灯が壊れたことを政府に簡単に知らせてくれるかもしれない。しかし、住民に力を与えたり、コミュニティの絆を深

めたりすることはほとんどできない。

スマート・イナフ・シティは、社会的・政治的な目標を持って都市をリードし、その目標を推進するためだけにテクノロジーを導入する。魅力的に聞こえたとしても、自分たちの計画や価値観に合わないテクノロジーに誘惑されることはないのだ。典型的な市民参加アプリとは対照的に、Community PlanItのようなオンラインプラットフォームは、「意義ある非効率」を受け入れることで、市民との関係や能力を開発するのに役立っている。同様に、ヴァレーホ市は参加型予算を実施することで、地域の民主主義的な慣行のあり方を変えた。新しいアプリはより多くの市民の参画をもたらしたが、このプログラムの本質的な変化はそこではなく、市民に熟議の機会と意思決定能力を与えたことにある。

3　革新的なテクノロジーよりも、革新的な政策・プログラム改革を優先させること

スマート・イナフ・シティは、地域のニーズに配慮した政策やプロセスの改革を通じて、最も大きな成果をもたらす。テクノロジーはこれらの改革をより効果的なものにすることができるが、それ自体が原動力になることはない。実際、我々が見てきた成功事例の多くは、革新的な政策を支えるために導入された、比較的単純なデータ分析とテクノロジーに関わるものだった。技術の向上はイノベーションの一形態に過ぎない。だからこそ、それらの導入は成功したのだ。シンプルなテクノロジーに支えられた優れたプログラムは、最先端のテクノロジーを使った劣悪なプログラムよりも優れているのである。

しかし、スマート・シティの中心にはテクノロジーが陣取っている。革新的で人種的に中立的だと思われることを望む警察は、予測警備ソフトウェアを熱心に採用する。しかし彼らは重要な点を見逃して

いる。地域社会に必要なのは、警察の業務と優先順位を根本から再編成することであって、既存の古い慣習をアルゴリズムによって強化することではないのだ。実際のところ、予測警備アルゴリズムは中立性を装うことで、差別的な不平等や警察の慣行を正当化し、悪化させることになる。それによって、多くの制度的改革が手の届かないところに置かれてしまうのである。

代わりにスマート・イナフ・シティは、「限定技術テスト」と私が呼ぶものに従うべきだ。新しいテクノロジーの利用を検討する際、都市のリーダーは次のように問うべきである。テクノロジーがなくても同じ結果が得られるとしたら、それは革新的だろうか？　その影響は望ましいものだろうか？　スマート・イナフ・シティがテクノロジーを採用するのは、これらに自信を持って答えられる場合に限られる。例えばジョンソン郡は、投獄の数を減らし、福祉サービスを向上させようと努力する中で、精神疾患に苦しむ人々の生活を改善し、刑事司法制度から遠ざけるための支援を開始した。既存の警察活動を最適化し、正当化するための新しいアルゴリズムを見つけるのではなく、地域社会のニーズに対応するために政策を改革し、さらに機械学習を用いてその施策の有効性を高めることで、こうした成果を生み出したのである。

4　民主的な価値観を促進するようなテクノロジーの設計と実装を行うこと

テック・ゴーグルは、複雑な社会問題を技術的な問題として捉え、テクノロジーが価値中立的で社会的に最適な解決策を提供できる、というふうに見せかける。このあまりにも単純化された評価基準は、スマート・シティのテクノロジーが、その広範な社会的影響をほとんど評価せず、どんな犠牲を払ってでも効率性を高めるよう設計されていることにつながっている。

多くのスマート・シティ技術は、可能な限り多くのデータを収集することで政府や企業の効率化を図っているが、その過程で人々のプライバシーや自律性が侵害されることになる。同様に、多くのスマート・シティは、不透明で民間が所有するアルゴリズムの助けを借りて運営され、国民の意見を聞くことなく開発・導入されている。こうした傾向は、政府や企業と追跡・分析対象者の間に、大規模な情報と権力の非対称を生み出している。スマート・シティは、監視、利益、社会的統制を強化するための秘密のツールになっているのだ。

スマート・イナフ・シティは、新しいテクノロジーがすべての人に利益をもたらすことを保証する公共の管理者としての役割を担い、あらゆる新しいツールを熱心に導入させようとする、スマート・シティとダム・シティ〔まぬけな都市〕の間の誤った二分法を否定する。新しいテクノロジーのデザインを幅広く検討し、手段と目的の両方が民主主義と公平性を支えることを確実にするのだ。個人のプライバシーを尊重し保護することは、都市生活を改善する新たなテクノロジーの導入を妨げるのではなく、むしろ可能にする。シアトル市とシカゴ市はそれを実証している。同様に、ニューヨーク市のアルゴリズム特別委員会や、シアトル市の監視監督条例は、〔都市の〕ブラックボックス化を逆転させるための明確な道筋を自治体に示している。これらの例が示すように、重要な価値観に反しているテクノロジーを拒否したり、改変したりすることは、反テクノロジー（anti-technology）を意味しない。それが意味しているのは親民主主義（pro-democracy）なのだ。

5　データを利用する能力やプロセスを、自治体の部局内で開発すること

テクノロジーは洗練されているものという印象だけで、行政の改革は可能だと思われがちだ。しかし現実はもっと複雑である。データの質の低さは分析を制限し、サイロ化された部門はデータの共有に苦労する。問題を解決する上で、データをほとんど信頼していない部門は多い。データを有用なものにするには、最先端の技術力を持つのではなく、制度的な障壁を下げ、データが解決できる問題を特定することが必要である。

ニューヨーク市のアーメン・ラ・マシャリキやサンフランシスコ市のジョイ・ボナグロのような地方自治体のリーダーは、地方自治体のガバナンスを改善するためにデータをどのように導入すればよいのかを示している。データが魔法のように行政を最適化したり、地域の問題を解決したりすることを期待してはならない。部門間の関係性を構築し、データの維持・共有の成功事例を蓄積し、業務改善のためのデータ利用についての知見を、市の職員に研修を通して会得させることだ。

スマート・イナフ・シティは、彼らのような前例に倣うべきである。より新しく高度なテクノロジーこそ、都市行政が問題を迅速に解決するための方法だと決めつける、スマート・シティのレトリックを否定するのだ。その代わりに、データを実用可能なものにするための（ありふれた）インフラ作りのプロセスや、実践を開発するという骨の折れる作業に注力しなければならない。

＊＊＊

新しいテクノロジーは、何が可能なのかを変えるだけではない。世界がどのようなものであるか——そしてどのようなものであるべきなのか——についての認識をも変えてしまう。デジタル技術やデータ駆動型の技術に加え、テック・ゴーグルが広く受け入れられたことにより、多くの人々はスマート・シティが二一世紀の課題に求められるものであると確信している。それこそが——もっとつながり、もっと最適化され、もっと効率化されることが——よりよい都市なのだと。

この魅惑的な論理は深刻な誤解を生み、都市生活を真に向上させる機会を奪っている。スマート・シティは、都市が直面している真の問題に対処するかわりに、不完全な問題に対する目新しい解決策を提示する。こうした解決策の現実化が、アーバニズムに危機をもたらそうとしている。自動運転車はダウンタウンを圧迫し、公共交通機関を衰退させる。民主主義はアプリで道路の穴の写真を送る行為に矮小化される。警察はアルゴリズムを使って人種差別的な行為を正当化、永続化させる。政府や企業は行動をコントロールするために公共空間を監視する。スマート・シティは、そのような空間になるだろう。

しかし、たとえ何度、スマート・シティの時代は差し迫っており、避けられないと言われようとも、より良い未来を迎えることは可能である。我々は、シンプルな交通技術によって不平等を緩和し、公衆衛生を向上させる、住みやすい都市を創ることができる。我々は、通信技術が、市民に力を与える新しい参加型プロセスを支援する、民主的な都市を創ることができる。我々は、機械学習アルゴリズムがコミュニティの脆弱な住民を支援する、公正な都市を創ることができる。我々は、新しいテクノロジーがプライバシーと民主主義を下支えするよう設計された、責任ある都市を創ることができる。我々は、データサイエンスが非技術的な改革と組み合わされ、地方自治体の運営と福祉サービスを改善しうるような、革新的な都市を創ることができる。

それを求める知恵さえあれば、スマート・イナフ・シティの実現は可能なのだ。テック・ゴーグルを捨てて、さあ始めよう。

訳者あとがき

本書は二〇一九年に出版された*The Smart Enough City: Putting Technology in Its Place to Reclaim Our Urban Future*（MIT Press, 2019）の全訳である。

原著の出版から本書の訳出までの三年間の間にも、スマート・シティを取り巻く環境は変化を続けている。本書でも取り上げられている、カナダのトロント市におけるスマート・シティ計画、サイドウォーク・トロント（Sidewalk Toronto）で起きた一件について、ここで触れないわけにはいかないだろう。新型コロナウィルスの流行からしばらくの時間がたった二〇二〇年五月、同プロジェクトの中核を担っていたスマート・シティ企業、サイドウォーク・ラボ（Sidewalk Labs）が、突如プロジェクトからの撤退を表明したのだ。同社ＣＥＯのダン・ドクトロフは、「世界経済やトロント市の不動産市場が不安定になったことで、計画通りにプロジェクトを実現することが財政的に困難になった」と説明している。かのＧｏｏｇｌｅの兄弟会社が肝煎りで手がけるスマート・シティ計画として世界中の関心を集めた同プロジェクトであったが、その幕引きはあまりにあっけないものであった。

サイドウォーク・トロントは、域内に配備された無数のセンサー群を用いてリアルタイムに情報を収集し、都市行政に反映してゆくという野心的な目標を掲げていた。プロジェクト発足の当初から、そうした計画がトロント市民の強い反対にあっていたことは本書でも言及されている。ではトロント市民は今回の顛末をどのように受け止めたのだろうか。サイドウォーク・トロントに対する抗議団体のひとつ、ブロック・サイドウォーク（#BlockSidewalk）は、サイドウォーク・ラボの撤退を受けて発表したブログ記事において次のように述べている。「（サイドウォーク・トロントに関する）取り組みは、トロント市にとって高くつく結果となった。サイドウォーク・ラボの提案を受け入れるために公共機関は推定一六〇〇万ドルを費やした。さらに市民やコミュニティの膨大な時間という機会費用が、同社の提案や行き過ぎた行為に対して費やされたのである。」手厳しい評価である。しかし注目すべきは、これに続く一文の方だろう。「他方でポジティブな成果もあった。公共領域におけるテクノロジーの使用に関する規制の整備を本格的に開始するよう、行政に働きかけることができたのだ。」同プロジェクトの失敗という出来事が、図らずも都市空間におけるテクノロジー活用に関する行政との議論を前進させるという結果をもたらしたのである。（公共領域に対するテクノロジー規制の取り組みについては、本書の第五章でニューヨーク市やシアトル市における事例が言及されている。あわせて参照されたい。）

トロント市は、スマート・シティ関連技術のための規制緩和というトピックを超えて、自分達にとって望ましい都市のために必要なテクノロジー規制のあり方へと議論を進めている。これこそ、著者のベン・グリーンが示そうとした「スマート・イナフ・シティ（十分スマートな都市）」のあり方へと向かう、ひとつの理想的な道筋だといえるだろう。技術中心主義的なものの見方を「テック・ゴーグル」と呼ぶ彼は、いかにそれが我々の社会に深く根付いているのか、特に技術者の思考パターンを強く既定しているのかを示しながら、都市の課題を技術的に「解決」しようとする態度が孕む問題について何度も訴える。技術中心主義的なスマート・シティのあり方を退けること、代わりに都市行政におけるテクノロジー活用のあり方を市民が主体的に選びとることの重要性を繰り返し強調するのだ。ゆえにこそ、トロント市のように「テック・ゴーグルを捨てる」ことが第一に必要となるのである。我々がテクノロジーという言葉に対して連想する「スマートな」イメージは、彼が本書で取り上げるスマート・シティの失敗例――犯罪予測という耳慣れないトピックから、自動運転のための交通計画まで――と、スマート・イナフ・シティのための地道な取り組み――都市行政の目的を市民やコミュニティと丁寧にすり合わせてゆく活動の数々――によって、徹底的に塗り替えられてゆく。テクノロジーそれ自体を過信すること、特に都市という複雑な領域に対してテクノロジーを安易に適用することの危険性について、本書は幾度も警鐘を鳴らすのである。

ただし誤解してはならないのは、彼が決して都市へのテクノロジー活用を全否定しているわけではないということだ。むしろ彼は、テクノロジーが自治体のガバナンスや都市生活の改善に役立つ可能性をポジティブに評価している。こうしたスタンスが可能になっているのは、彼が都市に対するテクノロジーの活用を、単に行政のしくみをデジタル化することとしてではなく、そのことを通じていかに民主主義や公正さといった都市の価値を向上させることができるのかという高い目標に位置付けているからであろう。スマート・シティとスマート・イナフ・シティは、テクノロジーが目的化してしまっていないか、市民のための政策目的を達成する上での手段として適切に位置付けられているのかという観点から区別される。本書から真に学ぶべきは、都市の価値の向上を第一に据え、「何のためのスマートか」を問い続ける、そのゆるぎない姿勢だと言える。

翻って日本では、二〇二〇年に成立したスーパーシティ法、そして二〇二一年に発足した岸田内閣が打ち出した「デジタル田園都市構想」と、都市行政のデジタル化に向けた枠組みが急速に整えられつつある。本書でも見られたように、テクノロジーの導入があたかもあらゆる問題に対する万能薬かのように扱われる論調が見られる場合には、我々の社会が「テック・ゴーグル」の罠に嵌ってしまっていないかを絶えず確認する必要があるだろう。しかし他方で、都市行政のデジタル化が避けられない道のりであることも確かだ。スマート・シティに関する言説は、ややもすればテクノロジー至上主義に傾いた意見と、反テクノロジー主義に傾いた意見との間で引き裂かれてしまう。しかし著者自ら都市へのテクノロジー導入と都市の価値の向上を両立することは可能であると明言し、そのいずれにも傾くことのない議論を展開する本書の内容は、日本においても「高い目標」を忘れることなくスマート・イナフ・シティを実践してゆくための良き参照点になるのではないかと期待している。

ただし、単に本書で紹介されている成功事例を輸入すればよいという話ではないことに注意したい。そのことが如実に表れているスマート・イナフ・シティの事例として、本書で紹介されているカンザス州ジョンソン郡での取り組みに言及しておこう。市民が犯罪に手を染める前に福祉の手を差し伸べるという「能動的な福祉サービス」を実現するために、精神疾患を抱えた市民の通院記録などを解析し、将来警察に逮捕される可能性が高い人物を特定するというプロジェクトである。刑務所に送られてしまう人々の高い精神疾患罹患率ゆえに、地域の刑務所が巨大な精神疾患治療施設かのようになっているというアメリカのコンテクストを踏まえれば、こうした取り組みを理解することもできないわけではない。とはいえ、プライバシーに関わるデータを使って犯罪を犯すかどうかが推定されるという取り組みには、いささか恐怖心を覚えてしまうのが正直なところだ。しかしながら、いかなる外野の勝手な葛藤も、こうした技術システムを自分たちの都市に導入するという政治的選択にジョンソン郡の人々が長年をかけて取り組んできたという事実の前では意味を成さない。我々はこうして、著者が述べる都市へのテクノロジー導入を通じた政治的選択の重みが、決して生優しいものではないことに気づかされるのである。

ジョンソン群の選択に比肩するような決断を下さなければならない日が、いずれ——あるいは既に——我々にも訪れることになるだろう。本書は我々にとって、その覚悟を怠ってはならないという忠告の書でもある。

家族からの温かいサポートがなければ、本書の訳出は成し得なかった。また友人の森智也氏からは訳文の一部についてフィードバックをいただいた。編集者の井上裕美氏には初めての翻訳に挑戦する我々に対し、さまざまなサポートをいただいた。ここに記して感謝申し上げる。翻訳にあたっては、1章から3章までを中村が、4章から7章までを酒井が翻訳し、その後すべての文章について中村が再度訳文の整理を行った。訳文に関して不備のある部分は全て訳者の責任である。

中村健太郎・酒井康史

life-1513700355.

50. Adrian Short, "BT InLink in London: Building a Privatised 'Smart City' by Stealth" (December 14, 2017), https://www.adrianshort.org/posts/2017/bt-inlink-london-smart-city/.
51. Natasha Lomas, "How 'Anonymous' Wifi Data Can Still Be a Privacy Risk," *TechCrunch* (October 7, 2017), https://techcrunch.com/2017/10/07/how-anonymous-wifi-data-can-still-be-a-privacy-risk/.
52. Laura Adler, "How Smart City Barcelona Brought the Internet of Things to Life," *Data-Smart City Solutions* (February 18, 2016), https://datasmart.ash.harvard.edu/ news/article/how-smart-city-barcelona-brought-the-internet-of-things-to-life-789.
53. Albert Canigueral, "In Barcelona, Technology Is a Means to an End for a Smart City," *GreenBiz* (September 12, 2017), https://www.greenbiz.com/article/ barcelona-technology-means-end-smart-city.
54. Carla Bailo, interview by Ben Green, May 9, 2017.

33. Cheung, "New Cities."
34. Dan Doctoroff, quoted in Leslie Hook, "Alphabet Looks for Land to Build Experimental City," *Financial Times*, September 19, 2017, https://www.ft.com/ content/22b45326-9d47-11e7-9a86-4d5a475ba4c5.
35. Sidewalk Labs, "Vision Sections of RFP Submission" (October 17, 2017), p. 15, https://sidewalktoronto.ca/wp-content/uploads/2017/10/Sidewalk-Labs-Vision-Sections-of-RFP-Submission.pdf.
36. Le Corbusier, *The Radiant City*, 181, 154.
37. Doctoroff, "Reimagining Cities from the Internet Up."
38. Bianca Wylie, "Debrief on Sidewalk Toronto Public Meeting #2—Time to Start Over, Extend the Process," Medium (May 6, 2018), https://medium.com/ @biancawylie/sidewalk-toronto-public-meeting-2-time-to-start-over-extend-the-process-a0575b3adfc3.
39. Jascha Franklin-Hodge, in Knight Foundation, "NetGain Internet of Things Conference" (2017), https://www.youtube.com/watch?v=29u1C4Z6PR4.
40. Nigel Jacob, interview by Ben Green, April 7, 2017.
41. Mayor's Office of New Urban Mechanics, "Boston Smart City Playbook" (2016), https://monum.github.io/playbook/.
42. Mayor's Office of New Urban Mechanics, "Boston Smart City Playbook."
43. Franklin-Hodge, in Knight Foundation, "NetGain Internet of Things Conference."
44. Mimi Kirk, "Why Singapore Will Get Self-Driving Cars First," *CityLab* (August 3, 2016), https://www.citylab.com/transportation/2016/08/why-singapore-leads-in-self-driving-cars/494222/; Annabelle Liang and Dee-Ann Durbin, "World's First SelfDriving Taxis Debut in Singapore," *Bloomberg*, August 25, 2016.
45. Abdur Rahman Alfa Shaban, "Ethiopia Bags a Continental First with $2.2m Smart Parking Facility," *Africanews*, June 15, 2017, http://www.africanews.com/2017/ 06/15/ethiopia-s-22m-smart-parking-facility-is-africa-s-first/.
46. Hollie Russon Gilman, *Democracy Reinvented: Participatory Budgeting and Civic Innovation in America* (Washington, DC: Brookings Institution Press, 2016), 7, 36.
47. See Rafael Sampaio and Tiago Peixoto, "Electronic Participatory Budgeting: False Dilemmas and True Complexities," in *Hope for Democracy: 25 Years of Participatory Budgeting Worldwide*, ed. Nelson Dias (São Brás de Alportel, Portugal: In Loco Association, 2014), 413–425.
48. Josh Chin, "About to Break the Law? Chinese Police Are Already On to You," *Wall Street Journal*, February 27, 2018, https://www.wsj.com/articles/china-said-to-deploy-big-data-for-predictive-policing-in-xinjiang-1519719096.
49. Josh Chin and Clément Bürge, "Twelve Days in Xinjiang: How China's Surveillance State Overwhelms Daily Life," *Wall Street Journal*, December 19, 2017, https://www.wsj.com/articles/twelve-days-in-xinjiang-how-chinas-surveillance-state-overwhelms-daily-

Basis of Our Machine-Age Civilization (New York: Orion Press, 1964), 134, 240, 134. ［コルビュジェ『輝く都市』坂倉準三訳、鹿島出版会、1968 年］

11. Le Corbusier, *Aircraft: The New Vision* (New York: Studio Publications, 1935), 96, 5, 100.
12. Le Corbusier, *The Radiant City*, 121.
13. Le Corbusier, *The Radiant City*, 27, 29, 116.
14. Scott, *Seeing Like a State*, 348.
15. Le Corbusier, *The Radiant City*, 181, 154.
16. Le Corbusier, *The Radiant City*, 181, 154.
17. James Holston, *The Modernist City: An Anthropological Critique of Brasília* (Chicago: University of Chicago Press, 1989), 168.
18. Holston, *The Modernist City*, 23, 24, 105.
19. Robert A Caro, *The Power Broker: Robert Moses and the Fall of New York* (1974; repr., New York: Random House, 2015), 909.
20. Harrison E. Salisbury, *The Shook-Up Generation* (New York: Harper and Row, 1958), 73, 75.
21. See Peter Marcuse, *Robert Moses and Public Housing: Contradiction In, Contradiction Out* ([New York: P. Marcuse], 1989).
22. James Baldwin, interview by Kenneth Clark, WGBH-TV, May 24, 1963; published in *Conversations with James Baldwin*, ed. Fred L. Standley and Louis H. Pratt (Jackson: University Press of Mississippi, 1989), 42.
23. Jane Jacobs, *The Death and Life of Great American Cities* (1961; repr., New York: Vintage Books, 1992), 4, 428, 222, 447, 222, 439. ［ジェイコブズ『アメリカ大都市の死と生』山形浩生訳、鹿島出版会、2010 年］
24. Jacobs, *The Death and Life of Great American Cities*, 435, 438-439.
25. Jacobs, *The Death and Life of Great American Cities*, 21.
26. Le Corbusier, *The Radiant City*, 202; Senseable City Lab, "DriveWAVE by MIT SENSEable City Lab," http://senseable.mit.edu/wave/.
27. Hitachi, "City of Boston: Smart City RFI Response" (2017), p. 7, https://drive.google.com/file/d/0B_QckxNE_FoEeVJ5amJVT3NEZXc.
28. Living PlanIT, "Living PlanIT—Boston Smart City RFI" (January 2017), p. 1, https://drive.google.com/file/d/0B_QckxNE_FoEVEUtTFB4SDRhc00.
29. Adora Cheung, "New Cities," *Y Combinator Blog* (June 27, 2016), https://blog.ycombinator.com/new-cities/.
30. Cheung, "New Cities."
31. Le Corbusier, *The Radiant City*, 154.
32. Eric Jaffe, "How Are Those Cities of the Future Coming Along?," *CityLab* (September 11, 2013), https://www.citylab.com/life/2013/09/how-are-those-cities-future-coming-along/6855/.

28. Andrew Feldman and Jason Johnson, "How Better Procurement Can Drive Better Outcomes for Cities," *Governing*, October 12, 2017, http://www.governing.com/ gov-institute/voices/col-cities-3-steps-procurement-reform-better-outcomes.html.
29. Azemati and Grover-Roybal, "Shaking Up the Routine."
30. Karissa Braxton, "City's Homeless Response Investments Are Housing More People," *City of Seattle Human Interests Blog* (May 31, 2018), http://humaninterests.seattle.gov/2018/05/31/citys-homeless-response-investments-are-housing-more-people/.
31. Boldin, speaking in What Works Cities, "Tackling Homelessness in Seattle."
32. Chris Anderson, "The End of Theory: The Data Deluge Makes the Scientific Method Obsolete," *Wired*, June 23, 2008, https://www.wired.com/2008/06/pb-theory/.
33. Tom Schenk, interview by Ben Green, August 8, 2017. All quotations from Schenk in this chapter are from this interview.
34. City of Chicago, "Food Inspection Forecasting" (2017), https://chicago.github.io/food-inspections-evaluation/.
35. Nigel Jacob, speaking in "Data-Driven Research, Policy, and Practice: Friday Opening Remarks" (Boston Area Research Initiative, March 10, 2017), https://www.youtube.com/watch?v=cRINlFFBHBo.
36. City of Boston, the Mayor's Office of New Urban Mechanics, "Civic Research Agenda" (May 15, 2018), https://www.boston.gov/departments/new-urban-mechanics/ civic-research-agenda.
37. Kim Lucas, interview by Ben Green, May 6, 2017. All quotations from Lucas in this chapter are from this interview.

７章

1. Daniel L. Doctoroff, "Reimagining Cities from the Internet Up," Medium: Sidewalk Talk (November 30, 2016), https://medium.com/sidewalk-talk/reimagining-cities-from-the-internet-up-5923d6be63ba.
2. James C. Scott, *Seeing Like a State: How Certain Schemes to Improve the Human Condition Have Failed* (New Haven: Yale University Press, 1998), 11–22.
3. Scott, *Seeing Like a State*, 12.
4. Scott, *Seeing Like a State*, 21.
5. Scott, *Seeing Like a State*, 88.
6. Scott, *Seeing Like a State*, 4.
7. Ebenezer Howard, *Garden Cities of To-Morrow* (London: Swan Sonnenschein, 1902), 133.［ハワード『新訳　明日の田園都市』山形浩生訳、鹿島出版会、2016 年］
8. See Howard, *Garden Cities of To-Morrow*.
9. Howard, *Garden Cities of To-Morrow*, 133–134.
10. Le Corbusier, *The Radiant City: Elements of a Doctrine of Urbanism to Be Used as the*

publishing-standards/.
12. DataSF, "DataScienceSF" (2017), https://datasf.org/science/.
13. DataSF, "Keeping Moms and Babies in Nutrition Program" (2018), https://datasf.org/showcase/datascience/keeping-moms-and-babies-in-nutrition-program/.
14. DataSF, "Eviction Alert System" (2018), https://datasf.org/showcase/datascience/ eviction-alert-system/.
15. Mashariki, interview by Green.
16. Amen Ra Mashariki, "NYC Data Analytics" (presentation at Esri Senior Executive Summit, 2017), https://www.youtube.com/watch?v=ws8EQg5YlrY.
17. Seattle/King County Coalition on Homelessness, "2015 Street Count Results" (2015), http://www.homelessinfo.org/what_we_do/one_night_count/2015_results.php.
18. Daniel Beekman and Jack Broom, "Mayor, County Exec Declare 'State of Emergency' over Homelessness," *Seattle Times*, January 31, 2016, http://www.seattletimes.com/seattle-news/politics/mayor-county-exec-declare-state-of-emergency-over-homelessness/.
19. John Ryan, "After 10-Year Plan, Why Does Seattle Have More Homeless Than Ever?," *KUOW*, March 3, 2015, http://kuow.org/post/after-10-year-plan-why-does-seattle-have-more-homeless-ever.
20. Shakira Boldin, speaking in What Works Cities, "Tackling Homelessness in Seattle" (2017), https://www.youtube.com/watch?v=dzkblumT4XU.
21. City of Seattle, "Homelessness Investment Analysis" (2015), https://www.seattle.gov/Documents/Departments/HumanServices/Reports/HomelessInvestment Analysis.pdf.
22. Jason Johnson, interview by Ben Green, August 10, 2017. All quotations from Johnson in this chapter are from this interview.
23. Hanna Azemati and Christina Grover-Roybal, "Shaking Up the Routine: How Seattle Is Implementing Results-Driven Contracting Practices to Improve Outcomes for People Experiencing Homelessness," Harvard Kennedy School Government Performance Lab (September 2016), http://govlab.hks.harvard.edu/files/siblab/files/ seattle_rdc_policy_brief_final.pdf.
24. Christina Grover-Roybal, interview by Ben Green, August 24, 2017. All quotations from Grover-Roybal in this chapter are from this interview.
25. Laura Melle, interview by Ben Green, April 12, 2017. All quotations from Melle in this chapter are from this interview.
26. Jeff Liebman, "Transforming the Culture of Procurement in State and Local Government," interview by Andy Feldman, *Gov Innovator* podcast (April 20, 2017), http://govinnovator.com/jeffrey_liebman_2017/.
27. "Results-Driven Contracting: An Overview," Harvard Kennedy School Government Performance Lab (2016), http://govlab.hks.harvard.edu/files/siblab/files/ results-driven_contracting_an_overview_0.pdf.

Bay Times, May 2, 2018, https://www.eastbaytimes.com/2018/05/02/oakland-to-require-public-approval-of-surveillance-tech/; more generally, see American Civil Liberties Union, "Community Control over Police Surveillance" (2018), https://www.aclu.org/issues/privacy-technology/surveillance-technologies/community-control-over-police-surveillance.

88. Marc Groman, quoted in Jill R. Aitoro, "Defining Privacy Protection by Acknowledging What It's Not," *Federal Times*, March 8, 2016, http://www.federaltimes.com/story/government/interview/one-one/2016/03/08/defining-privacy-protection-acknowledging-what-s-not/81464556/.
89. Nigel Jacob, interview by Ben Green, April 7, 2017. All quotations from Jacob in this chapter are from this interview.
90. On open data, see Civic Analytics Network, "An Open Letter to the Open Data Community," Data-Smart City Solutions, March 3, 2017, https://datasmart.ash.harvard.edu/news/article/an-open-letter-to-the-open-data-community-988; on net neutrality, see Kimberly M. Aquilina, "50 US Cities Pen Letter to FCC Demanding Net Neutrality, Democracy," *Metro*, July 12, 2017, https://www.metro.us/news/local-news/net-neutrality-50-cities-letter-fcc-democracy.
91. Thomas Graham, "Barcelona Is Leading the Fightback against Smart City Surveillance," *Wired*, May 18, 2018, http://www.wired.co.uk/article/barcelona-decidim-ada-colau-francesca-bria-decode.

6章

1. "Sidewalk Labs," https://www.sidewalklabs.com.
2. Daniel L. Doctoroff, "Reimagining Cities from the Internet Up," Medium: Side-walk Talk (November 30, 2016), https://medium.com/sidewalk-talk/reimagining-cities-from-the-internet-up-5923d6be63ba.
3. "Sidewalk Labs."
4. Amen Ra Mashariki, interview by Ben Green, May 24, 2017. All quotations from Mashariki in this chapter are from this interview, unless specified otherwise.
5. Allison T. Chamberlain, Jonathan D. Lehnert, and Ruth L. Berkelman, "The 2015 New York City Legionnaires' Disease Outbreak: A Case Study on a History-Making Outbreak," *Journal of Public Health Management and Practice* 23, no. 4 (2017): 414.
6. Mitsue Iwata, interview by Ben Green, July 25, 2017.
7. Joy Bonaguro, interview by Ben Green, August 9, 2017. All quotations from Bonaguro in this chapter are from this interview.
8. DataSF, "DataSF in Progress" (2018), https://datasf.org/progress/.
9. Bonaguro, interview by Green.
10. DataSF, "Data Quality" (2017), https://datasf.org/resources/data-quality/.
11. DataSF, "Data Standards Reference Handbook" (2018), https://datasf.gitbooks.io/ draft-

73. Matt McFarland, "Chicago Gets Serious about Tracking Air Quality and Traffic Data," *CNN*, August 29, 2016, http://money.cnn.com/2016/08/29/technology/ chicago-sensors-data/index.html.
74. Denise Linn and Glynis Startz, "Array of Things Civic Engagement Report" (August 2016), https://arrayofthings.github.io/engagement-report.html.
75. Array of Things, "Responses to Public Feedback" (2016), https://arrayofthings.github.io/policy-responses.html.
76. Green et al., "Open Data Privacy," 34, 41.
77. Array of Things "Array of Things Operating Policies" (August 15, 2016), https://arrayofthings.github.io/final-policies.html.
78. Brendan Kiley and Matt Fikse-Verkerk, "You Are a Rogue Device," *The Stranger*, November 6, 2013, http://www.thestranger.com/seattle/you-are-a-rogue-device/Content?oid=18143845.
79. Green et al., "Open Data Privacy," 89.
80. Michael Mattmiller, interview by Ben Green, August 3, 2017. All quotations from Mattmiller in this chapter are from this interview.
81. City of Seattle, "City of Seattle Privacy Principles" (2015), https://www.seattle.gov/Documents/Departments/InformationTechnology/City-of-Seattle-Privacy-Principles-FINAL.pdf.
82. City of Seattle, "About the Privacy Program" (2018), http://www.seattle.gov/ tech/initiatives/privacy/about-the-privacy-program.
83. Rosalind Brazel, "City of Seattle Hires Ginger Armbruster as Chief Privacy Officer," *Tech Talk Blog* (July 11, 2017), http://techtalk.seattle.gov/2017/07/11/city-of-seattle-hires-ginger-armbruster-as-chief-privacy-officer/.
84. See Seattle Information Technology, "About the Surveillance Ordinance" (2018), https://www.seattle.gov/tech/initiatives/privacy/surveillance-technologies/ about-surveillance-ordinance.
85. Ansel Herz, "How the Seattle Police Secretly—and Illegally—Purchased a Tool for Tracking Your Social Media Posts," *The Stranger*, September 28, 2016, https://www.thestranger.com/news/2016/09/28/24585899/how-the-seattle-police-secretlyand-illegallypurchased-a-tool-for-tracking-your-social-media-posts.
86. Ali Winston, "Palantir Has Secretly Been Using New Orleans to Test Its Predictive Policing Technology," *The Verge*, February 27, 2018, https://www.theverge.com/2018/2/27/17054740/palantir-predictive-policing-tool-new-orleans-nopd.
87. On Hattiesburg, see Haskel Burns, "Ordinance Looks at Police Surveillance Equipment," *Hattiesburg American*, October 28, 2016, https://www.hattiesburgamerican.com/story/news/local/hattiesburg/2016/10/28/ordinance-looks-police-surveillance-equipment/92899430/; on Oakland, see Ali Tadayon, "Oakland to Require Public Approval of Surveillance Tech," *East*

what-an-algorithm-reveals-about-life-on-chicagos-high-risk-list.html.

59. Jeremy Gorner, "With Violence Up, Chicago Police Focus on a List of Likeliest to Kill, Be Killed," *Chicago Tribune*, July 22, 2016, http://www.chicagotribune.com/ news/ct-chicago-police-violence-strategy-met-20160722-story.html.
60. On nondisclosure agreements, see Elizabeth E. Joh, "The Undue Influence of Surveillance Technology Companies on Policing," *New York University Law Review* 92 (2017): 101–130; on trade secrecy, see Rebecca Wexler, "Life, Liberty, and Trade Secrets: Intellectual Property in the Criminal Justice System," *Stanford Law Review* 70 (2018): 1343–1429.
61. On Intrado, see Justin Jouvenal, "The New Way Police Are Surveilling You: Calculating Your Threat 'Score,'" *Washington Post*, January 10, 2016, https://www.washingtonpost.com/local/public-safety/the-new-way-police-are-surveilling-you-calculating-your-threat-score/2016/01/10/e42bccac-8e15-11e5-baf4-bdf37355da0c_story.html; on Northpointe, see Frank Pasquale, "Secret Algorithms Threaten the Rule of Law," *MIT Technology Review*, June 1, 2017, https://www.technologyreview.com/s/608011/secret-algorithms-threaten-the-rule-of-law/.
62. Robert Brauneis and Ellen P. Goodman, "Algorithmic Transparency for the Smart City," *Yale Journal of Law and Technology* 20 (2018): 146–147.
63. *State v. Loomis*, 881 Wis. N.W.2d 749, 767 (2016).
64. Bernard E. Harcourt, "Risk as a Proxy for Race: The Dangers of Risk Assessment,"*Federal Sentencing Reporter* 27, no. 4 (2015): 237–243.
65. Julia Angwin et al., "Machine Bias," *ProPublica*, May 23, 2016, https://www.propublica.org/article/machine-bias-risk-assessments-in-criminal-sentencing.
66. Jon Kleinberg, Sendhil Mullainathan, and Manish Raghavan, "Inherent TradeOffs in the Fair Determination of Risk Scores," *arXiv.org* (2016), https://arxiv.org/ abs/1609.05807.
67. The New York City Council, "Int 1696-2017: Automated Decision Systems Used by Agencies" (2017), http://legistar.council.nyc.gov/LegislationDetail.aspx?ID=3137815&GUID=437A6A6D-62E1-47E2-9C42-461253F9C6D0.
68. The New York City Council, "Transcript of the Minutes of the Committee on Technology," October 16, 2017, pp. 8–9, http://legistar.council.nyc.gov/View.ashx?M=F&ID=5522569&GUID=DFECA4F2-E157-42AB-B598-BA3A8185E3FF.
69. The New York City Council, "Transcript of the Minutes of the Committee on Technology," 7–8.
70. The New York City Council, "Int 1696-2017: Automated Decision Systems Used by Agencies."
71. Julia Powles, "New York City's Bold, Flawed Attempt to Make Algorithms Accountable," *New Yorker*, December 20, 2017, https://www.newyorker.com/tech/ elements/new-york-citys-bold-flawed-attempt-to-make-algorithms-accountable.
72. Array of Things, "Array of Things" (2016), http://arrayofthings.github.io.

Complained of Sexual Assault Were Published Online by Dallas Police," *Washington Post*, April 29, 2016, https://www.washingtonpost.com/news/the-switch/ wp/2016/04/29/why-the-names-of-six-people-who-complained-of-sexual-assault-were-published-online-by-dallas-police/; on those carrying large sums of cash, see Claudia Vargas, "City Settles Gun Permit Posting Suit," *Philadelphia Inquirer*, July 23, 2014, http://www.philly.com/philly/news/local/20140723_City_settles_gun_permit_suit_for 1_4_million.html.

48. On medical information, see Klarreich, "Privacy by the Numbers"; on political affiliation, see Ethan Chiel, "Why the D.C. Government Just Publicly Posted EveryD.C. Voter's Address Online," *Splinter*, June 14, 2016, https://splinternews.com/ why-the-d-c-government-just-publicly-posted-every-d-c-1793857534.
49. Ben Green et al., "Open Data Privacy: A Risk-Benefit, Process-Oriented Approach to Sharing and Protecting Municipal Data," *Berkman Klein Center for Internet & Society Research Publication* (2017), http://nrs.harvard.edu/urn-3:HUL.InstRepos:30340010.
50. Green et al., "Open Data Privacy," 58–61.
51. Phil Diehl, "Malware Blamed for City's Data Breach," *San Diego Tribune*, September 12, 2017, http://www.sandiegouniontribune.com/communities/north-county/sd-no-malware-letter-20170912-story.html.
52. Selena Larson, "Uber's Massive Hack: What We Know," *CNN*, November 22, 2017, http://money.cnn.com/2017/11/22/technology/uber-hack-consequences-cover-up/ index.html.
53. Bruce Schneier, *Click Here to Kill Everybody: Security and Survival in a Hyperconnected World* (New York: W. W. Norton, 2018).
54. Bruce Schneier, "Data Is a Toxic Asset, So Why Not Throw It Out?," *CNN*, March 1, 2016, http://www.cnn.com/2016/03/01/opinions/data-is-a-toxic-asset-opinion-schneier/index.html.
55. Pinto, "Google Is Transforming NYC's Payphones."
56. Douglas Rushkoff, quoted in Pinto, "Google Is Transforming NYC's Payphones."
57. On assigning students to schools, see Alvin Roth, "Why New York City's High School Admissions Process Only Works Most of the Time," *Chalkbeat*, July 2, 2015, https://www.chalkbeat.org/posts/ny/2015/07/02/why-new-york-citys-high-school-admissions-process-only-works-most-of-the-time/; on evaluating teachers, see Cathy O'Neil, "Don't Grade Teachers with a Bad Algorithm," *Bloomberg*, May 15, 2017, https://www.bloomberg.com/view/articles/2017-05-15/don-t-grade-teachers-with-a-bad-algorithm; on detecting Medicaid fraud, see Natasha Singer, "Bringing Big Data to the Fight against Benefits Fraud," *New York Times*, February 22, 2015, https://www.nytimes.com/2015/02/22/technology/bringing-big-data-to-the-fight-against-benefits-fraud.html; and on preventing fires, see Bob Sorokanich, "New York City Is Using Data Mining to Fight Fires," *Gizmodo* (2014), https://gizmodo.com/new-york-city-is-fighting-fires-with-data-mining-1509004543.
58. Jeff Asher and Rob Arthur, "Inside the Algorithm That Tries to Predict Gun Violence in Chicago," *New York Times*, June 13, 2017, https://www.nytimes.com/2017/06/13/upshot/

Everyday Life, ed. Torin Monahan (New York: Routledge, 2006), 91.

32. John Gilliom, *Overseers of the Poor: Surveillance, Resistance, and the Limits of Privacy* (Chicago: University of Chicago Press, 2001), 6, 129, 1.
33. John Podesta et al., *Big Data: Seizing Opportunities, Preserving Values* (Washington, DC: Executive Office of the President, 2014).
34. "The Rise of Workplace Spying," *The Week*, July 8, 2015, http://theweek.com/articles/564263/rise-workplace-spying.
35. Federal Trade Commission, *Data Brokers: A Call for Transparency and Accountability* (Washington, DC: Federal Trade Commission, 2014).
36. Virgina Eubanks, *Automating Inequality: How High-Tech Tools Profile, Police, and Punish the Poor* (New York: St. Martin's Press, 2018).［ユーバンクス『格差の自動化—デジタル化がどのように貧困者をプロファイルし、取締り、処罰するか』ウォルシュあゆみ訳、人文書院、2021 年］
37. On "three million," see Jason Henry, "Los Angeles Police, Sheriff's Scan over 3 Million License Plates A Week," *San Gabriel Valley Tribune*, August 26, 2014, https://www.sgvtribune.com/2014/08/26/los-angeles-police-sheriffs-scan-over-3-million-license-plates-a-week/; on ICE, see April Glaser, "Sanctuary Cities Are Handing ICE a Map," *Slate*, March 13, 2018, https://slate.com/technology/2018/03/how-ice-may-be-able-to-access-license-plate-data-from-sanctuary-cities-and-use-it-for-arrests.html.
38. The Leadership Conference on Civil and Human Rights and Upturn, "Police Body Worn Cameras: A Policy Scorecard" (November 2017), https://www.bwcscorecard.org.
39. Ava Kofman, "Real-Time Face Recognition Threatens to Turn Cops' Body Cameras into Surveillance Machines," *The Intercept*, March 22, 2017, https://theintercept.com/2017/03/22/real-time-face-recognition-threatens-to-turn-cops-body-cameras-into-surveillance-machines/.
40. Martin Kaste, "Orlando Police Testing Amazon's Real-Time Facial Recognition," *National Public Radio*, May 22, 2018, https://www.npr.org/2018/05/22/613115969/ orlando-police-testing-amazons-real-time-facial-recognition.
41. See Federal Trade Commission, *Data Brokers: A Call for Transparency and Accountability*.
42. Jonas Lerman, "Big Data and Its Exclusions," *Stanford Law Review* 66 (2013): 55–63.
43. Madden et al., "Privacy, Poverty and Big Data."
44. Ross Garlick, "Privacy Inequality Is Coming, and It Does Not Look Pretty,"*Fordham Political Review*, March 17, 2015, http://fordhampoliticalreview.org/privacy-inequality-is-coming-and-it-does-not-look-pretty/.
45. City and County of San Francisco, "Apps: Transportation," *San Francisco Data*[2018], http://apps.sfgov.org/showcase/apps-categories/transportation/.
46. City of Philadelphia, "Open Budget," http://www.phila.gov/openbudget/.
47. On sexual assault victims, see Andrea Peterson, "Why the Names of Six People Who

of Sciences 110, no. 15 (2013): 5802–5805.

18. Eben Moglen, quoted in Pinto, "Google Is Transforming NYC's Payphones."
19. Pinto, "Google Is Transforming NYC's Payphones."
20. Donna Lieberman, quoted in New York Civil Liberties Union, "City's Public Wi-Fi Raises Privacy Concerns" (March 16, 2016), https://www.nyclu.org/en/press-releases/nyclu-citys-public-wi-fi-raises-privacy-concerns.
21. Daniel J. Solove, *The Digital Person: Technology and Privacy in the Information Age* (New York: NYU Press, 2004).
22. DeRay McKesson, quoted in Jessica Guynn, "ACLU: Police Used Twitter, Facebook to Track Protests," *USA Today*, October 12, 2016, https://www.usatoday.com/ story/tech/news/2016/10/11/aclu-police-used-twitter-facebook-data-track-protestersbaltimore-ferguson/91897034/.
23. Dia Kayyali, "The History of Surveillance and the Black Community," *Electronic Frontier Foundation* (February 13, 2014), https://www.eff.org/deeplinks/2014/02/ history-surveillance-and-black-community.
24. On federal officials, see George Joseph, "Exclusive: Feds Regularly Monitored Black Lives Matter Since Ferguson," *The Intercept*, July 24, 2015, https://theintercept.com/2015/07/24/documents-show-department-homeland-security-monitoring-black-lives-matter-since-ferguson/; on local officials, see Nicole Ozer, "Police Use of Social Media Surveillance Software Is Escalating, and Activists Are in the Digital Crosshairs," Medium: ACLU of Northern CA (2016), https://medium.com/@ ACLU_NorCal/police-use-of-social-media-surveillance-software-is-escalating-and-activists-are-in-the-digital-d29d8f89c48.
25. Solove, *The Digital Person*, 34.
26. Solove, *The Digital Person*, 38, 37.
27. On Facebook and mood, see Adam D. I. Kramer, Jamie E. Guillory, and Jeffrey T. Hancock, "Experimental Evidence of Massive-Scale Emotional Contagion through Social Networks," *Proceedings of the National Academy of Sciences* 111, no. 24 (2014): 8788–8790; on Facebook and voting, see Robert M. Bond et al., "A 61-Million-Person Experiment in Social Influence and Political Mobilization," *Nature* 489, no. 7415 (2012): 295–298.
28. Christian Rudder, "We Experiment On Human Beings!," *The OkCupid Blog* (2014), https://theblog.okcupid.com/we-experiment-on-human-beings-5dd9fe280cd5.
29. Casey Johnston, "Denied for That Loan? Soon You May Thank Online Data Collection," *ArsTechnica* (2013), https://arstechnica.com/business/2013/10/denied-for-that-loan-soon-you-may-thank-online-data-collection/.
30. Mary Madden et al., "Privacy, Poverty and Big Data: A Matrix of Vulnerabilities for Poor Americans," *Washington University Law Review* 95 (2017): 53–125.
31. Virginia Eubanks, "Technologies of Citizenship: Surveillance and Political Learning in the Welfare System," in *Surveillance and Security: Technological Politics and Power in*

4. LinkNYC, "Find a Link," https://www.link.nyc/find-a-link.html.
5. New York City Office of the Mayor, "Mayor de Blasio Announces Public Launch of LinkNYC Program, Largest and Fastest Free Municipal Wi-Fi Network in the World" (February 18, 2016), http://www1.nyc.gov/office-of-the-mayor/news/184-16/ mayor-de-blasio-public-launch-linknyc-program-largest-fastest-free-municipal#/0.
6. Dan Doctoroff, quoted in Nick Pinto, "Google Is Transforming NYC's Payphones into a 'Personalized Propaganda Engine,'" *Village Voice*, July 6, 2016, https://www.villagevoice.com/2016/07/06/google-is-transforming-nycs-payphones-into-a-personalized-propaganda-engine/.
7. LinkNYC, "Privacy Policy" (March 17, 2017), https://www.link.nyc/privacy-policy.html.
8. LinkNYC, "Privacy Policy."
9. Paul M. Schwartz and Daniel J. Solove, "The PII Problem: Privacy and a New Concept of Personally Identifiable Information," *NYU Law Review* 86 (2011): 1814–1895.
10. On phone location traces, see De Montjoye et al., "Unique in the Crowd"; on credit card transactions, see Yves-Alexandre de Montjoye et al., "Unique in the Shopping Mall: On the Reidentifiability of Credit Card Metadata," *Science* 347, no. 6221 (2015): 536–539.
11. Erica Klarreich, "Privacy by the Numbers: A New Approach to Safeguarding Data," *Quanta Magazine*, December 10, 2012, https://www.quantamagazine.org/ a-mathematical-approach-to-safeguarding-private-data-20121210/.
12. Latanya Sweeney, "Simple Demographics Often Identify People Uniquely" (Carnegie Mellon University, Data Privacy Working Paper 3, 2000).
13. Anthony Tockar, "Riding with the Stars: Passenger Privacy in the NYC Taxicab Dataset," *Neustar Research*, September 15, 2014, https://research.neustar.biz/ 2014/09/15/riding-with-the-stars-passenger-privacy-in-the-nyc-taxicab-dataset/.
14. James Siddle, "I Know Where You Were Last Summer: London's Public Bike Data Is Telling Everyone Where You've Been," *The Variable Tree*, April 10, 2014, https://vartree.blogspot.co.uk/2014/04/i-know-where-you-were-last-summer.html.
15. On whom you know, see Nathan Eagle, Alex Sandy Pentland, and David Lazer, "Inferring Friendship Network Structure by Using Mobile Phone Data," *Proceedings of the National Academy of Sciences* 106, no. 36 (2009): 15274–15278; on where you will go next, see Lars Backstrom, Eric Sun, and Cameron Marlow, "Find Me If You Can: Improving Geographical Prediction with Social and Spatial Proximity" (paper presented at the Proceedings of the 19th International Conference on World Wide Web, Raleigh, NC, April 2010).
16. Andrew G. Reece and Christopher M. Danforth, "Instagram Photos Reveal Predictive Markers of Depression," *EPJ Data Science* 6, no. 15 (2017), https://doi.org/ 10.1140/epjds/s13688-017-0110-z.
17. Michal Kosinski, David Stillwell, and Thore Graepel, "Private Traits and Attributes Are Predictable from Digital Records of Human Behavior," *Proceedings of the National Academy*

61. Richard Berk, in Craig Atkinson, dir., *Do Not Resist* (Vanish Films, 2016).
62. Dominic Griffin, "'Do Not Resist' Traces the Militarization of Police with Unprecedented Access to Raids and Unrest," *Baltimore City Paper*, November 1, 2016, http://www.citypaper.com/film/film/bcp-110216-screens-do-not-resist-20161101-story.html.
63. Joshua Brustein, "This Guy Trains Computers to Find Future Criminals," *Bloomberg* (2016), https://www.bloomberg.com/features/2016-richard-berk-future-crime/.
64. Thomas P. Bonczar, "Prevalence of Imprisonment in the U.S. Population, 1974– 2001," *Bureau of Justice Statistics Special Report* (August 2003), p. 1, https://www.bjs.gov/content/pub/pdf/piusp01.pdf.
65. On government programs, see Richard Rothstein, *The Color of Law: A Forgotten History of How Our Government Segregated America* (New York: Liveright, 2017); on the war on drugs, see Alexander, *The New Jim Crow*.
66. IBM, "Predictive Analytics: Police Use Analytics to Reduce Crime" (2012), https://www.youtube.com/watch?v=iY3WRvXVogo.
67. Alex S. Vitale, *The End of Policing* (London: Verso, 2017), cover, 28.
68. Andrew V. Papachristos and Christopher Wildeman, "Network Exposure and Homicide Victimization in an African American Community," *American Journal of Public Health* 104, no. 1 (2014): 143–150.
69. Jeremy Gorner, "With Violence Up, Chicago Police Focus on a List of Likeliest to Kill, Be Killed," *Chicago Tribune*, July, 22, 2016, http://www.chicagotribune.com/ news/ct-chicago-police-violence-strategy-met-20160722-story.html.
70. Jessica Saunders, Priscillia Hunt, and John S. Hollywood, "Predictions Put into Practice: A Quasi-Experimental Evaluation of Chicago's Predictive Policing Pilot," *Journal of Experimental Criminology* 12, no. 3 (2016): 366, 355.
71. Andrew V. Papachristos, "CPD's Crucial Choice: Treat Its List as Offenders or as Potential Victims?," *Chicago Tribune*, July 29, 2016, http://www.chicagotribune.com/news/opinion/commentary/ct-gun-violence-list-chicago-police-murder-perspec-0801-jm-20160729-story.html.
72. Ferguson, "The Allure of Big Data Policing."

5章

1. Langdon Winner, *The Whale and the Reactor: A Search for Limits in an Age of High Technology* (Chicago: University of Chicago Press, 1986), 55, 49, 52.
2. Cecilia Kang, "Unemployed Detroit Residents Are Trapped by a Digital Divide," *New York Times*, May 23, 2016, https://www.nytimes.com/2016/05/23/technology/ unemployed-detroit-residents-are-trapped-by-a-digital-divide.html.
3. Letitia James and Ben Kallos, "New York City Digital Divide Fact Sheet," press release, March 16, 2017.

46. The Data-Driven Justice Initiative, "Data-Driven Justice Playbook."
47. Lynn Overmann, "Launching the Data-Driven Justice Initiative: Disrupting the Cycle of Incarceration," *The Obama White House* (2016), https://medium.com/@ObamaWhiteHouse/launching-the-data-driven-justice-initiative-disrupting-the-cycle-of-incarceration-e222448a64cf.
48. Peter Koutoujian, quoted in "Middlesex Police Discuss Data-Driven Justice Initiative," *Wicked Local Arlington*, December 30, 2016, http://arlington.wickedlocal. com/news/20161230/middlesex-police-discuss-data-driven-justice-initiative.
49. Overmann, "Launching the Data-Driven Justice Initiative."
50. Thomas E. Perez, "Investigation of the Miami-Dade County Jail," U.S. Department of Justice, Civil Rights Division (August 24, 2011), p. 10, https://www.clearinghouse.net/chDocs/public/JC-FL-0021-0004.pdf.
51. Overmann, "Launching the Data-Driven Justice Initiative."
52. The White House Office of the Press Secretary, "FACT SHEET: Launching the Data-Driven Justice Initiative: Disrupting the Cycle of Incarceration" (June 30, 2016), https://obamawhitehouse.archives.gov/the-press-office/2016/06/30/fact-sheet-launching-data-driven-justice-initiative-disrupting-cycle.
53. Overmann, "Launching the Data-Driven Justice Initiative."
54. Will Engelhardt et al., "Sharing Information between Behavioral Health and Criminal Justice Systems," Council of State Governments Justice Center (March 31, 2016),p. 3, https://csgjusticecenter.org/wp-content/uploads/2016/03/JMHCP-Info-Sharing-Webinar.pdf.
55. Matthew J. Bauman et al., "Reducing Incarceration through Prioritized Interventions," in *COMPASS '18: Proceedings of the 1st ACM SIGCAS Conference on Computing and Sustainable Societies* (2018).
56. Bauman et al., "Reducing Incarceration through Prioritized Interventions," 7; Center for Data Science and Public Policy, University of Chicago, "Data-Driven Justice Initiative: Identifying Frequent Users of Multiple Public Systems for More Effective Early Assistance" (2018), https://dsapp.uchicago.edu/projects/criminal-justice/ data-driven-justice-initiative/.
57. Steve Yoder, interview by Ben Green, March 27, 2017. All quotations from Yoder in the chapter are from this interview.
58. The Laura and John Arnold Foundation, "Laura and John Arnold Foundation to continue data-driven criminal justice effort launched under the Obama Administration," press release, January 23, 2017, http://www.arnoldfoundation. org/laura-john-arnold-foundation-continue-data-driven-criminal-justice-effortlaunched-obama-administration/.
59. National Association of Counties, "Data-Driven Justice: Disrupting the Cycle of Incarceration" [2015], http://www.naco.org/resources/signature-projects/data-driven-justice.
60. PredPol, "How Predictive Policing Works" [2018], http://www.predpol.com/ how-predictive-policing-works/.

31. Kristian Lum and William Isaac, "To Predict and Serve?," *Significance* 13, no. 5 (2016): 17.
32. Kristian Lum, "Predictive Policing Reinforces Police Bias," Human Rights Data Analysis Group (2016), https://hrdag.org/2016/10/10/predictive-policing-reinforces-police-bias/.
33. Jeremy Heffner, interview by Ben Green, March 18, 2017. All quotations from Heffner in this chapter are from this interview.
34. HunchLab, "Next Generation Predictive Policing," https://www.hunchlab.com; Amaury Murgado, "Developing a Warrior Mindset," *POLICE Magazine*, May 24, 2012, http://www.policemag.com/channel/patrol/articles/2012/05/warrior-mindset.aspx.
35. Hunt, Saunders, and Hollywood, "Evaluation of the Shreveport Predictive Policing Experiment," 12.
36. Nick O'Malley, "To Predict and to Serve: The Future of Law Enforcement," *Sydney Morning Herald*, March 30, 2013, http://www.smh.com.au/world/to-predict-and-to-serve-the-future-of-law-enforcement-20130330-2h0rb.html.
37. Sharad Goel, Justin M. Rao, and Ravi Shroff, "Precinct or Prejudice? Understanding Racial Disparities in New York City's Stop-and-Frisk Policy," *Annals of Applied Statistics* 10, no. 1 (2016): 365–394.
38. Ben Green, Thibaut Horel, and Andrew V. Papachristos, "Modeling Contagion through Social Networks to Explain and Predict Gunshot Violence in Chicago, 2006 to 2014," *JAMA Internal Medicine* 177, no. 3 (2017): 326–333, https://doi.org/10.1001/jamainternmed.2016.8245.
39. David H. Bayley, *Police for the Future* (New York: Oxford University Press, 1996), 3.
40. Christopher M. Sullivan and Zachary P. O'Keeffe, "Evidence That Curtailing Proactive Policing Can Reduce Major Crime," *Nature Human Behaviour* 1 (2017): 735, 730 (title).
41. John Chasnoff, quoted in Maurice Chammah, "Policing the Future," *The Verge* (2016), http://www.theverge.com/2016/2/3/10895804/st-louis-police-hunchlab-predictive-policing-marshall-project.
42. Robert Sullivan, interview by Ben Green, March 21, 2017. All quotations from Robert Sullivan in this chapter are from this interview.
43. National Association of Counties, "Mental Health and Criminal Justice Case Study: Johnson County, Kan." (2015), http://www.naco.org/sites/default/files/ documents/Johnson%20County%20Mental%20Health%20and%20Jails%20 Case%20Study_FINAL.pdf; "Nine Additional Cities Join Johnson County's Co-responder Program," press release, Johnson County, Kansas, July 18, 2016, https://jocogov.org/press-release/nine-additional-cities-join-johnson-county's-co-responder-program.
44. Sullivan, interview by Green.
45. TheData-DrivenJusticeInitiative,"Data-DrivenJusticePlaybook" (2016),p.3,http://www.naco.org/sites/default/files/documents/DDJ%20Playbook%20Discussion%20Draft%2012.8.16_1.pdf.

teamupturn.org/reports/2016/stuck-in-a-pattern/.

17. Tim Cushing, "'Predictive Policing' Company Uses Bad Stats, ContractuallyObligated Shills to Tout Unproven 'Successes,'" *Techdirt*, November 1, 2013, https://www.techdirt.com/articles/20131031/13033125091/predictive-policing-company-uses-bad-stats-contractually-obligated-shills-to-tout-unproven-successes.shtml.
18. Philip Stark, chair of the statistics department at UC Berkeley, quoted in BondGraham, "All Tomorrow's Crimes."
19. John Hollywood, quoted in Mara Hvistendahl, "Can 'Predictive Policing' Prevent Crime Before It Happens?," *Science*, September 28, 2016, http://www.sciencemag.org/news/2016/09/can-predictive-policing-prevent-crime-it-happens.
20. Priscillia Hunt, Jessica Saunders, and John S. Hollywood, *Evaluation of the Shreveport Predictive Policing Experiment*, RR-531-NIJ (Santa Monica, CA: RAND Corporation, 2014), 33.
21. Brett Goldstein, quoted in Tett, "Mapping Crime—or Stirring Hate?"
22. Sean Malinowski, quoted in Justin Jouvenal, "Police Are Using Software to Predict Crime. Is It a 'Holy Grail' or Biased against Minorities?," *Washington Post*, November 17, 2016, https://www.washingtonpost.com/local/public-safety/police-are-using-software-to-predict-crime-is-it-a-holy-grail-or-biased-against-minorities/2016/11/17/ 525a6649-0472-440a-aae1-b283aa8e5de8_story.html.
23. Darrin Lipsomb, quoted in Jack Smith, "'Minority Report' Is Real—And It's Really Reporting Minorities," *Mic,* November 9, 2015, https://mic.com/articles/127739/ minority-reports-predictive-policing-technology-is-really-reporting-minorities.
24. Carl B. Klockars, "Some Really Cheap Ways of Measuring What Really Matters," in *Measuring What Matters: Proceedings from the Policing Research Institute Meetings* (Washington, DC: National Institute of Justice, 1999), 191.
25. See Michelle Alexander, *The New Jim Crow: Mass Incarceration in the Age of Colorblindness* (New York: New Press, 2012).
26. See Peter Moskos, *Cop in the Hood: My Year Policing Baltimore's Eastern District* (Princeton, NJ: Princeton University Press, 2008).
27. See Jeffrey Reiman and Paul Leighton, *The Rich Get Richer and the Poor Get Prison: Ideology, Class, and Criminal Justice* (New York: Routledge, 2015).
28. Sam Lavigne, Brian Clifton, and Francis Tseng, "Predicting Financial Crime: Augmenting the Predictive Policing Arsenal," *The New Inquiry* (2017), https://whitecollar.thenewinquiry.com/static/whitepaper.pdf.
29. See Paul Butler, *Chokehold: Policing Black Men* (New York: New Press, 2017).
30. Jacob Metcalf, "Ethics Review for Pernicious Feedback Loops," Medium: Data & Society: Points (November 7, 2016), https://points.datasociety.net/ethics-review-for-pernicious-feedback-loops-9a7ede4b610e.

4. Wagner and Sevieri, interview by Green.
5. Tong Wang et al., "Finding Patterns with a Rotten Core: Data Mining for Crime Series with Cores," *Big Data* 3, no. 1 (2015): 3–21, http://doi.org/10.1089/big.2014.0021.
6. Wang et al., "Finding Patterns with a Rotten Core," 16–17.
7. Chris Anderson, "The End of Theory: The Data Deluge Makes the Scientific Method Obsolete," *Wired*, June 23, 2008, https://www.wired.com/2008/06/pb-theory/.
8. Amir Efrati, "Uber Finds Deadly Accident Likely Caused by Software Set to Ignore Objects on Road," *The Information,* May 7, 2018, https://www.theinformation.com/ articles/uber-finds-deadly-accident-likely-caused-by-software-set-to-ignore-objects-on-road.
9. For African Americans vs. whites, see Marianne Bertrand and Sendhil Mullainathan, "Are Emily and Greg More Employable than Lakisha and Jamal? A Field Experiment on Labor Market Discrimination," *American Economic Review* 94, no. 4 (2004): 991–1013; for women vs. men, see Ernesto Reuben, Paola Sapienza, and Luigi Zingales, "How Stereotypes Impair Women's Careers in Science," *Proceedings of the National Academy of Sciences* 111, no. 12 (2014): 4403–4408.
10. Stella Lowry and Gordon Macpherson, "A Blot on the Profession," *British Medical Journal* 296, no. 6623 (1988): 657–658.
11. Jeffrey Dastin, "Amazon Scraps Secret AI Recruiting Tool that Showed Bias Against Women," *Reuters*, October 9, 2018, https://www.reuters.com/article/us-amazon-com-jobs-automation-insight/amazon-scraps-secret-ai-recruiting-tool-that-showed-bias-against-women-idUSKCN1MK08G.
12. David Robinson, interview by Ben Green, February 21, 2017. Unless otherwise specified, quotations from Robinson in this chapter are from this interview.
13. PredPol, "Proven Crime Reduction Results" [2018], http://www.predpol.com/ results/.
14. Andrew G. Ferguson, "The Allure of Big Data Policing," *PrawfsBlawg* (May 25, 2017), http://prawfsblawg.blogs.com/prawfsblawg/2017/05/the-allure-of-big-datapolicing.html.
15. "A brilliantly smart idea": Gillian Tett, "Mapping Crime—or Stirring Hate?,"*Financial Times*, August 22, 2014, https://www.ft.com/content/200bebee-28b9-11e4-8bda-00144feabdc0; "stop crime before it starts"; Joel Rubin, "Stopping Crime before It Starts," *Los Angeles Times*, August 21, 2010, http://articles.latimes.com/2010/ aug/21/local/la-me-predictcrime-20100427-1. The interview was with Zach Friend on *The War Room*, hosted by Jennifer Granholm, Current TV, January 16, 2013, posted as "PredPol on Current TV with Santa Cruz Crime Analyst Zach Friend" (2013), https://www.youtube.com/ watch?v=8uKor0nfsdQ. For his involvement with PredPol, see Darwin Bond-Graham, "All Tomorrow's Crimes: The Future of Policing Looks a Lot Like Good Branding," *SF Weekly*, October 30, 2013, http://www.sfweekly.com/news/all-tomorrows-crimes-the-future-of-policing-looks-a-lot-like-good-branding/.
16. David Robinson and Logan Koepke, "Stuck in a Pattern," *Upturn* (2016), https://www.

60. Eric Gordon, interview by Ben Green, May 9, 2017.
61. Gordon and Baldwin-Philippi, "Playful Civic Learning," 759 (abstract).
62. Detroit Future City, "2012 Detroit Strategic Framework Plan" (2012), p. 730, https://detroitfuturecity.com/wp-content/uploads/2014/12/DFC_Full_2nd.pdf. Community PlanIt was launched in Detroit under the name "Detroit 24/7 Outreach."
63. Gordon and Baldwin-Philippi, "Playful Civic Learning," 777, 772, 773.
64. Eric Gordon and Stephen Walter, "Meaningful Inefficiencies: Resisting the Logic of Technological Efficiency in the Design of Civic Systems," in *Civic Media: Technology, Design, Practice*, ed. Eric Gordon and Paul Mihailidis (Cambridge, MA: MIT Press, 2016), 254, 246.
65. Gordon and Walter, "Meaningful Inefficiencies," 244, 251.
66. Gordon, interview by Green.
67. Gordon and Walter, "Meaningful Inefficiencies," 263.
68. Hollie Russon Gilman, *Democracy Reinvented: Participatory Budgeting and Civic Innovation in America* (Washington, DC: Brookings Institution Press, 2016), 14.
69. Gilman, *Democracy Reinvented*, 74.
70. Gilman, *Democracy Reinvented*, 14.
71. Gilman, *Democracy Reinvented*, 90, 86, 115, 11.
72. Gilman, *Democracy Reinvented*, 87.
73. Rafael Sampaio and Tiago Peixoto, "Electronic Participatory Budgeting: False Dilemmas and True Complexities," in *Hope for Democracy: 25 Years of Participatory Budgeting Worldwide*, ed. Nelson Dias (São Brás de Alportel, Portugal: In Loco Association, 2014), 423.
74. Gilman, *Democracy Reinvented*, 11.
75. Alyssa Lane, interview by Ben Green, August 24, 2017. All quotations from Lane in this chapter are from this interview.
76. Lynn M. Sanders, "Against Deliberation," *Political Theory* 25, no. 3 (1997): 347–376.
77. Gilman, *Democracy Reinvented*, 13–14.
78. Gilman, *Democracy Reinvented*, 116, 11.

4章

1. Dan Wagner and Rich Sevieri, interview by Ben Green, March 2, 2017, Cambridge, MA. All quotations from Wagner and Sevieri in this chapter are from this interview.
2. Cynthia Rudin, interview by Ben Green, February 18, 2017.
3. Deborah Lamm Weisel, "Burglary of Single-Family Houses," U.S. Department of Justice, Office of Community Oriented Policing Services, Problem-Oriented Guides for Police Series No. 18 (2002), http://www.popcenter.org/problems/pdfs/burglary_of_single-family_houses.pdf.

December 20, 2017, https://www.theatlantic.com/politics/archive/2017/12/ the-criminalization-of-gentrifying-neighborhoods/548837/.

45. Al Baker, J. David Goodman, and Benjamin Mueller, "Beyond the Chokehold: The Path to Eric Garner's Death," *New York Times*, June 13, 2015, https://www.nytimes.com/2015/06/14/nyregion/eric-garner-police-chokehold-staten-island.html.
46. Jathan Sadowski and Frank Pasquale, "The Spectrum of Control: A Social Theory of the Smart City," *First Monday* 20, no. 7 (2015), http://firstmonday.org/article/ view/5903/4660; they quote Stephen Goldsmith and Susan Crawford, *The Responsive City: Engaging Communities through Data-Smart Governance* (San Francisco: JosseyBass, 2014), 4.
47. Virgina Eubanks, *Automating Inequality: How High-Tech Tools Profile, Police, and Punish the Poor* (New York: St. Martin's Press, 2018), 136–138.
48. Rhema Vaithianathan, "Big Data Should Shrink Bureaucracy Big Time," *Stuff*, October 18, 2016, https://www.stuff.co.nz/national/politics/opinion/85416929/ rhema-vaithianathan-big-data-should-shrink-bureaucracy-big-time.
49. Adam Forrest, "Detroit Battles Blight through Crowdsourced Mapping Project," *Forbes*, June 22, 2015, https://www.forbes.com/sites/adamforrest/2015/06/22/ detroit-battles-blight-through-crowdsourced-mapping-project.
50. NYC Mayor's Office of Operations, "Hurricane Sandy Response," *NYC Customer Service Newsletter* 5, no. 2 (February 2013), https://www1.nyc.gov/assets/operations/ downloads/pdf/nyc_customer_service_newsletter_volume_5_issue_2.pdf.
51. Joshua Tauberer, "So You Want to Reform Democracy," Medium: Civic Tech Thoughts from JoshData (November 22, 2015), https://medium.com/civic-tech-thoughts-from-joshdata/so-you-want-to-reform-democracy-7f3b1ef10597.
52. Mitch Weiss, interview by Ben Green, May 16, 2017.
53. Steven Walter, interview by Ben Green, April 20, 2017. All quotations from Walter in this chapter are from this interview.
54. Marshall Berman, "Take It to the Streets: Conflict and Community in Public Space," *Dissent* 33, no. 4 (1986): 477.
55. Cyndi Lauper, "Girls Just Want to Have Fun (Official Video)" (1983), https://www.youtube.com/watch?v=PIb6AZdTr-A.
56. John Hughes, dir., *Ferris Bueller's Day Off* (Paramount Pictures, 1986); for the parade scene, see "Ferris Bueller's Parade" (1986), https://www.youtube.com/watch?v=tRcv4nokK50.
57. Berman, "Take It to the Streets," 478–479.
58. Eric Gordon and Jessica Baldwin-Philippi, "Playful Civic Learning: Enabling Lateral Trust and Reflection in Game-based Public Participation," *International Journal of Communication* 8 (2014): 759.
59. Eric Gordon, "Civic Technology and the Pursuit of Happiness," *Governing* (2016), http://www.governing.com/cityaccelerator/civic-technology-and-the-pursuit-of-happiness.html.

Operational Transparency Increases Trust in and Engagement with Government," Harvard Business School Working Paper No. 14-034 (November 2013; rev. March 2018).

29. Daniel Tumminelli O'Brien et al., "Uncharted Territoriality in Coproduction: The Motivations for 311 Reporting," *Journal of Public Administration Research and Theory* 27, no. 2 (2017): 331.
30. Ariel White and Kris-Stella Trump, "The Promises and Pitfalls of 311 Data," *Urban Affairs Review* 54, no. 4 (2016): 794–823, https://doi.org/10.1177/1078087416673202.
31. Kay Lehman Schlozman, Sidney Verba, and Henry E. Brady, *The Unheavenly Chorus: Unequal Political Voice and the Broken Promise of American Democracy* (Princeton, NJ: Princeton University Press, 2012), 6, 8.
32. Nancy Burns, Kay Lehman Schlozman, and Sidney Verba, *The Private Roots of Public Action: Gender, Equality, and Political Participation* (Cambridge, MA: Harvard University Press, 2001), 360.
33. Monica C. Bell, "Police Reform and the Dismantling of Legal Estrangement,"*Yale Law Journal* 126 (2017): 2054 (abstract), 2085, 2057, 2101.
34. Bell, "Police Reform and the Dismantling of Legal Estrangement," 2141.
35. Michael Lipsky, *Street-Level Bureaucracy: Dilemmas of the Individual in Public Services*, 30th anniversary ed. (New York: Russell Sage Foundation, 2010), 3.
36. Matthew Desmond, Andrew V. Papachristos, and David S. Kirk, "Police Violence and Citizen Crime Reporting in the Black Community," *American Sociological Review* 81, no. 5 (2016): 857–876, 857 (abstract).
37. Elizabeth S. Anderson, "What is the Point of Equality?" *Ethics* 109, no. 2 (1999): 313.
38. Catherine E. Needham, "Customer Care and the Public Service Ethos," *Public Administration* 84, no. 4 (2006): 857–858.
39. Catherine Needham, *Citizen-Consumers: New Labour's Marketplace Democracy* (London: Catalyst, 2003), 6.
40. Jane E. Fountain, "Paradoxes of Public Sector Customer Service," *Governance* 14, no. 1 (2001): 56.
41. Dietmar Offenhuber, "The Designer as Regulator: Design Patterns and Categorization in Citizen Feedback Systems" (paper delivered at the Workshop on Big Data and Urban Informatics, Chicago, August 2014).
42. Daniel Tumminelli O'Brien, Eric Gordon, and Jessica Baldwin, "Caring about the Community, Counteracting Disorder: 311 Reports of Public Issues as Expressions of Territoriality," *Journal of Environmental Psychology* 40 (2014): 324–325.
43. James J. Feigenbaum and Andrew Hall, "How High-Income Areas Receive MoreService from Municipal Government: Evidence from City Administrative Data" (2015), https://ssrn.com/abstract=2631106.
44. Abdallah Fayyad, "The Criminalization of Gentrifying Neighborhoods," *The Atlantic*,

78/lake-salt-text-plan.html.csp.

11. Chante Lantos-Swett, "Leveraging Technology to Improve Participation: Textizen and Oregon's Kitchen Table," *Challenges to Democracy*, Blog (April 4, 2016), http://www.challengestodemocracy.us/home/leveraging-technology-to-improve-participation-textizen-and-oregons-kitchen-table/.
12. Thomas M. Menino, "Inaugural Address" (January 4, 2010), p. 5, https://www.cityof boston.gov/TridionImages/2010%20Thomas%20M%20%20Menino%20Inaugural%20final_tcm1-4838.pdf.
13. Jimmy Daly, "10 Cities With 311 iPhone Applications," *StateTech*, August 10, 2012, https://statetechmagazine.com/article/2012/08/10-cities-311-iphone-applications.
14. IBM, "What Is a Self-Service Government?," *The Atlantic* [advertising], http://www.theatlantic.com/sponsored/ibm-transformation/what-is-a-self-service-govern ment/248/.
15. Alexis de Tocqueville, *Democracy in America*, ed. Max Lerner and J.-P. Mayer, trans. George Lawrence (New York: Harper and Row, 1966), 2:522.
16. Evan Halper, "Napster Co-founder Sean Parker Once Vowed to Shake Up Washington—So How's That Working Out?," *Los Angeles Times*, August 4, 2016, http://www.latimes.com/politics/la-na-pol-sean-parker-20160804-snap-story.html.
17. Sean Parker, quoted in Greg Ferenstein, "Brigade: New Social Network from Facebook Co-founder Aims to 'Repair Democracy,'" *The Guardian,* June 17, 2015, https://www.theguardian.com/media/2015/jun/17/brigade-social-network-voter-turnout-sean-parker.
18. Christopher Fry and Henry Lieberman, *Why Can't We All Just Get Along?* (selfpublished, 2018), 257, 266, https://www.whycantwe.org/.
19. Corey Robin, quoted in Emma Roller, "'Victory Can Be a Bit of a Bitch': Corey Robin on the Decline of American Conservatism," *Splinter*, September 1, 2017), https://splinter news.com/victory-can-be-a-bit-of-a-bitch-corey-robin-on-the-dec-1798679236.
20. Bruno Latour, *The Pasteurization of France*, trans. Alan Sheridan and John Law (Cambridge, MA: Harvard University Press, 1993), 210.
21. Archon Fung, Hollie Russon Gilman, and Jennifer Shkabatur, "Six Models for the Internet + politics," *International Studies Review* 15, no. 1 (2013): 33, 37, 42, 45.
22. Schiener, "Liquid Democracy."
23. Hahrie Han, *How Organizations Develop Activists: Civic Associations and Leadership in the 21st Century* (New York: Oxford University Press, 2014).
24. Han, *How Organizations Develop Activists*, 95.
25. Han, *How Organizations Develop Activists*, 140–141.
26. Zeynep Tufekci, *Twitter and Tear Gas: The Power and Fragility of Networked Protest* (New Haven: Yale University Press, 2017), 200–201.
27. Han, *How Organizations Develop Activists*, 153.
28. Ryan W. Buell, Ethan Porter, and Michael I. Norton, "Surfacing the Submerged State:

60. Laura Bliss, “Columbus Now Says ‘Smart’ Rides for Vulnerable Moms Are Coming,” *CityLab* (December 1, 2017), https://www.citylab.com/transportation/2017/12/ columbus-now-says-smart-rides-for-vulnerable-moms-are-coming/547013/.
61. Laura Bliss, “Who Wins When a City Gets Smart?,” *CityLab* (November 1, 2017), https://www.citylab.com/transportation/2017/11/when-a-smart-city-doesnt-have-all-the-answers/542976/.
62. “Buggy Capital of the World,” *Columbus Dispatch*, Blog (July 29, 2015), http://www.dispatch.com/content/blogs/a-look-back/2015/07/buggy-capital-of-the-world.html.
63. Thomas J. Misa, “Controversy and Closure in Technological Change: Constructing ‘Steel,’” in *Shaping Technology / Building Society: Studies in Sociotechnical Change*, ed. Wiebe E. Bijker and John Law (Cambridge, MA: MIT Press, 1992), 110, 111.
64. Norton, *Fighting Traffic*, 2.

3章

1. Dominik Schiener, “Liquid Democracy: True Democracy for the 21st Century,” Medium: Organizer Sandbox (November 23, 2015), https://medium.com/organizersandbox/liquid-democracy-true-democracy-for-the-21st-century-7c66f5e53b6f.
2. Gavin Newsom and Lisa Dickey, *Citizenville: How to Take the Town Square Digital and Reinvent Government* (New York: Penguin, 2014), 13, 10.
3. Mark Zuckerberg, “Facebook’s Letter from Mark Zuckerberg—Full Text,” *The Guardian*, February 1, 2012, https://www.theguardian.com/technology/2012/feb/01/ facebook-letter-mark-zuckerberg-text.
4. Sean Parker, quoted in Anthony Ha, “Sean Parker: Defeating SOPA Was the ‘Nerd Spring,’” *TechCrunch*, March 12, 2012, https://techcrunch.com/2012/03/12/ sean-parker-defeating-sopa-was-the-nerd-spring/.
5. Nathan Daschle, quoted in Steve Friess, “Son of Dem Royalty Creates a Ruck.us,”*Politico*, June 26, 2012, http://www.politico.com/story/2012/06/son-of-democratic-party-royalty-creates-a-ruckus-077847.
6. “Brigade,” https://www.brigade.com.
7. Ferenstein Wire, “Sean Parker Explains His Plans to ‘Repair Democracy’ with a New Social Network,” *Fast Company* (2015), https://www.fastcompany.com/3047571/ sean-parker-explains-his-plans-to-repair-democracy-with-a-new-social-network.
8. Kim-Mai Cutler and Josh Constine, “Sean Parker’s Brigade App Enters Private Beta as a Dead-Simple Way of Taking Political Positions,” *TechCrunch*, June 17, 2015, https://techcrunch.com/2015/06/17/sean-parker-brigade/.
9. “Textizen,” https://www.textizen.com.
10. Christopher Smart, “What Do You Like, Don’t Like?—Text It to Salt Lake City,” *Salt Lake Tribune*, August 20, 2012, http://archive.sltrib.com/story.php?ref=/sltrib/ news/54728901-

18, 2016), https://medium.com/@johnzimmer/the-third-transportation-revolution-27860f05fa91.

44. Emily Badger, "Pave Over the Subway? Cities Face Tough Bets on Driverless Cars," *New York Times*, July 20, 2018, https://www.nytimes.com/2018/07/20/upshot/ driverless-cars-vs-transit-spending-cities.html.
45. Cecilia Kang, "Where Self-Driving Cars Go to Learn," *New York Times*, November 11, 2017, https://www.nytimes.com/2017/11/11/technology/arizona-tech-industry-favorite-self-driving-hub.html.
46. Daisuke Wakabayashi, "Uber's Self-Driving Cars Were Struggling Before Arizona Crash," *New York Times*, March 23, 2018, https://www.nytimes.com/2018/03/23/ technology/uber-self-driving-cars-arizona.html.
47. Jeff Speck, interview by Ben Green, April 14, 2017.
48. Jeff Speck, "Autonomous Vehicles and the Good City" (lecture, United States Conference of Mayors, Washington, DC, January 19, 2017), https://www.youtube.com/watch?v=5AELH-sI9CM.
49. David Ticoll, "Driving Changes: Automated Vehicles in Toronto," discussion paper, Munk School of Global Affairs, University of Toronto (2015), https://munkschool.utoronto.ca/ipl/files/2016/03/Driving-Changes-Ticoll-2015.pdf.
50. Ben Spurr, "Toronto Plans to Test Driverless Vehicles for Trips to and from Transit Stations," *The Star*, July 3, 2018, https://www.thestar.com/news/gta/2018/07/03/ toronto-plans-to-test-driverless-vehicles-for-trips-to-and-from-transit-stations.html.
51. U.S. Department of Transportation, "Smart City Challenge: Lessons for Building Cities of the Future" (2017), p. 2, https://www.transportation.gov/sites/dot.gov/files/ docs/Smart City Challenge Lessons Learned.pdf.
52. Jordan Davis, interview by Ben Green, May 10, 2017. All quotations from Davis in this chapter are from this interview.
53. Kerstin Carr and Thea Walsh, interview by Ben Green, April 12, 2017. All quotations from Carr and Walsh in this chapter are from this interview.
54. Calthorpe Associates et al., "insight2050 Scenario Results Report" (February 26, 2015), p. 6, http://getinsight2050.org/wp-content/uploads/2015/03/2015_02_26-insight2050-Report.pdf.
55. Calthorpe Associates et al., "insight2050 Scenario Results Report," 18–19.
56. Carla Bailo, interview by Ben Green, May 9, 2017. All quotations from Bailo in this chapter are from this interview.
57. City of Columbus, "Columbus Smart City Application" (2016), p. 6, https://www.transportation.gov/sites/dot.gov/files/docs/Columbus OH Vision Narrative.pdf.
58. City of Columbus, "Linden Infant Mortality Profile" (2018), http://celebrateone.info/wp-content/uploads/2018/03/Linden_IMProfile_9.7.pdf.
59. Smart Columbus, "Smart Columbus Connects Linden Meeting Summary" (2017).

23. Norton, *Fighting Traffic*, 130, 134.
24. J. L. Jenkins, "Illegal Parking Hinders Work of Stop-Go Lights; Pedestrian Dangers Grow as Loop Speeds Up," *Chicago Tribune*, February 10, 1926.
25. Norton, *Fighting Traffic*, 138, 1.
26. Norton, *Fighting Traffic*.
27. Alan Altshuler, *The Urban Transportation System: Politics and Policy Innovations* (Cambridge, MA: MIT Press, 1981), 27–28.
28. Angie Schmitt, "How Engineering Standards for Cars Endanger People Crossing the Street," *Streetsblog USA*, March 3, 2017, http://usa.streetsblog.org/2017/03/03/ how-engineering-standards-for-cars-endanger-people-crossing-the-street/.
29. Peter Furth, "Pedestrian-Friendly Traffic Signal Timing Policy Recommendations," *Boston City Council Committee on Parks, Recreation, and Transportation* (December 6, 2016), p. 1, http://www.northeastern.edu/peter.furth/wp-content/uploads/2016/ 12/Pedestrian-Friendly-Traffic-Signal-Policies-Boston.pdf.
30. Robert A. Caro, *The Power Broker: Robert Moses and the Fall of New York* (1975; repr., New York: Random House, 2015), 515.
31. Caro, *The Power Broker*, 515.
32. *New York Herald Tribune*, August 18, 1936; cited in Caro, *The Power Broker*, 516.
33. Caro, *The Power Broker*, 518.
34. Anthony Downs, "The Law of Peak-Hour Expressway Congestion," *Traffic Quarterly* 16, no. 3 (1962): 393.
35. Anthony Downs, "Traffic: Why It's Getting Worse, What Government Can Do," Brookings Institution Policy Brief #128 (January 2004), 4.
36. Anthony Downs, *Still Stuck in Traffic: Coping with Peak-Hour Traffic Congestion* (Washington, DC: Brookings Institution Press, 2005), 83.
37. Gilles Duranton and Matthew A. Turner, "The Fundamental Law of Road Congestion: Evidence from US Cities," *American Economic Review* 101, no. 6 (2011): 2618.
38. David Metz, *The Limits to Travel: How Far Will You Go?* (New York: Routledge, 2012).
39. Senseable City Lab, "DriveWAVE by MIT SENSEable City Lab."
40. "Massachusetts Ave & Columbus Ave," Walk Score (2018), https://www.walkscore.com/ score/columbus-ave-and-massachusetts-ave-boston.
41. Ken Washington, "A Look into Ford's Self-Driving Future," Medium: Self-Driven (February 3, 2017), https://medium.com/self-driven/a-look-into-fords-self-driving-future-5aae38ee2059.
42. John Zimmer and Logan Green, "The End of Traffic: Increasing American Prosperity and Quality of Life," Medium: The Road Ahead (January 17, 2017), https://medium.com/@ johnzimmer/the-end-of-traffic-6d255c03207d.
43. John Zimmer, "The Third Transportation Revolution," Medium: The Road Ahead (September

6. Jeffrey Owens, CTO, Delphi, speaking in TechCrunch, "Taking a Ride in Delphi's Latest Autonomous Drive" (2017), https://www.youtube.com/watch?v=wWdVfG lBqzE.
7. Kinder Baumgardner, "Beyond Google's Cute Car: Thinking Through the Impact of Self-Driving Vehicles on Architecture," *Cite: The Architecture + Design Review of Houston* (2015): 41.
8. Senseable City Lab, "DriveWAVE by MIT SENSEable City Lab" (2015), http://senseable.mit.edu/wave/.
9. Remi Tachet et al., "Revisiting Street Intersections Using Slot-Based Systems," *PloS One* 11, no. 3 (2016), https://doi.org/10.1371/journal.pone.0149607.
10. Baumgardner, "Beyond Google's Cute Car," 41.
11. Lisa Futing, quoted in Sam Lubell, "Here's How Self-Driving Cars Will Transform Your City," *Wired*, October 21, 2016, https://www.wired.com/2016/10/ heres-self-driving-cars-will-transform-city/.
12. Henry Claypool, Amitai Bin-Nun, and Jeffrey Gerlach, "Self-Driving Cars: The Impact on People With Disabilities," *The Ruderman White Paper* (January 2017), pp. 16, 18, http://secureenergy.org/wp-content/uploads/2017/01/Self-Driving-Cars-The-Impact-on-People-with-Disabilities_FINAL.pdf.
13. Ravi Shanker et al., "Autonomous Cars: Self-Driving the New Auto Industry Paradigm," *Morgan Stanley Blue Paper* (November 6, 2013), p. 38, https://orfe.princeton.edu/~alaink/SmartDrivingCars/PDFs/Nov2013MORGAN-STANLEY-BLUE-PAPER-AUTONOMOUS-CARS%EF%BC%9A-SELF-DRIVING-THE-NEW-AUTO-INDUSTRY-PARADIGM.pdf
14. Peter D. Norton, *Fighting Traffic: The Dawn of the Motor Age in the American City* (Cambridge, MA: MIT Press, 2011), 248.
15. General Motors, "To New Horizons" (1939), posted as "Futurama at 1939 NY World's Fair," https://www.youtube.com/watch?v=sClZqfnWqmc.
16. Norton, *Fighting Traffic*, 1, 7.
17. Trevor J. Pinch and Wiebe E. Bijker, "The Social Construction of Facts and Artifacts: Or How the Sociology of Science and the Sociology of Technology Might Benefit Each Other," in *The Social Construction of Technological Systems: New Directions in the Sociology and History of Technology*, ed. Wiebe E. Bijker, Thomas P. Hughes, and Trevor Pinch (Cambridge, MA: MIT Press, 1987), 27.
18. Norton, *Fighting Traffic*, 130.
19. George Herrold, "City Planning and Zoning," *Canadian Engineer* 45 (1923): 129.
20. Norton, *Fighting Traffic*, 106.
21. George Herrold, "The Parking Problem in St. Paul," *Nation's Traffic* 1 (July 1927): 48; cited in Norton, *Fighting Traffic*, 124.
22. J. Rowland Bibbins, "Traffic-Transportation Planning and Metropolitan Development," *Annals of the American Academy of Political and Social Science* 116, no. 1 (1924): 212.

(New York: PublicAffairs, 2014).
14. Langdon Winner, *The Whale and the Reactor: A Search for Limits in an Age of High Technology* (Chicago: University of Chicago Press, 1986), 19, 29. ［ウィナー『鯨と原子炉―技術の限界を求めて』吉岡斉訳、紀伊國屋書店、2000 年］
15. Adam Greenfield, *Against the Smart City* (New York: Do Projects, 2013), 32–33.
16. Gordon Falconer and Shane Mitchell, "Smart City Framework: A Systematic Process for Enabling Smart+Connected Communities" (2012), https://www.cisco.com/c/dam/en_us/about/ac79/docs/ps/motm/Smart-City-Framework.pdf.
17. Samuel J. Palmisano, "Smarter Cities: Crucibles of Global Progress" (address, Rio de Janeiro, November 9, 2011), https://www.ibm.com/smarterplanet/us/en/ smarter_cities/article/rio_keynote.html.
18. Alana Semuels, "The Role of Highways in American Poverty," *The Atlantic*, March 2016, https://www.theatlantic.com/business/archive/2016/03/role-of-highways-in-american-poverty/474282/.
19. New York Times Editorial Board, "The Racism at the Heart of Flint's Crisis," *New York Times*, March 25, 2016, https://www.nytimes.com/2016/03/25/opinion/the-racism-at-the-heart-of-flints-crisis.html.
20. Winner, *The Whale and the Reactor*, 23.
21. Theodore M. Porter, *Trust in Numbers: The Pursuit of Objectivity in Science and Public Life* (Princeton, NJ: Princeton University Press, 1995), 8.
22. Marshall Berman, "Take It to the Streets: Conflict and Community in Public Space," *Dissent* 33, no. 4 (1986): 481.

2章

1. Stephen Buckley, interview by Ben Green, April 7, 2017. All quotations from Buckley in this chapter are from this interview.
2. Ryan Lanyon, interview by Ben Green, April 13, 2017. All quotations from Lanyon in this chapter are from this interview.
3. National Center for Statistics and Analysis, National Highway Traffic Safety Administration, "Critical Reasons for Crashes Investigated in the National Motor Vehicle Crash Causation Survey," Traffic Safety Facts: Crash Stats, Report No. DOT HS 812 115 (February 2015), 1; National Center for Statistics and Analysis, National Highway Traffic Safety Administration, "2015 Motor Vehicle Crashes: Overview," Traffic Safety Facts Research Note, Report No. DOT HS 812 318 (August 2016), 6.
4. Daniel J. Fagnant and Kara Kockelman, "Preparing a Nation for Autonomous Vehicles: Opportunities, Barriers and Policy Recommendations," *Transportation Research Part A: Policy and Practice* 77 (2015): 175.
5. Fagnant and Kockelman, "Preparing a Nation for Autonomous Vehicles," 173.

注

1章

1. Kevin Hartnett, "Bye-Bye Traffic Lights," *Boston Globe*, March 28, 2016, https://www.bostonglobe.com/ideas/2016/03/28/bye-bye-traffic-lights/8HSV9DZa4qPC1t H4zQ4pTO/story.html.
2. Senseable City Lab, "DriveWAVE by MIT SENSEable City Lab" (2015), http://senseable.mit.edu/wave/.
3. Remi Tachet et al., "Revisiting Street Intersections Using Slot-Based Systems," *PloS One* 11, no. 3 (2016), https://doi.org/10.1371/journal.pone.0149607.
4. "Massachusetts Ave & Columbus Ave," Walk Score (2018), https://www.walkscore.com/score/columbus-ave-and-massachusetts-ave-boston.
5. George Turner, quoted in PredPol, "Atlanta Police Chief George Turner Highlights PredPol Usage," PredPol: Blog (May 21, 2014), http://www.predpol.com/atlanta-police-chief-george-turner-highlights-predpol-usage/.
6. New York City Office of the Mayor, "Mayor de Blasio Announces Public Launch of LinkNYC Program, Largest and Fastest Free Municipal Wi-Fi Network in the World" (February 18, 2016), http://www1.nyc.gov/office-of-the-mayor/news/184-16/mayor-de-blasio-public-launch-linknyc-program-largest-fastest-free-municipal#/0.
7. White House Office of the Press Secretary, "FACT SHEET: Administration Announces New 'Smart Cities' Initiative to Help Communities Tackle Local Challenges and Improve City Services" (September 14, 2015), https://obamawhitehouse. archives.gov/the-press-office/2015/09/14/fact-sheet-administration-announces-new-smart-cities-initiative-help; National League of Cities, "Trends in Smart City Development" (2016), http://www.nlc.org/sites/default/files/2017-01/Trends in Smart City Development.pdf.
8. United States Conference of Mayors, "Cities of the 21st Century: 2016 Smart Cities Survey" (January 2017), p. 4, https://www.usmayors.org/wp-content/uploads/ 2017/02/2016SmartCitiesSurvey.pdf.
9. John Chambers and Wim Elfrink, "The Future of Cities," *Foreign Affairs*, October 31, 2014, https://www.foreignaffairs.com/articles/2014-10-31/future-cities.
10. John Dewey, *Logic: The Theory of Inquiry* (New York: H. Holt and Company, 1938), 108. ［デューイ『行動の論理学—探求の理論』河村望訳、人間の科学新社、2013 年］
11. Bruno Latour, "Tarde's Idea of Quantification," in *The Social After Gabriel Tarde: Debates and Assessments*, ed. Mattei Candea (London: Routledge, 2010), 155.
12. Horst W. J. Rittel and Melvin M. Webber, "Dilemmas in a General Theory of Planning," *Policy Sciences* 4, no. 2 (1973): 155 (abstract).
13. Evgeny Morozov, *To Save Everything, Click Here: The Folly of Technological Solu-tionism*

com/watch?v=8uKor0nfsdQ.
Washington, Ken. "A Look into Ford's Self-Driving Future." Medium: Self-Driven (February 3, 2017). https://medium.com/self-driven/a-look-into-fords-self-driving-future-5aae38ee2059.
Weisel, Deborah Lamm. "Burglary of Single-Family Houses." *U.S. Department of Justice, Office of Community Oriented Policing Services, Problem-Oriented Guides for Police Series No. 18,* 2002. http://www.popcenter.org/problems/pdfs/burglary_of_single-family_houses.pdf.
Wexler, Rebecca. "Life, Liberty, and Trade Secrets: Intellectual Property in the Criminal Justice System." *Stanford Law Review* 70 (2018): 1343–1429.
What Works Cities. "Tackling Homelessness in Seattle" (2017). https://www.youtube.com/watch?v=dzkblumT4XU.
White, Ariel, and Kris-Stella Trump. "The Promises and Pitfalls of 311 Data." *Urban Affairs Review* 54, no. 4 (2016): 794–823. https://doi.org/10.1177/1078087416673202.
White House Office of the Press Secretary. "FACT SHEET: Administration Announces New 'Smart Cities' Initiative to Help Communities Tackle Local Challenges and Improve City Services" (September 14, 2015). https://obamawhitehouse.archives.gov/the-press-office/2015/09/14/fact-sheet-administration-announces-new-smart-cities-initiative-help.
White House Office of the Press Secretary. "FACT SHEET: Launching the Data-Driven Justice Initiative: Disrupting the Cycle of Incarceration" (June 30, 2016). https://obamawhitehouse.archives.gov/the-press-office/2016/06/30/fact-sheet-launching-data-driven-justice-initiative-disrupting-cycle.
Winner, Langdon. *The Whale and the Reactor: A Search for Limits in an Age of High Technology*. Chicago: University of Chicago Press, 1986.［ウィナー『鯨と原子炉——技術の限界を求めて』吉岡斉訳、紀伊國屋書店、2000 年］
Winston, Ali. "Palantir Has Secretly Been Using New Orleans to Test Its Predictive Policing Technology." *The Verge*, February 27, 2018. https://www.theverge.com/2018/2/27/17054740/palantir-predictive-policing-tool-new-orleans-nopd.
Wylie, Bianca. "Debrief on Sidewalk Toronto Public Meeting #2—Time to Start Over, Extend the Process." Medium (May 6, 2018). https://medium.com/@biancawylie/ sidewalk-toronto-public-meeting-2-time-to-start-over-extend-the-process-a0575b 3adfc3.
Zimmer, John. "The Third Transportation Revolution." Medium: The Road Ahead (September 18, 2016). https://medium.com/@johnzimmer/the-third-transportation-revolution-27860f05fa91.
Zimmer, John, and Logan Green. "The End of Traffic: Increasing American Prosperity and Quality of Life." Medium: The Road Ahead (January 17, 2017). https://medium.com/@johnzimmer/the-end-of-traffic-6d255c03207d.
Zuckerberg, Mark. "Facebook's Letter from Mark Zuckerberg—Full Text." *The Guardian*, February 1, 2012. https://www.theguardian.com/technology/2012/feb/01/facebook-letter-mark-zuckerberg-text.

surveillance-tech/.

Tauberer, Joshua. “So You Want to Reform Democracy.” Medium: Civic Tech Thoughts from JoshData (November 22, 2015). https://medium.com/civic-tech-thoughts-from-joshdata/so-you-want-to-reform-democracy-7f3b1ef10597.

TechCrunch. “Taking a Ride in Delphi’s Latest Autonomous Drive” (2017). https://www.youtube.com/watch?v=wWdVfGlBqzE.

Tett, Gillian. “Mapping Crime − or Stirring Hate?” *Financial Times*, August 22, 2014. https://www.ft.com/content/200bebee-28b9-11e4-8bda-00144feabdc0.

“Textizen.” https://www.textizen.com/.

Ticoll, David. “Driving Changes: Automated Vehicles in Toronto.” Discussion paper, Munk School of Global Affairs, University of Toronto (2015). https://munkschool.utoronto.ca/ipl/files/2016/03/Driving-Changes-Ticoll-2015.pdf.

Tockar, Anthony. “Riding with the Stars: Passenger Privacy in the NYC Taxicab Dataset.” *Neustar Research*, September 15, 2014. https://research.neustar.biz/2014/09/15/ riding-with-the-stars-passenger-privacy-in-the-nyc-taxicab-dataset/.

Tufekci, Zeynep. *Twitter and Tear Gas: The Power and Fragility of Networked Protest*. New Haven: Yale University Press, 2017.

United States Conference of Mayors. “Cities of the 21st Century: 2016 Smart Cities Survey” (January 2017). https://www.usmayors.org/wp-content/uploads/2017/02/2016SmartCitiesSurvey.pdf.

U.S. Department of Transportation. “Smart City Challenge: Lessons for Building Cities of the Future” (2017). https://www.transportation.gov/sites/dot.gov/files/docs/ Smart City Challenge Lessons Learned.pdf.

Vaithianathan, Rhema. “Big Data Should Shrink Bureaucracy Big Time.” *Stuff*, October 18, 2016. https://www.stuff.co.nz/national/politics/opinion/85416929/rhema-vaithianathan-big-data-should-shrink-bureaucracy-big-time.

Vargas, Claudia. “City Settles Gun Permit Posting Suit.” *Philadelphia Inquirer*, July 23, 2014. http://www.philly.com/philly/news/local/20140723_City_settles_gun_permit_suit_for 1_4_million.html.

Vitale, Alex S. *The End of Policing*. London: Verso, 2017.

Wakabayashi, Daisuke. “Uber’s Self-Driving Cars Were Struggling Before Arizona Crash.” *New York Times*, March 23, 2018. https://www.nytimes.com/2018/03/23/ technology/uber-self-driving-cars-arizona.html.

Wang, Tong, Cynthia Rudin, Daniel Wagner, and Rich Sevieri. “Finding Patterns with a Rotten Core: Data Mining for Crime Series with Cores.” *Big Data* 3, no. 1 (2015): 3–21. http://doi.org/10.1089/big.2014.0021.

The War Room. Hosted by Jennifer Granholm, Current TV, January 16, 2013. Posted as “PredPol on Current TV with Santa Cruz Crime Analyst Zach Friend” (2013). https://www.youtube.

CARS%EF%BC%9A-SELF-DRIVING-THE-NEW-AUTO-INDUSTRY-PARADIGM.pdf.
Short, Adrian. "BT InLink in London: Building a Privatised 'Smart City' by Stealth" (December 14, 2017). https://www.adrianshort.org/posts/2017/bt-inlink-london-smart-city/.
Siddle, James. "I Know Where You Were Last Summer: London's Public Bike Data Is Telling Everyone Where You've Been." *The Variable Tree*, April 10, 2014. https://vartree.blogspot.co.uk/2014/04/i-know-where-you-were-last-summer.html.
"Sidewalk Labs." https://www.sidewalklabs.com/.
Sidewalk Labs. "Vision Sections of RFP Submission" (October 17, 2017). https://sidewalktoronto.ca/wp-content/uploads/2017/10/Sidewalk-Labs-Vision-Sections-of-RFP-Submission.pdf.
Singer, Natasha. "Bringing Big Data to the Fight against Benefits Fraud." *New York Times*, February 22, 2015. https://www.nytimes.com/2015/02/22/technology/ bringing-big-data-to-the-fight-against-benefits-fraud.html.
Smart, Christopher. "What Do You Like, Don't Like?—Text It to Salt Lake City." *Salt Lake Tribune*, August 20, 2012. http://archive.sltrib.com/story.php?ref=/sltrib/ news/54728901-78/lake-salt-text-plan.html.csp.
Smart Columbus. "Smart Columbus Connects Linden Meeting Summary" (2017).
Smith, Jack. "'Minority Report' Is Real—And It's Really Reporting Minorities." *Mic*, November 9, 2015. https://mic.com/articles/127739/minority-reports-predictive-policing-technology-is-really-reporting-minorities.
Solove, Daniel J. *The Digital Person: Technology and Privacy in the Information Age*. New York: New York University Press, 2004.
Sorokanich, Bob. "New York City Is Using Data Mining to Fight Fires." *Gizmodo* (2014). https://gizmodo.com/new-york-city-is-fighting-fires-with-data-mining-1509004543.
Speck, Jeff. "Autonomous Vehicles & the Good City." Lecture at United States Conference of Mayors, Washington, DC, January 19, 2017. https://www.youtube.com/ watch?v=5AELH-sI9CM.
Spurr, Ben. "Toronto Plans to Test Driverless Vehicles for Trips to and from Transit Stations." *The Star*, July 3, 2018. https://www.thestar.com/news/gta/2018/07/03/ toronto-plans-to-test-driverless-vehicles-for-trips-to-and-from-transit-stations.html.
Sullivan, Christopher M., and Zachary P. O'Keeffe. "Evidence That Curtailing Proactive Policing Can Reduce Major Crime." *Nature Human Behaviour* 1 (2017): 730–737.
Sweeney, Latanya. "Simple Demographics Often Identify People Uniquely." Carnegie Mellon University, Data Privacy Working Paper 3, 2000.
Tachet, Remi, Paolo Santi, Stanislav Sobolevsky, Luis Ignacio Reyes-Castro, Emilio Frazzoli, Dirk Helbing, and Carlo Ratti. "Revisiting Street Intersections Using Slot-Based Systems." *PloS One* 11, no. 3 (2016). https://doi.org/10.1371/journal.pone.0149607.
Tadayon, Ali. "Oakland to Require Public Approval of Surveillance Tech." *East Bay Times*, May 2, 2018. https://www.eastbaytimes.com/2018/05/02/oakland-to-require-public-approval-of-

Schiener, Dominik. "Liquid Democracy: True Democracy for the 21st Century" Medium: Organizer Sandbox (November 23, 2015). https://medium.com/organizer-sandbox/liquid-democracy-true-democracy-for-the-21st-century-7c66f5e53b6f.

Schlozman, Kay Lehman, Sidney Verba, and Henry E. Brady. *The Unheavenly Chorus: Unequal Political Voice and the Broken Promise of American Democracy*. Princeton, NJ: Princeton University Press, 2012.

Schmitt, Angie. "How Engineering Standards for Cars Endanger People Crossing the Street." *Streetsblog USA*, March 3, 2017. http://usa.streetsblog.org/2017/03/03/ how-engineering-standards-for-cars-endanger-people-crossing-the-street/.

Schneier, Bruce. *Click Here to Kill Everybody: Security and Survival in a Hyper-connected World*. New York: W. W. Norton, 2018.

Schneier, Bruce. "Data Is a Toxic Asset, So Why Not Throw It Out?" *CNN*, March 1, 2016. http://www.cnn.com/2016/03/01/opinions/data-is-a-toxic-asset-opinion-schneier/index.html.

Schwartz, Paul M., and Daniel J. Solove. "The PII Problem: Privacy and a New Concept of Personally Identifiable Information." *NYU Law Review* 86 (2011): 1814–1894.

Scott, James C. *Seeing Like a State: How Certain Schemes to Improve the Human Condition Have Failed*. New Haven: Yale University Press, 1998.

Seattle, City of. "About the Privacy Program" (2018). http://www.seattle.gov/tech/ initiatives/privacy/about-the-privacy-program.

Seattle, City of. "About the Surveillance Ordinance" (2018). https://www.seattle.gov/ tech/initiatives/privacy/surveillance-technologies/about-surveillance-ordinance.

Seattle, City of. "City of Seattle Privacy Principles" (2015). https://www.seattle.gov/ Documents/Departments/InformationTechnology/City-of-Seattle-Privacy-Principles-FINAL.pdf.

Seattle, City of. "Homelessness Investment Analysis" (2015). https://www.seattle.gov/Documents/Departments/HumanServices/Reports/HomelessInvestment Analysis.pdf.

Seattle/King County Coalition on Homelessness. "2015 Street Count Results" (2015). http://www.homelessinfo.org/what_we_do/one_night_count/2015_results.php.

Semuels, Alana. "The Role of Highways in American Poverty." *The Atlantic*, March 2016. https://www.theatlantic.com/business/archive/2016/03/role-of-highways-in-american-poverty/474282/.

Senseable City Lab. "DriveWAVE by MIT SENSEable City Lab" (2015). http://sense able.mit.edu/wave/.

Shaban, Abdur Rahman Alfa. "Ethiopia Bags a Continental First with $2.2m Smart Parking Facility." *Africanews*, June 15, 2017. http://www.africanews.com/ 2017/06/15/ethiopia-s-22m-smart-parking-facility-is-africa-s-first/.

Shanker, Ravi, et al. "Autonomous Cars: Self-Driving the New Auto Industry Paradigm." *Morgan Stanley Blue Paper* (November 6, 2013). https://orfe.princeton.edu/~alaink/SmartDrivingCars/PDFs/Nov2013MORGAN-STANLEY-BLUE-PAPER-AUTONOMOUS-

PerformanceLab (2016).http://govlab.hks.harvard.edu/files/siblab/files/results-driven_contracting_an_overview_0.pdf.

Reuben, Ernesto, Paola Sapienza, and Luigi Zingales. "How Stereotypes Impair Women's Careers in Science." *Proceedings of the National Academy of Sciences* 111, no. 12 (March 25, 2014): 4403–4408.

"The Rise of Workplace Spying." *The Week*, July 8, 2015. http://theweek.com/ articles/564263/rise-workplace-spying.

Rittel, Horst W. J., and Melvin M. Webber. "Dilemmas in a General Theory of Planning." *Policy Sciences* 4, no. 2 (1973): 155–169.

Robinson, David, and Logan Koepke. "Stuck in a Pattern." *Upturn* (2016). https://www.teamupturn.org/reports/2016/stuck-in-a-pattern/.

Roller, Emma. "'Victory Can Be a Bit of a Bitch': Corey Robin on the Decline of American Conservatism." *Splinter*, September 1, 2017. https://splinternews.com/victory-can-be-a-bit-of-a-bitch-corey-robin-on-the-dec-1798679236.

Roth, Alvin. "Why New York City's High School Admissions Process Only Works Most of the Time." *Chalkbeat*, July 2, 2015. https://www.chalkbeat.org/posts/ny/2015/ 07/02/why-new-york-citys-high-school-admissions-process-only-works-most-of-the-time/.

Rothstein, Richard. *The Color of Law: A Forgotten History of How Our Government Segregated America*. New York: Liveright, 2017.

Rubin, Joel. "Stopping Crime Before It Starts." *Los Angeles Times*, August 21, 2010. http://articles.latimes.com/2010/aug/21/local/la-me-predictcrime-20100427-1.

Rudder, Christian. "We Experiment On Human Beings!" *The OkCupid Blog* (2014). https://theblog.okcupid.com/we-experiment-on-human-beings-5dd9fe280cd5.

Ryan, John. "After 10-Year Plan, Why Does Seattle Have More Homeless Than Ever?" *KUOW*, March 3, 2015. http://kuow.org/post/after-10-year-plan-why-does-seattle-have-more-homeless-ever.

Sadowski, Jathan, and Frank Pasquale. "The Spectrum of Control: A Social Theory of the Smart City." *First Monday* 20, no. 7 (2015). http://firstmonday.org/article/ view/5903/4660.

Salisbury, Harrison E. *The Shook-Up Generation*. New York: Harper and Row, 1958.

Sampaio, Rafael, and Tiago Peixoto. "Electronic Participatory Budgeting: False Dilemmas and True Complexities." In *Hope for Democracy: 25 Years of Participatory Budgeting Worldwide*, edited by Nelson Dias. São Brás de Alportel, Portugal: In Loco Association, 2014.

San Francisco, City and County of. "Apps: Transportation." *San Francisco Data* [2018]. http://apps.sfgov.org/showcase/apps-categories/transportation/.

Sanders, Lynn M. "Against Deliberation." *Political Theory* 25, no. 3 (1997): 347–376.

Saunders, Jessica, Priscillia Hunt, and John S. Hollywood. "Predictions Put into Practice: A Quasi-experimental Evaluation of Chicago's Predictive Policing Pilot." *Journal of Experimental Criminology* 12, no. 3 (2016): 347–371.

Pasquale, Frank. "Secret Algorithms Threaten the Rule of Law." *MIT Technology Review*, June 1, 2017. https://www.technologyreview.com/s/608011/secret-algorithms-threaten-the-rule-of-law/.

Perez, Thomas E. "Investigation of the Miami-Dade County Jail." U.S. Department of Justice, Civil Rights Division (August 24, 2011). https://www.clearinghouse.net/ chDocs/public/JC-FL-0021-0004.pdf.

Peterson, Andrea. "Why the Names of Six People Who Complained of Sexual Assault Were Published Online by Dallas Police." *Washington Post*, April 29, 2016. https://www.washingtonpost.com/news/the-switch/wp/2016/04/29/why-the-names-of-six-people-who-complained-of-sexual-assault-were-published-online-by-dallas-police/. Philadelphia, City of. "Open Budget." http://www.phila.gov/openbudget/.

Pinch, Trevor J, and Wiebe E. Bijker. "The Social Construction of Facts and Artifacts: Or How the Sociology of Science and the Sociology of Technology Might Benefit Each Other." In *The Social Construction of Technological Systems: New Directions in the Sociology and History of Technology*, edited by Wiebe E. Bijker, Thomas P. Hughes, and Trevor Pinch. Cambridge, MA: MIT Press, 1987.

Pinto, Nick. "Google Is Transforming NYC's Payphones into a 'Personalized Propaganda Engine.'" *Village Voice*, July 6, 2016. https://www.villagevoice.com/2016/07/06/ google-is-transforming-nycs-payphones-into-a-personalized-propaganda-engine/.

Podesta, John, Penny Pritzker, Ernest J. Moniz, John Holdren, and Jeffrey Zients. *Big Data: Seizing Opportunities, Preserving Values*. Washington, DC: Executive Office of the President, 2014.

Porter, Theodore M. *Trust in Numbers: The Pursuit of Objectivity in Science and Public Life*. Princeton, NJ: Princeton University Press, 1995.

Powles, Julia. "New York City's Bold, Flawed Attempt to Make Algorithms Accountable." *New Yorker*, December 20, 2017. https://www.newyorker.com/tech/elements/ new-york-citys-bold-flawed-attempt-to-make-algorithms-accountable.

PredPol. "Atlanta Police Chief George Turner Highlights PredPol Usage." PredPol: Blog (May 21, 2014). http://www.predpol.com/atlanta-police-chief-george-turner-highlights-predpol-usage/.

PredPol. "How PredPol Works" [2018]. http://www.predpol.com/how-predictive-policing-works/.

PredPol. "Proven Crime Reduction Results" [2018]. http://www.predpol.com/ results/.

Reece, Andrew G., and Christopher M. Danforth. "Instagram Photos Reveal Predictive Markers of Depression." *EPJ Data Science* 6, no. 15 (2017). https://doi.org/ 10.1140/epjds/s13688-017-0110-z.

Reiman, Jeffrey, and Paul Leighton. *The Rich Get Richer and the Poor Get Prison: Ideology, Class, and Criminal Justice*. New York: Routledge, 2015.

"Results-Driven Contracting: An Overview." Harvard Kennedy School Government

Reinvent Government. New York: Penguin, 2014.
"Nine Additional Cities Join Johnson County's Co-responder Program." Press release, Johnson County, Kansas, July 18, 2016. https://jocogov.org/press-release/nine-additional-cities-join-johnson-county's-co-responder-program.
Norton, Peter D. *Fighting Traffic: The Dawn of the Motor Age in the American City*. Cambridge, MA: MIT Press, 2011.
O'Brien, Daniel Tumminelli, Eric Gordon, and Jessica Baldwin. "Caring about the Community, Counteracting Disorder: 311 Reports of Public Issues as Expressions of Territoriality." *Journal of Environmental Psychology* 40 (2014): 320–330.
O'Brien, Daniel Tumminelli, Dietmar Offenhuber, Jessica Baldwin-Philippi, Melissa Sands, and Eric Gordon. "Uncharted Territoriality in Coproduction: The Motivations for 311 Reporting." *Journal of Public Administration Research and Theory* 27, no. 2 (2017): 320–335.
O'Malley, Nick. "To Predict and to Serve: The Future of Law Enforcement." *Sydney Morning Herald*, March 30, 2013. http://www.smh.com.au/world/to-predict-and-to-serve-the-future-of-law-enforcement-20130330-2h0rb.html.
O'Neil, Cathy. "Don't Grade Teachers with a Bad Algorithm." *Bloomberg*, May 15, 2017. https://www.bloomberg.com/view/articles/2017-05-15/don-t-grade-teachers-with-a-bad-algorithm.
Offenhuber, Dietmar. "The Designer as Regulator: Design Patterns and Categorization in Citizen Feedback Systems." Paper delivered at the Workshop on Big Data and Urban Informatics, Chicago, 2014.
Overmann, Lynn. "Launching the Data-Driven Justice Initiative: Disrupting the Cycle of Incarceration." *The Obama White House* (2016). https://medium.com/ @ObamaWhiteHouse/launching-the-data-driven-justice-initiative-disrupting-the-cycle-of-incarceration-e222448a64cf.
Ozer, Nicole. "Police Use of Social Media Surveillance Software Is Escalating, and Activists Are in the Digital Crosshairs." Medium: ACLU of Northern CA (2016). https://medium.com/@ACLU_NorCal/police-use-of-social-media-surveillance-software-is-escalating-and-activists-are-in-the-digital-d29d8f89c48.
Palmisano, Samuel J. "Smarter Cities: Crucibles of Global Progress." Address, Rio de Janeiro, November 9, 2011. https://www.ibm.com/smarterplanet/us/en/smarter_ cities/article/rio_keynote.html.
Papachristos, Andrew V. "CPD's Crucial Choice: Treat Its List as Offenders or as Potential Victims?" *Chicago Tribune*, July 29, 2016. http://www.chicagotribune.com/ news/opinion/commentary/ct-gun-violence-list-chicago-police-murder-perspec-0801-jm-20160729-story.html.
Papachristos, Andrew V., and Christopher Wildeman. "Network Exposure and Homicide Victimization in an African American Community." *American Journal of Public Health* 104, no. 1 (2014): 143–150.

Murgado, Amaury. "Developing a Warrior Mindset." *POLICE Magazine*, May 24, 2012. http://www.policemag.com/channel/patrol/articles/2012/05/warrior-mindset.aspx.

National Association of Counties. "Data-Driven Justice: Disrupting the Cycle of Incarceration" [2015]. http://www.naco.org/resources/signature-projects/data-driven-justice.

National Association of Counties. "Mental Health and Criminal Justice Case Study: Johnson County, Kan." (2015). http://www.naco.org/sites/default/files/documents/ Johnson County Mental Health and Jails Case Study_FINAL.pdf.

National Center for Statistics and Analysis, National Highway Traffic Safety Administration. "Critical Reasons for Crashes Investigated in the National Motor Vehicle Crash Causation Survey." Traffic Safety Facts: Crash Stats, Report No. DOT HS 812 115 (February 2015).

National Center for Statistics and Analysis, National Highway Traffic Safety Administration. "2015 Motor Vehicle Crashes: Overview." Traffic Safety Facts Research Note, Report No. DOT HS 812 318 (August 2016).

National League of Cities. "Trends in Smart City Development" (2016). http://www.nlc.org/sites/default/files/2017-01/Trends in Smart City Development.pdf.

Needham, Catherine. *Citizen-Consumers: New Labour's Marketplace Democracy*. London: Catalyst, 2003.

Needham, Catherine E. "Customer Care and the Public Service Ethos." *Public Administration* 84, no. 4 (2006): 845–860.

New York City Council. "Int 1696-2017: Automated Decision Systems Used by Agencies." (2017). http://legistar.council.nyc.gov/LegislationDetail.aspx?ID=3137815 &GUID=437A6A6D-62E1-47E2-9C42-461253F9C6D0.

New York City Council. "Transcript of the Minutes of the Committee on Technology" (October 16, 2017). http://legistar.council.nyc.gov/View.ashx?M=F&ID=5522569 &GUID=DFECA4F2-E157-42AB-B598-BA3A8185E3FF.

New York City Mayor's Office of Operations. "Hurricane Sandy Response." *NYC Customer Service Newsletter* 5, no. 2 (February 2013). https://www1.nyc.gov/assets/ operations/downloads/pdf/nyc_customer_service_newsletter_volume_5_issue_2.pdf.

New York City Office of the Mayor. "Mayor de Blasio Announces Public Launch of LinkNYC Program, Largest and Fastest Free Municipal Wi-Fi Network in the World" (February 18, 2016). http://www1.nyc.gov/office-of-the-mayor/news/184-16/mayor-de-blasio-public-launch-linknyc-program-largest-fastest-free-municipal#/0.

New York Civil Liberties Union. "City's Public Wi-Fi Raises Privacy Concerns" (2016). https://www.nyclu.org/en/press-releases/nyclu-citys-public-wi-fi-raises-privacy-concerns.

New York Times Editorial Board. "The Racism at the Heart of Flint's Crisis." *New York Times*, March 25, 2016. https://www.nytimes.com/2016/03/25/opinion/the-racism-at-the-heart-of-flints-crisis.html.

Newsom, Gavin, and Lisa Dickey. *Citizenville: How to Take the Town Square Digital and*

October 7, 2017. https://techcrunch.com/2017/10/07/how-anonymous-wifi-data-can-still-be-a-privacy-risk/.

Lowry, Stella, and Gordon Macpherson. "A Blot on the Profession." *British Medical Journal* 296, no. 6623 (1988): 657–658.

Lubell, Sam. "Here's How Self-Driving Cars Will Transform Your City." *Wired*, October 21, 2016. https://www.wired.com/2016/10/heres-self-driving-cars-will-transform-city/.

Lum, Kristian. "Predictive Policing Reinforces Police Bias." Human Rights Data Analysis Group (2016). https://hrdag.org/2016/10/10/predictive-policing-reinforces-police-bias/.

Lum, Kristian, and William Isaac. "To Predict and Serve?" *Significance* 13, no. 5 (2016): 14–19.

Madden, Mary, Michele E. Gilman, Karen Levy, and Alice E. Marwick. "Privacy, Poverty and Big Data: A Matrix of Vulnerabilities for Poor Americans." *Washington University Law Review* 95 (2017): 53–125.

Marcuse, Peter. *Robert Moses and Public Housing: Contradiction In, Contradiction Out*. [New York: P. Marcuse], 1989.

Mashariki, Amen Ra. "NYC Data Analytics." Presentation at Esri Senior Executive Summit, 2017. https://www.youtube.com/watch?v=ws8EQg5YlrY.

"Massachusetts Ave & Columbus Ave." Walk Score (2018). https://www.walkscore.com/score/columbus-ave-and-massachusetts-ave-boston.

McFarland, Matt. "Chicago Gets Serious about Tracking Air Quality and Traffic Data." *CNN*, August 29, 2016. http://money.cnn.com/2016/08/29/technology/chicago-sensors-data/index.html.

Menino, Thomas M. "Inaugural Address" (January 4, 2010). https://www.cityofboston.gov/TridionImages/2010%20Thomas%20M%20%20Menino%20Inaugural%20 final_tcm1-4838.pdf.

Metcalf, Jacob. "Ethics Review for Pernicious Feedback Loops." Medium: Data & Society: Points (November 7, 2016). https://points.datasociety.net/ethics-review-for-pernicious-feedback-loops-9a7ede4b610e.

Metz, David. *The Limits to Travel: How Far Will You Go?* New York: Routledge, 2012.

"Middlesex Police Discuss Data-Driven Justice Initiative." *Wicked Local Arlington*, December 30, 2016. http://arlington.wickedlocal.com/news/20161230/middlesex-police-discuss-data-driven-justice-initiative.

Misa, Thomas J. "Controversy and Closure in Technological Change. Constructing 'Steel.'" In *Shaping Technology / Building Society: Studies in Sociotechnical Change*, edited by Wiebe E. Bijker and John Law. Cambridge, MA: MIT Press, 1992.

Morozov, Evgeny. *To Save Everything, Click Here: The Folly of Technological Solutionism*. New York: PublicAffairs, 2014.

Moskos, Peter. *Cop in the Hood: My Year Policing Baltimore's Eastern District*. Princeton, NJ: Princeton University Press, 2008.

and-oregons-kitchen-table/.

Larson, Selena. "Uber's Massive Hack: What We Know." *CNN*, November 22, 2017. http://money.cnn.com/2017/11/22/technology/uber-hack-consequences-cover-up/ index.html.

Latour, Bruno. *The Pasteurization of France*. Translated by Alan Sheridan and John Law. Cambridge, MA: Harvard University Press, 1993.

Latour, Bruno. "Tarde's Idea of Quantification." In *The Social After Gabriel Tarde: Debates and Assessments*, edited by Mattei Candea. London: Routledge, 2010.

Lauper, Cyndi. "Girls Just Want To Have Fun (Official Video)" (1983). https://www.youtube.com/watch?v=PIb6AZdTr-A.

Laura and John Arnold Foundation. "Laura and John Arnold Foundation to Continue Data-Driven Criminal Justice Effort Launched under the Obama Administration." Press release, January 23, 2017. http://www.arnoldfoundation.org/laura-john-arnold-foundation-continue-data-driven-criminal-justice-effort-launched-obama-administration/.

Lavigne, Sam, Brian Clifton, and Francis Tseng. "Predicting Financial Crime: Augmenting the Predictive Policing Arsenal." *The New Inquiry* (2017). https://whitecollar.thenewinquiry.com/static/whitepaper.pdf.

Le Corbusier. *Aircraft: The New Vision*. New York: Studio Publications, 1935.

Le Corbusier. *The Radiant City: Elements of a Doctrine of Urbanism to Be Used as the Basis of Our Machine-Age Civilization*. New York: Orion Press, 1964. ［コルビュジェ『輝く都市』坂倉準三訳、鹿島出版会、1968 年］

Leadership Conference on Civil and Human Rights, and Upturn. "Police Body Worn Cameras: A Policy Scorecard" (November 2017). https://www.bwcscorecard.org/.

Lerman, Jonas. "Big Data and Its Exclusions." *Stanford Law Review* 66 (2013): 55–63.

Liang, Annabelle, and Dee-Ann Durbin. "World's First Self-Driving Taxis Debut in Singapore." *Bloomberg*, August 25, 2016. https://www.bloomberg.com/news/articles/ 2016-08-25/world-s-first-self-driving-taxis-debut-in-singapore.

Liebman, Jeff. "Transforming the Culture of Procurement in State and Local Government." Interview by Andy Feldmanm, *Gov Innovator* podcast (April 20, 2017). http://govinnovator.com/jeffrey_liebman_2017/.

LinkNYC. "Find a Link." https://www.link.nyc/find-a-link.html.

LinkNYC. "Privacy Policy" (March 17, 2017). https://www.link.nyc/privacy-policy.html.

Linn, Denise, and Glynis Startz. "Array of Things Civic Engagement Report" (August 2016). https://arrayofthings.github.io/engagement-report.html.

Lipsky, Michael. *Street-Level Bureaucracy: Dilemmas of the Individual in Public Services*. 30th anniversary ed. New York: Russell Sage Foundation, 2010.

Living PlanIT. "Living PlanIT—Boston Smart City RFI" (January 2017). https://drive.google.com/file/d/0B_QckxNE_FoEVEUtTFB4SDRhc00.

Lomas, Natasha. "How 'Anonymous' Wifi Data Can Still Be a Privacy Risk." *TechCrunch*, detroit-residents-are-trapped-by-a-digital-divide.html.

Kang, Cecilia. "Where Self-Driving Cars Go to Learn." *New York Times*, November 11, 2017. https://www.nytimes.com/2017/11/11/technology/arizona-tech-industry-favorite-self-driving-hub.html.

Kaste, Martin. "Orlando Police Testing Amazon's Real-Time Facial Recognition." *National Public Radio*, May 22, 2018. https://www.npr.org/2018/05/22/613115969/ orlando-police-testing-amazons-real-time-facial-recognition.

Kayyali, Dia. "The History of Surveillance and the Black Community." *Electronic Frontier Foundation* (February 13, 2014). https://www.eff.org/deeplinks/2014/02/ history-surveillance-and-black-community.

Kiley, Brendan, and Matt Fikse-Verkerk. "You Are a Rogue Device." *The Stranger*, November 6, 2013. http://www.thestranger.com/seattle/you-are-a-rogue-device/ Content?oid=18143845.

Kirk, Mimi. "Why Singapore Will Get Self-Driving Cars First." *CityLab* (August 3, 2016). https://www.citylab.com/transportation/2016/08/why-singapore-leads-in-self-driving-cars/494222/.

Klarreich, Erica. "Privacy by the Numbers: A New Approach to Safeguarding Data." *Quanta Magazine*, December 10, 2012. https://www.quantamagazine.org/ a-mathematical-approach-to-safeguarding-private-data-20121210/.

Kleinberg, Jon, Sendhil Mullainathan, and Manish Raghavan. "Inherent Trade-Offs in the Fair Determination of Risk Scores." *arXiv.org* (2016). https://arxiv.org/ abs/1609.05807.

Klockars, Carl B. "Some Really Cheap Ways of Measuring What Really Matters." In *Measuring What Matters: Proceedings from the Policing Research Institute Meetings*. Washington, DC: National Institute of Justice, 1999.

Knight Foundation. "NetGain Internet of Things Conference" (2017). https://www.youtube.com/ watch?v=29u1C4Z6PR4.

Kofman, Ava. "Real-Time Face Recognition Threatens to Turn Cops' Body Cameras into Surveillance Machines." *The Intercept*, March 22, 2017. https://theintercept.com/ 2017/03/22/real-time-face-recognition-threatens-to-turn-cops-body-cameras-into-surveillance-machines/.

Kosinski, Michal, David Stillwell, and Thore Graepel. "Private Traits and Attributes Are Predictable from Digital Records of Human Behavior." *Proceedings of the National Academy of Sciences* 110, no. 15 (2013): 5802–5805.

Kramer, Adam D. I., Jamie E. Guillory, and Jeffrey T. Hancock. "Experimental Evidence of Massive-Scale Emotional Contagion through Social Networks." *Proceedings of the National Academy of Sciences* 111, no. 24 (June 17, 2014): 8788–8790.

Lantos-Swett, Chante. "Leveraging Technology to Improve Participation: Textizen and Oregon's Kitchen Table." *Challenges to Democracy*, Blog (April 4, 2016). http://www. challengestodemocracy.us/home/leveraging-technology-to-improve-participation-textizen-

田園都市』山形浩生訳、鹿島出版会、2016 年］
HunchLab. "Next Generation Predictive Policing." https://www.hunchlab.com/.
Hunt, Priscillia, Jessica Saunders, and John S. Hollywood. *Evaluation of the Shreveport Predictive Policing Experiment*. RR-531-NIJ. Santa Monica, CA: RAND Corporation, 2014.
Hvistendahl, Mara. "Can 'Predictive Policing' Prevent Crime Before It Happens?" *Science*, September 28, 2016. http://www.sciencemag.org/news/2016/09/can-predictive-policing-prevent-crime-it-happens.
IBM. "Predictive Analytics: Police Use Analytics to Reduce Crime" (2012). https://www.youtube.com/watch?v=iY3WRvXVogo.
IBM. "What Is a Self-Service Government?" *The Atlantic* [advertising]. http://www.the atlantic.com/sponsored/ibm-transformation/what-is-a-self-service-government/248/.
Jacobs, Jane. *The Death and Life of Great American Cities*. 1961. Repr., New York: Vintage Books, 1992.［ジェイコブズ『アメリカ大都市の死と生』山形浩生訳、鹿島出版会、2010 年］
Jaffe, Eric. "How Are Those Cities of the Future Coming Along?" *CityLab* (September 11, 2013). https://www.citylab.com/life/2013/09/how-are-those-cities-future-coming-along/6855/.
James, Letitia, and Ben Kallos. "New York City Digital Divide Fact Sheet." Press release, March 16, 2017.
Jenkins, J. L. "Illegal Parking Hinders Work of Stop-Go Lights; Pedestrian Dangers Grow as Loop Speeds Up." *Chicago Tribune*, February 10, 1926.
Joh, Elizabeth E. "The Undue Influence of Surveillance Technology Companies on Policing." *New York University Law Review* 92 (2017): 101–130.
Johnston, Casey. "Denied for That Loan? Soon You May Thank Online Data Collection." *ArsTechnica* (2013). https://arstechnica.com/business/2013/10/denied-for-that-loan-soon-you-may-thank-online-data-collection/.
Joseph, George. "Exclusive: Feds Regularly Monitored Black Lives Matter Since Ferguson." *The Intercept*, July 24, 2015. https://theintercept.com/2015/07/24/ documents-show-department-homeland-security-monitoring-black-lives-matter-since-ferguson/.
Jouvenal, Justin. "The New Way Police Are Surveilling You: Calculating Your Threat 'Score.'" *Washington Post*, January 10, 2016. https://www.washingtonpost.com/ local/public-safety/the-new-way-police-are-surveilling-you-calculating-your-threat-score/2016/01/10/e42bccac-8e15-11e5-baf4-bdf37355da0c_story.html.
Jouvenal, Justin. "Police Are Using Software to Predict Crime. Is It a 'Holy Grail' or Biased against Minorities?" *Washington Post*, November 17, 2016. https://www.washingtonpost.com/local/public-safety/police-are-using-software-to-predict-crime-is-it-a-holy-grail-or-biased-against-minorities/2016/11/17/525a6649-0472-440a-aae1-b283aa8e5de8_story.html.
Kang, Cecilia. "Unemployed Detroit Residents Are Trapped by a Digital Divide." *New York Times*, May 23, 2016. https://www.nytimes.com/2016/05/23/technology/ unemployed-

jamainternmed.2016.8245.
Greenfield, Adam. *Against the Smart City*. New York: Do Projects, 2013.
Griffin, Dominic. "'Do Not Resist' Traces the Militarization of Police with Unprecedented Access to Raids and Unrest." *Baltimore City Paper*, November 1, 2016. http://www.citypaper.com/film/film/bcp-110216-screens-do-not-resist-20161101-story.html.
Guynn, Jessica. "ACLU: Police Used Twitter, Facebook to Track Protests." *USA Today*, October 12, 2016. https://www.usatoday.com/story/tech/news/2016/10/11/aclu-police-used-twitter-facebook-data-track-protesters-baltimore-ferguson/91897034/.
Ha, Anthony. "Sean Parker: Defeating SOPA Was the 'Nerd Spring.'" *TechCrunch*, March 12, 2012. https://techcrunch.com/2012/03/12/sean-parker-defeating-sopa-was-the-nerd-spring/.
Halper, Evan. "Napster Co-founder Sean Parker Once Vowed to Shake Up Washington—So How's That Working Out?" *Los Angeles Times*, August 4, 2016. http://www.latimes.com/politics/la-na-pol-sean-parker-20160804-snap-story.html.
Han, Hahrie. *How Organizations Develop Activists: Civic Associations and Leadership in the 21st Century*. New York: Oxford University Press, 2014.
Harcourt, Bernard E. "Risk as a Proxy for Race: The Dangers of Risk Assessment." *Federal Sentencing Reporter* 27, no. 4 (2015): 237–243.
Hartnett, Kevin. "Bye-bye Traffic Lights." *Boston Globe*, March 28, 2016. https://www.bostonglobe.com/ideas/2016/03/28/bye-bye-traffic-lights/8HSV9DZa4qPC1tH 4zQ4pTO/story.html.
Henry, Jason. "Los Angeles Police, Sheriff's Scan over 3 Million License Plates a Week." *San Gabriel Valley Tribune*, August 26, 2014. https://www.sgvtribune.com/2014/08/26/ los-angeles-police-sheriffs-scan-over-3-million-license-plates-a-week/.
Herrold, George. "City Planning and Zoning." *Canadian Engineer* 45 (1923): 128–130.
Herrold, George. "The Parking Problem in St. Paul." *Nation's Traffic* 1 (July 1927): 28–30, 47–48.
Herz, Ansel. "How the Seattle Police Secretly—and Illegally—Purchased a Tool for Tracking Your Social Media Posts." *The Stranger*, September 28, 2016. https://www.thestranger.com/news/2016/09/28/24585899/how-the-seattle-police-secretlyand-illegallypurchased-a-tool-for-tracking-your-social-media-posts.
Hitachi. "City of Boston: Smart City RFI Response" (2017). https://drive.google.com/ file/d/0B_QckxNE_FoEeVJ5amJVT3NEZXc.
Holston, James. *The Modernist City: An Anthropological Critique of Brasília*. Chicago: University of Chicago Press, 1989.
Hook, Leslie. "Alphabet Looks for Land to Build Experimental City." *Financial Times*, September 19, 2017. https://www.ft.com/content/22b45326-9d47-11e7-9a86-4d5a475ba4c5.
Howard, Ebenezer. *Garden Cities of To-Morrow*. London: Swan Sonnenschein, 1902. Hughes, John, dir. *Ferris Bueller's Day Off*. Paramount Pictures, 1986. ［ハワード『新訳　明日の

Signal-Policies-Boston.pdf.

Garlick, Ross. "Privacy Inequality Is Coming, and It Does Not Look Pretty." *Fordham Political Review*, March 17, 2015. http://fordhampoliticalreview.org/privacy-inequality-is-coming-and-it-does-not-look-pretty/.

General Motors. "To New Horizons" (1939). Posted as "Futurama at 1939 NY World's Fair." https://www.youtube.com/watch?v=sClZqfnWqmc.

Gilliom, John. *Overseers of the Poor: Surveillance, Resistance, and the Limits of Privacy*. Chicago: University of Chicago Press, 2001.

Gilman, Hollie Russon. *Democracy Reinvented: Participatory Budgeting and Civic Innovation in America*. Washington, DC: Brookings Institution Press, 2016.

Glaser, April. "Sanctuary Cities Are Handing ICE a Map." *Slate*, March 13, 2018. https://slate.com/technology/2018/03/how-ice-may-be-able-to-access-license-plate-data-from-sanctuary-cities-and-use-it-for-arrests.html.

Goel, Sharad, Justin M. Rao, and Ravi Shroff. "Precinct or Prejudice? Understanding Racial Disparities in New York City's Stop-and-Frisk Policy." *Annals of Applied Statistics* 10, no. 1 (2016): 365–394.

Gordon, Eric. "Civic Technology and the Pursuit of Happiness." *Governing* (2016). http://www.governing.com/cityaccelerator/civic-technology-and-the-pursuit-of-happiness.html.

Gordon, Eric, and Jessica Baldwin-Philippi. "Playful Civic Learning: Enabling Lateral Trust and Reflection in Game-Based Public Participation." *International Journal of Communication* 8 (2014): 759–786.

Gordon, Eric, and Stephen Walter. "Meaningful Inefficiencies: Resisting the Logic of Technological Efficiency in the Design of Civic Systems." In *Civic Media: Technology, Design, Practice*, edited by Eric Gordon and Paul Mihailidis. Cambridge, MA: MIT Press, 2016.

Gorner, Jeremy. "With Violence Up, Chicago Police Focus on a List of Likeliest to Kill, Be Killed." *Chicago Tribune*, July 22, 2016. http://www.chicagotribune.com/news/ ct-chicago-police-violence-strategy-met-20160722-story.html.

Graham, Thomas. "Barcelona Is Leading the Fightback against Smart City Surveillance." *Wired*, May 18, 2018. http://www.wired.co.uk/article/barcelona-decidim-ada-colau-francesca-bria-decode.

Green, Ben, Gabe Cunningham, Ariel Ekblaw, Paul Kominers, Andrew Linzer, and Susan Crawford. "Open Data Privacy: A Risk-Benefit, Process-Oriented Approach to Sharing and Protecting Municipal Data." *Berkman Klein Center for Internet & Society Research Publication* (2017). http://nrs.harvard.edu/urn-3:HUL.InstRepos:30340010.

Green, Ben, Thibaut Horel, and Andrew V. Papachristos. 2017. "Modeling Contagion through Social Networks to Explain and Predict Gunshot Violence in Chicago, 2006 to 2014." *JAMA Internal Medicine* 177, no. 3 (2017): 326–333. https://doi.org/10.1001/

Opportunities, Barriers and Policy Recommendations." *Transportation Research Part A: Policy and Practice* 77 (2015): 167–181.

Falconer, Gordon, and Shane Mitchell. "Smart City Framework: A Systematic Process for Enabling Smart+Connected Communities" (2012). https://www.cisco.com/c/ dam/en_us/about/ac79/docs/ps/motm/Smart-City-Framework.pdf.

Fayyad, Abdallah. "The Criminalization of Gentrifying Neighborhoods." *The Atlantic*, December 20, 2017. https://www.theatlantic.com/politics/archive/2017/12/the-criminalization-of-gentrifying-neighborhoods/548837/.

Federal Trade Commission. *Data Brokers: A Call for Transparency and Accountability*. Washington, DC: Federal Trade Commission, 2014.

Feigenbaum, James J., and Andrew Hall. "How High-Income Areas Receive More Service from Municipal Government: Evidence from City Administrative Data" (2015). https://ssrn.com/abstract=2631106.

Feldman, Andrew, and Jason Johnson, "How Better Procurement Can Drive Better Outcomes for Cities." *Governing*, October 12, 2017. http://www.governing.com/gov-institute/voices/col-cities-3-steps-procurement-reform-better-outcomes.html.

Ferenstein, Greg. "Brigade: New Social Network from Facebook Co-founder Aims to 'Repair Democracy.'" *The Guardian*, June 17, 2015. https://www.theguardian.com/ media/2015/jun/17/brigade-social-network-voter-turnout-sean-parker.

Ferenstein Wire. "Sean Parker Explains His Plans to 'Repair Democracy' with a New Social Network." *Fast Company* (2015). https://www.fastcompany.com/3047571/ sean-parker-explains-his-plans-to-repair-democracy-with-a-new-social-network.

Ferguson, Andrew G. "The Allure of Big Data Policing." *PrawfsBlawg* (May 25, 2017). http://prawfsblawg.blogs.com/prawfsblawg/2017/05/the-allure-of-big-data-policing. html.

Forrest, Adam. "Detroit Battles Blight through Crowdsourced Mapping Project."

Forbes, June 22, 2015. https://www.forbes.com/sites/adamforrest/2015/06/22/detroit-battles-blight-through-crowdsourced-mapping-project.

Fountain, Jane E. "Paradoxes of Public Sector Customer Service." *Governance* 14, no. 1 (2001): 55–73.

Friess, Steve. "Son of Dem Royalty Creates a Ruck.us." *Politico*, June 26, 2012. http://www.politico.com/story/2012/06/son-of-democratic-party-royalty-creates-a-ruckus-077847.

Fry, Christopher, and Henry Lieberman. *Why Can't We All Just Get Along?* Selfpublished, 2018. https://www.whycantwe.org/.

Fung, Archon, Hollie Russon Gilman, and Jennifer Shkabatur. "Six Models for the Internet + Politics." *International Studies Review* 15, no. 1 (2013): 30–47.

Furth, Peter. "Pedestrian-Friendly Traffic Signal Timing Policy Recommendations." *Boston City Council Committee on Parks, Recreation, and Transportation* (December 6, 2016). http://www.northeastern.edu/peter.furth/wp-content/uploads/2016/12/ Pedestrian-Friendly-Traffic-

Crime Reporting in the Black Community." *American Sociological Review* 81, no. 5 (2016): 857–876.

Detroit Future City. "2012 Detroit Strategic Framework Plan" (2012). https://detroitfuturecity.com/wp-content/uploads/2014/12/DFC_Full_2nd.pdf.

Dewey, John. *Logic: The Theory of Inquiry*. New York: H. Holt and Company, 1938.［デューイ『行動の論理学—探求の理論』河村望訳、人間の科学新社、2013 年］

Diehl, Phil. "Malware Blamed for City's Data Breach." *San Diego Tribune*, September 12, 2017. http://www.sandiegouniontribune.com/communities/north-county/sd-no-malware-letter-20170912-story.html.

Doctoroff, Daniel L. "Reimagining Cities from the Internet Up." Medium: Sidewalk Talk (November 30, 2016). https://medium.com/sidewalk-talk/reimagining-cities-from-the-internet-up-5923d6be63ba.

Downs, Anthony. "The Law of Peak-Hour Expressway Congestion." *Traffic Quarterly* 16, no. 3 (1962): 393–409.

Downs, Anthony. *Still Stuck in Traffic: Coping with Peak-Hour Traffic Congestion*. Washington, DC: Brookings Institution Press, 2005.

Downs, Anthony. "Traffic: Why It's Getting Worse, What Government Can Do." Brookings Institution Policy Brief #128 (January 2004).

Duranton, Gilles, and Matthew A. Turner. "The Fundamental Law of Road Congestion: Evidence from US Cities." *American Economic Review* 101, no. 6 (2011): 2616–2652.

Eagle, Nathan, Alex Sandy Pentland, and David Lazer. "Inferring Friendship Network Structure by Using Mobile Phone Data." *Proceedings of the National Academy of Sciences* 106, no. 36 (2009): 15274–15278.

Efrati, Amir. "Uber Finds Deadly Accident Likely Caused by Software Set to Ignore Objects on Road." *The Information*, May 7, 2018. https://www.theinformation.com/articles/uber-finds-deadly-accident-likely-caused-by-software-set-to-ignore-objects-on-road.

Engelhardt, Will, Risë Haneberg, Rob MacDougall, Chris Schneweis, and Imran Chaudhry. "Sharing Information between Behavioral Health and Criminal Justice Systems." Council of State Governments Justice Center (March 31, 2016). https://csgjusticecenter.org/wp-content/uploads/2016/03/JMHCP-Info-Sharing-Webinar.pdf.

Eubanks, Virgina. *Automating Inequality: How High-Tech Tools Profile, Police, and Punish the Poor*. New York: St. Martin's Press, 2018.［ユーバンクス『格差の自動化——デジタル化がどのように貧困者をプロファイルし、取締り、処罰するか』ウォルシュあゆみ訳、人文書院、2021 年］

Eubanks, Virginia. "Technologies of Citizenship: Surveillance and Political Learning in the Welfare System." In *Surveillance and Security: Technological Politics and Power in Everyday Life*, edited by Torin Monahan. New York: Routledge, 2006.

Fagnant, Daniel J., and Kara Kockelman. "Preparing a Nation for Autonomous Vehicles:

sites/dot.gov/files/docs/Columbus OH Vision Narrative.pdf.

Columbus, City of. "Linden Infant Mortality Profile" (2018). http://celebrateone.info/wp-content/uploads/2018/03/Linden_IMProfile_9.7.pdf.

Cushing, Tim. "'Predictive Policing' Company Uses Bad Stats, Contractually-Obligated Shills to Tout Unproven 'Successes.'" *Techdirt*, November 1, 2013. https://www.techdirt.com/articles/20131031/13033125091/predictive-policing-company-uses-bad-stats-contractually-obligated-shills-to-tout-unproven-successes.shtml.

Cutler, Kim-Mai, and Josh Constine. "Sean Parker's Brigade App Enters Private Beta as a Dead-Simple Way of Taking Political Positions." *TechCrunch*, June 17, 2015. https://techcrunch.com/2015/06/17/sean-parker-brigade/.

Daly, Jimmy. "10 Cities with 311 iPhone Applications." *StateTech*, August 10, 2012. https://statetechmagazine.com/article/2012/08/10-cities-311-iphone-applications.

Dastin, Jeffrey. "Amazon Scraps Secret AI Recruiting Tool that Showed Bias Against Women." *Reuters*, October 9, 2018. https://www.reuters.com/article/us-amazon-com-jobs-automation-insight/amazon-scraps-secret-ai-recruiting-tool-that-showed-bias-against-women-idUSKCN1MK08G.

Data-Driven Justice Initiative. "Data-Driven Justice Playbook" (2016). http://www.naco.org/sites/default/files/documents/DDJ Playbook Discussion Draft 12.8.16_1. pdf.

"Data-Driven Research, Policy, and Practice: Friday Opening Remarks." Boston Area Research Initiative, March 10, 2017. https://www.youtube.com/watch?v=cRINlFFBHBo.

DataSF. "Data Quality" (2017). https://datasf.org/resources/data-quality/.

DataSF. "Data Standards Reference Handbook" (2018). https://datasf.gitbooks.io/ draft-publishing-standards/.

DataSF. "DataScienceSF" (2017). https://datasf.org/science/. DataSF. "DataSF in Progress" (2018). https://datasf.org/progress/.

DataSF. "Eviction Alert System" (2018). https://datasf.org/showcase/datascience/ eviction-alert-system/.

DataSF. "Keeping Moms and Babies in Nutrition Program" (2018). https://datasf.org/ showcase/datascience/keeping-moms-and-babies-in-nutrition-program/.

de Montjoye, Yves-Alexandre, César A. Hidalgo, Michel Verleysen, and Vincent D. Blondel. "Unique in the Crowd: The Privacy Bounds of Human Mobility." *Scientific Reports* 3, art. no. 1376 (2013). https://doi.org/10.1038/srep01376.

de Montjoye, Yves-Alexandre, Laura Radaelli, Vivek Kumar Singh, and Alex "Sandy" Pentland. "Unique in the Shopping Mall: On the Reidentifiability of Credit Card Metadata." *Science* 347, no. 6221 (2015): 536–539.

De Tocqueville, Alexis. *Democracy in America*. Edited by Max Lerner and J.-P. Mayer, trans. George Lawrence. 2 vols. New York: Harper and Row, 1966.

Desmond, Matthew, Andrew V. Papachristos, and David S. Kirk. "Police Violence and Citizen

03/2015_02_26-insight2050-Report.pdf.

Canigueral, Albert. "In Barcelona, Technology Is a Means to an End for a Smart City." *GreenBiz* (September 12, 2017). https://www.greenbiz.com/article/barcelona-technology-means-end-smart-city.

Caro, Robert A. *The Power Broker: Robert Moses and the Fall of New York*. 1974. Repr., New York: Random House, 2015.

Center for Data Science and Public Policy, University of Chicago. "Data-Driven Justice Initiative: Identifying Frequent Users of Multiple Public Systems for More Effective Early Assistance" (2018). https://dsapp.uchicago.edu/projects/criminal-justice/data-driven-justice-initiative/.

Chamberlain, Allison T., Jonathan D. Lehnert, and Ruth L. Berkelman. "The 2015 New York City Legionnaires' Disease Outbreak: A Case Study on a History-Making Outbreak." *Journal of Public Health Management and Practice* 23, no. 4 (2017): 410–416.

Chambers, John, and Wim Elfrink. "The Future of Cities." *Foreign Affairs*, October 31, 2014. https://www.foreignaffairs.com/articles/2014-10-31/future-cities.

Chammah, Maurice. "Policing the Future." *The Verge* (2016). http://www.theverge.com/2016/2/3/10895804/st-louis-police-hunchlab-predictive-policing-marshall-project.

Cheung, Adora. "New Cities." *Y Combinator Blog* (June 27, 2016). https://blog.ycombinator.com/new-cities/.

Chicago, City of. "Food Inspection Forecasting" (2017). https://chicago.github.io/ food-inspections-evaluation/.

Chiel, Ethan. "Why the D.C. Government Just Publicly Posted Every D.C. Voter's Address Online." *Splinter*, June 14, 2016. https://splinternews.com/why-the-d-c-government-just-publicly-posted-every-d-c-1793857534.

Chin, Josh. "About to Break the Law? Chinese Police Are Already on to You." *Wall Street Journal*, February 27, 2018. https://www.wsj.com/articles/china-said-to-deploy-big-data-for-predictive-policing-in-xinjiang-1519719096.

Chin, Josh, and Clément Bürge. "Twelve Days in Xinjiang: How China's Surveillance State Overwhelms Daily Life." *Wall Street Journal*, December 19, 2017. https://www.wsj.com/articles/twelve-days-in-xinjiang-how-chinas-surveillance-state-overwhelms-daily-life-1513700355.

Civic Analytics Network. "An Open Letter to the Open Data Community." *Data-Smart City Solutions*, March 3, 2017. https://datasmart.ash.harvard.edu/news/article/ an-open-letter-to-the-open-data-community-988.

Claypool, Henry, Amitai Bin-Nun, and Jeffrey Gerlach. "Self-Driving Cars: The Impact on People with Disabilities." *The Ruderman White Paper* (January 2017). http://secureenergy.org/wp-content/uploads/2017/01/Self-Driving-Cars-The-Impact-on-People-with-Disabilities_FINAL.pdf.

Columbus, City of. "Columbus Smart City Application" (2016). https://www.transportation.gov/

Bonczar, Thomas P. "Prevalence of Imprisonment in the U.S. Population, 1974–2001." *Bureau of Justice Statistics Special Report* (2003). https://www.bjs.gov/content/ pub/pdf/piusp01.pdf.

Bond, Robert M., Christopher J. Fariss, Jason J. Jones, Adam D. I. Kramer, Cameron Marlow, Jaime E. Settle, and James H. Fowler. "A 61-Million-Person Experiment in Social Influence and Political Mobilization." *Nature* 489, no. 7415 (2012): 295–298.

Bond-Graham, Darwin, and Ali Winston. "All Tomorrow's Crimes: The Future of Policing Looks a Lot Like Good Branding." *SF Weekly,* October 30, 2013. http://archives.sfweekly.com/sanfrancisco/all-tomorrows-crimes-the-future-of-policing-looks-a-lot-like-good-branding/.

Boston, City of, Mayor's Office of New Urban Mechanics. "Boston Smart City Playbook" (2016). https://monum.github.io/playbook/.

Boston, City of, Mayor's Office of New Urban Mechanics. "Civic Research Agenda" (March 15, 2018). https://www.boston.gov/departments/new-urban-mechanics/ civic-research-agenda.

Brauneis, Robert, and Ellen P. Goodman. "Algorithmic Transparency for the Smart City." *Yale Journal of Law and Technology* 20 (2018): 103–176.

Braxton, Karissa. "City's Homeless Response Investments Are Housing More People." *City of Seattle Human Interests Blog* (May 31, 2018). http://humaninterests.seattle.gov/2018/05/31/citys-homeless-response-investments-are-housing-more-people/.

Brazel, Rosalind. "City of Seattle Hires Ginger Armbruster as Chief Privacy Officer." *Tech Talk Blog* (July 11, 2017). http://techtalk.seattle.gov/2017/07/11/city-of-seattle-hires-ginger-armbruster-as-chief-privacy-officer/.

"Brigade." https://www.brigade.com/.

Brustein, Joshua. "This Guy Trains Computers to Find Future Criminals." *Bloomberg* (2016). https://www.bloomberg.com/features/2016-richard-berk-future-crime/.

Buell, Ryan W., Ethan Porter, and Michael I. Norton. "Surfacing the Submerged State: Operational Transparency Increases Trust in and Engagement with Government." Harvard Business School Working Paper No. 14-034 (November 2013; rev. March 2018).

"Buggy Capital of the World." *Columbus Dispatch*, Blog (July 29, 2015). http://www.dispatch.com/content/blogs/a-look-back/2015/07/buggy-capital-of-the-world.html.

Burns, Haskel. "Ordinance Looks at Police Surveillance Equipment." *Hattiesburg American*, October 28, 2016. https://www.hattiesburgamerican.com/story/news/local/hattiesburg/2016/10/28/ordinance-looks-police-surveillance-equipment/92899430/.

Burns, Nancy, Kay Lehman Schlozman, and Sidney Verba. *The Private Roots of Public Action: Gender, Equality, and Political Participation*. Cambridge, MA: Harvard University Press, 2001.

Butler, Paul. *Chokehold: Policing Black Men*. New York: New Press, 2017.

Calthorpe Associates, Mid-Ohio Regional Planning Commission, Columbus District Council of the Urban Land Institute, and Columbus 2020. "insight2050 Scenario Results Report" (February 26, 2015). http://getinsight2050.org/wp-content/uploads/2015/

(September 2016). http://govlab.hks.harvard.edu/files/siblab/files/ seattle_rdc_policy_brief_final.pdf.

Backstrom, Lars, Eric Sun, and Cameron Marlow. "Find Me If You Can: Improving Geographical Prediction with Social and Spatial Proximity." Paper presented at the Proceedings of the 19th International Conference on World Wide Web, Raleigh, NC, April 2010.

Badger, Emily. "Pave Over the Subway? Cities Face Tough Bets on Driverless Cars." *New York Times*, July 20, 2018. https://www.nytimes.com/2018/07/20/upshot/driverless-cars-vs-transit-spending-cities.html.

Baker, Al, J. David Goodman and Benjamin Mueller. "Beyond the Chokehold: The Path to Eric Garner's Death." *New York Times*, June 13, 2015. https://www.nytimes
.com/2015/06/14/nyregion/eric-garner-police-chokehold-staten-island.html.

Baldwin, James. *Conversations with James Baldwin*. Edited by Fred L. Standley and Louis H. Pratt. Jackson: University Press of Mississippi, 1989.

Bauman, Matthew J., et al. "Reducing Incarceration through Prioritized Interventions." In *COMPASS '18: Proceedings of the 1st ACM SIGCAS Conference on Computing and Sustainable Societies*. 2018.

Baumgardner, Kinder. "Beyond Google's Cute Car: Thinking Through the Impact of Self-Driving Vehicles on Architecture." *Cite: The Architecture + Design Review of Houston* (2015): 36–43.

Bayley, David H. *Police for the Future*. New York: Oxford University Press, 1996.

Beekman, Daniel, and Jack Broom. "Mayor, County Exec Declare 'State of Emergency' over Homelessness." *Seattle Times*, January 31, 2016. http://www.seattletimes.com/seattle-news/politics/mayor-county-exec-declare-state-of-emergency-over-homelessness/.

Bell, Monica C. "Police Reform and the Dismantling of Legal Estrangement." *Yale Law Journal* 126 (2017): 2054–2150.

Berman, Marshall. "Take It to the Streets: Conflict and Community in Public Space."*Dissent* 33, no. 4 (1986): 476–485.

Bertrand, Marianne, and Sendhil Mullainathan. "Are Emily and Greg More Employable Than Lakisha and Jamal? A Field Experiment on Labor Market Discrimination." *American Economic Review* 94, no. 4 (2004): 991–1013.

Bibbins, J. Rowland. "Traffic-Transportation Planning and Metropolitan Development." *ANNALS of the American Academy of Political and Social Science* 116, no. 1 (1924): 205–214.

Bliss, Laura. "Columbus Now Says 'Smart' Rides for Vulnerable Moms Are Coming." *CityLab* (December 1, 2017). https://www.citylab.com/transportation/2017/12/ columbus-now-says-smart-rides-for-vulnerable-moms-are-coming/547013/.

Bliss, Laura. "Who Wins When a City Gets Smart?" *CityLab* (November 1, 2017). https://www.citylab.com/transportation/2017/11/when-a-smart-city-doesnt-have-all-the-answers/542976/.

文　献

Adler, Laura. "How Smart City Barcelona Brought the Internet of Things to Life." *Data-Smart City Solutions* (February 18, 2016). https://datasmart.ash.harvard.edu/ news/article/how-smart-city-barcelona-brought-the-internet-of-things-to-life-789.

Aitoro, Jill R. "Defining Privacy Protection by Acknowledging What It's Not." *Federal Times*, March 8, 2016. http://www.federaltimes.com/story/government/ interview/one-one/2016/03/08/defining-privacy-protection-acknowledging-what-s-not/81464556/.

Alexander, Michelle. *The New Jim Crow: Mass Incarceration in the Age of Colorblindness*. New York: New Press, 2012.

Altshuler, Alan. *The Urban Transportation System: Politics & Policy Innovations*. Cambridge, MA: MIT Press, 1981.

American Civil Liberties Union. "Community Control over Police Surveillance" (2018). https:// www.aclu.org/issues/privacy-technology/surveillance-technologies/ community-control-over-police-surveillance.

Anderson, Chris. "The End of Theory: The Data Deluge Makes the Scientific Method Obsolete." *Wired*, June 23, 2008. https://www.wired.com/2008/06/pb-theory/.

Anderson, Elizabeth S. 1999. "What Is the Point of Equality?" *Ethics* 109, no. 2 (1999): 287–337.

Angwin, Julia, Jeff Larson, Surya Mattu, and Lauren Kirchner. "Machine Bias."

ProPublica, May 23, 2016. https://www.propublica.org/article/machine-bias-risk-assessments-in-criminal-sentencing.

Aquilina, Kimberly M. "50 US Cities Pen Letter to FCC Demanding Net Neutrality, Democracy." *Metro*, July 12, 2017. https://www.metro.us/news/local-news/ net-neutrality-50-cities-letter-fcc-democracy.

Array of Things. "Array of Things" (2016). http://arrayofthings.github.io/.

Array of Things. "Array of Things Operating Policies" (August 15, 2016). https://arrayofthings.github.io/final-policies.html.

Array of Things. "Responses to Public Feedback" (2016). https://arrayofthings.github.io/policy-responses.html.

Asher, Jeff, and Rob Arthur. "Inside the Algorithm That Tries to Predict Gun Violence in Chicago." *New York Times*, June 13, 2017. https://www.nytimes.com/2017/06/13/ upshot/what-an-algorithm-reveals-about-life-on-chicagos-high-risk-list.html.

Atkinson, Craig, dir. *Do Not Resist*. Vanish Films, 2016.

Azemati, Hanna, and Christina Grover-Roybal. "Shaking Up the Routine: How Seattle Is Implementing Results-Driven Contracting Practices to Improve Outcomes for People Experiencing Homelessness." Harvard Kennedy School Government Performance Lab

著者紹介

ベン・グリーン（Ben Green）

ミシガン大学ソサエティ・オブ・フェロー博士研究員。ジェラルド・R・フォード公共政策大学院助教授。ハーバード大学で応用数学の博士号を取得。アルゴリズムの公正さ、人間とアルゴリズムの相互作用、AI 規制を中心に、政府のアルゴリズムがもたらす社会的・政治的影響について研究を行う。ハーバード大学バークマン・センターにてアフィリエイト、民主主義とテクノロジーセンターにてフェローを兼任。

訳者紹介

中村健太郎（なかむら・けんたろう）

1993 年生まれ。NPO 法人 CHAr プログラマ、東京大学学術専門職員を経て、現在東京大学大学院 学際情報学府に在籍。主な寄稿に、「Eyal Weizman "Forensic Architecture VIOLENCE AT THE THRESHOLD OF DETECTABILITY" 建築が証言するとき——実践する人権をめざして」（建築討論、2018 年 11 月号）など。

酒井康史（さかい・やすし）

1985 年生まれ。日建設計 / デジタルデザインラボを経て、現在 MIT Media Lab 博士課程兼 リサーチアシスタント。人とテクノロジーの関係を探りつつ、"都市という機械" を対象に研究する。分散ヴァージョン管理システムや新しい民主プロセスを参照し、建築や都市における集団的合意形成をサポートするシステムの開発に携わる。

JIMBUN SHOIN Printed in Japan
ISBN978-4-409-24149-3 C1036

スマート・イナフ・シティ
――テクノロジーは都市の未来を取り戻すために

二〇二二年八月 五日 初版第一刷印刷
二〇二二年八月二〇日 初版第一刷発行

著 者 ベン・グリーン
訳 者 中村健太郎／酒井康史
発行者 渡辺博史
発行所 人文書院
〒六一二-八四四七
京都市伏見区竹田西内畑町九
電話〇七五（六〇三）一三四四
振替〇一〇〇〇-八-一一〇三

装丁 上野かおる
印刷・製本 モリモト印刷株式会社

http://www.jimbunshoin.co.jp/